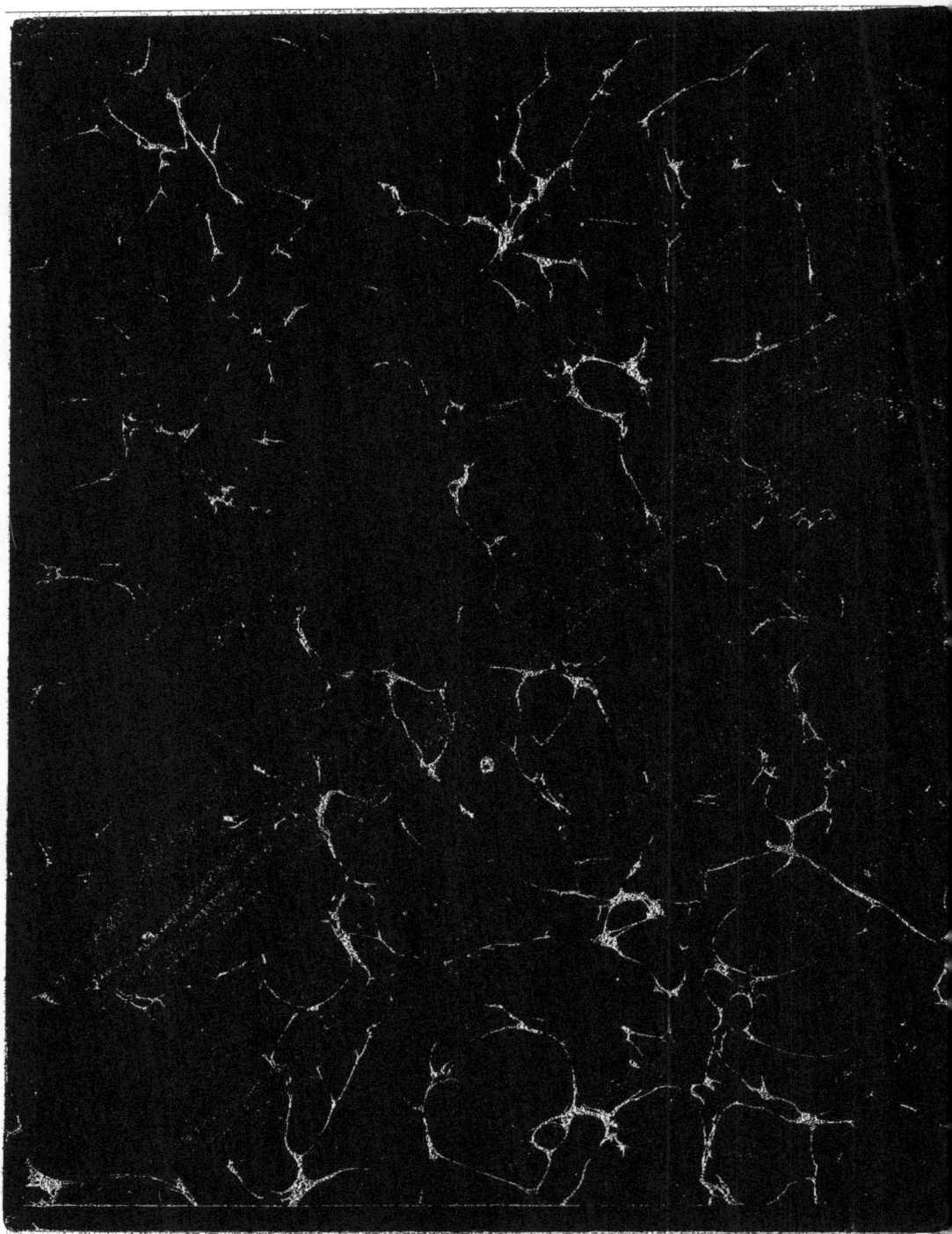

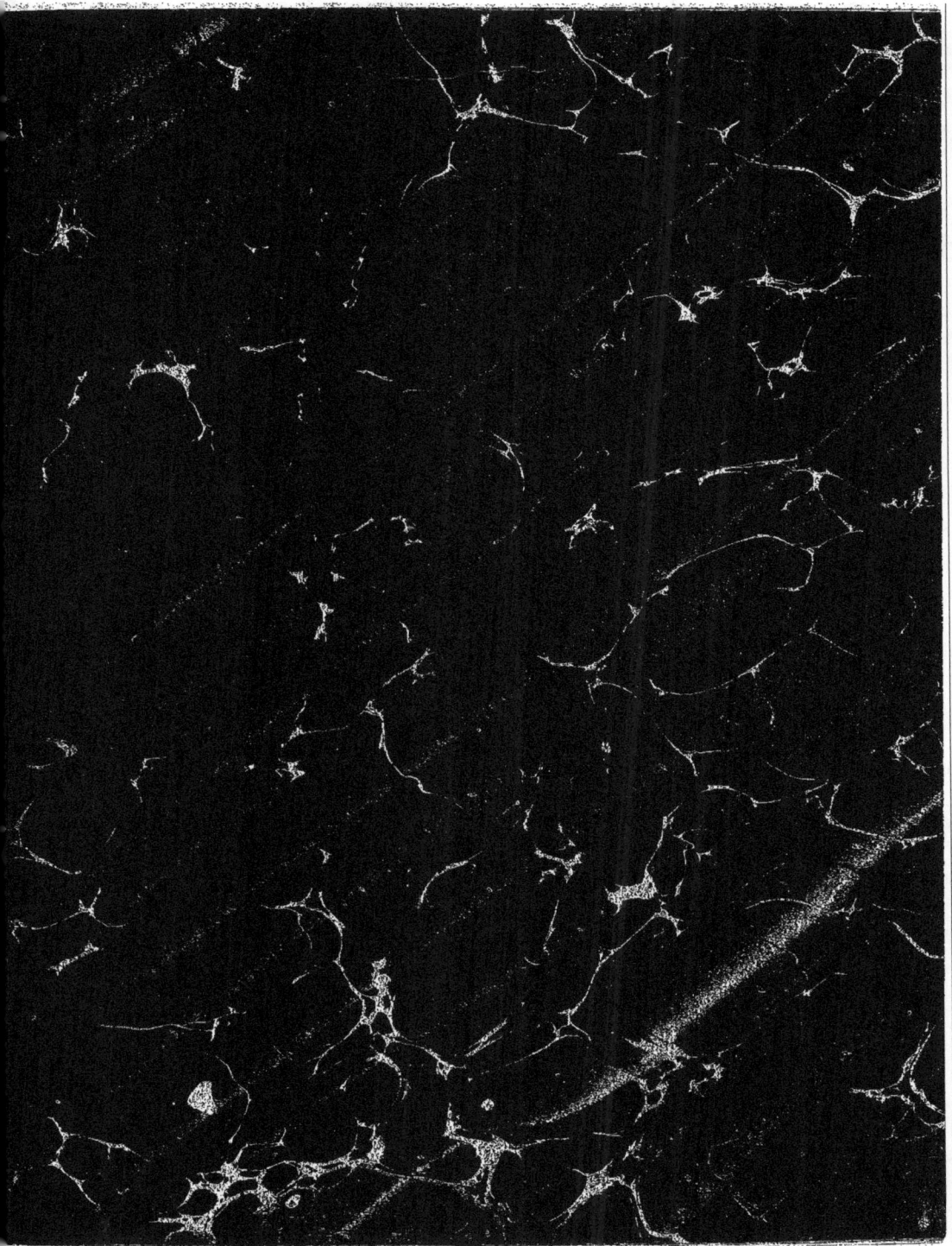

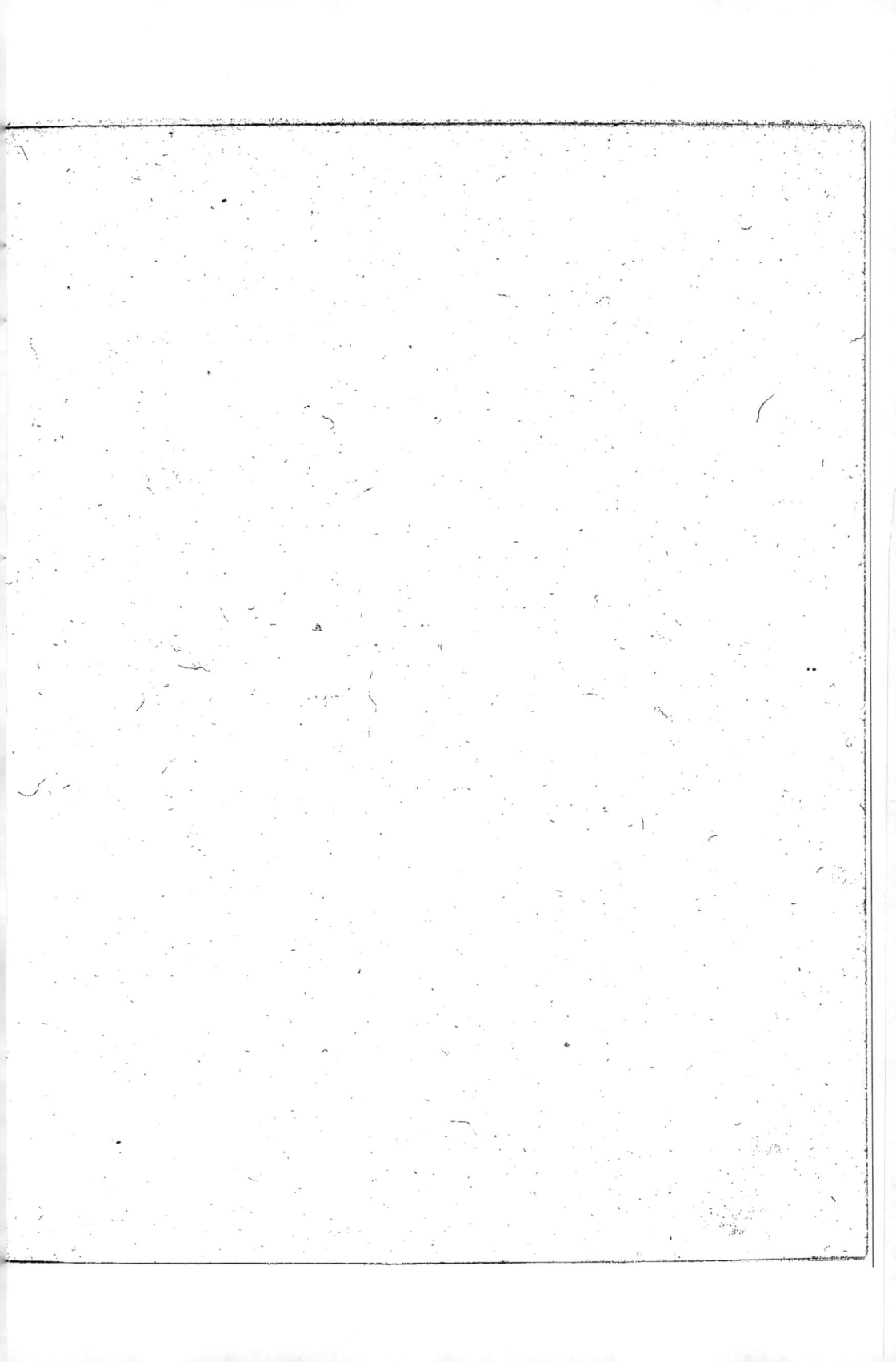

ANALYSE
DES ÉQUATIONS.

DE L'IMPRIMERIE DE FIRMIN DIDOT FRÈRES,
IMPRIMEURS DE L'INSTITUT, RUE JACOB, N° 24.

ANALYSE

DES

ÉQUATIONS DÉTERMINÉES.

Par M. FOURIER,

DE L'INSTITUT ROYAL DE FRANCE, SECRÉTAIRE PERPÉTUEL DE L'ACADÉMIE DES SCIENCES, ETC.

PREMIÈRE PARTIE.

PARIS,

CHEZ FIRMIN DIDOT FRÈRES, LIBRAIRES,

RUE JACOB, N° 24.

1831.

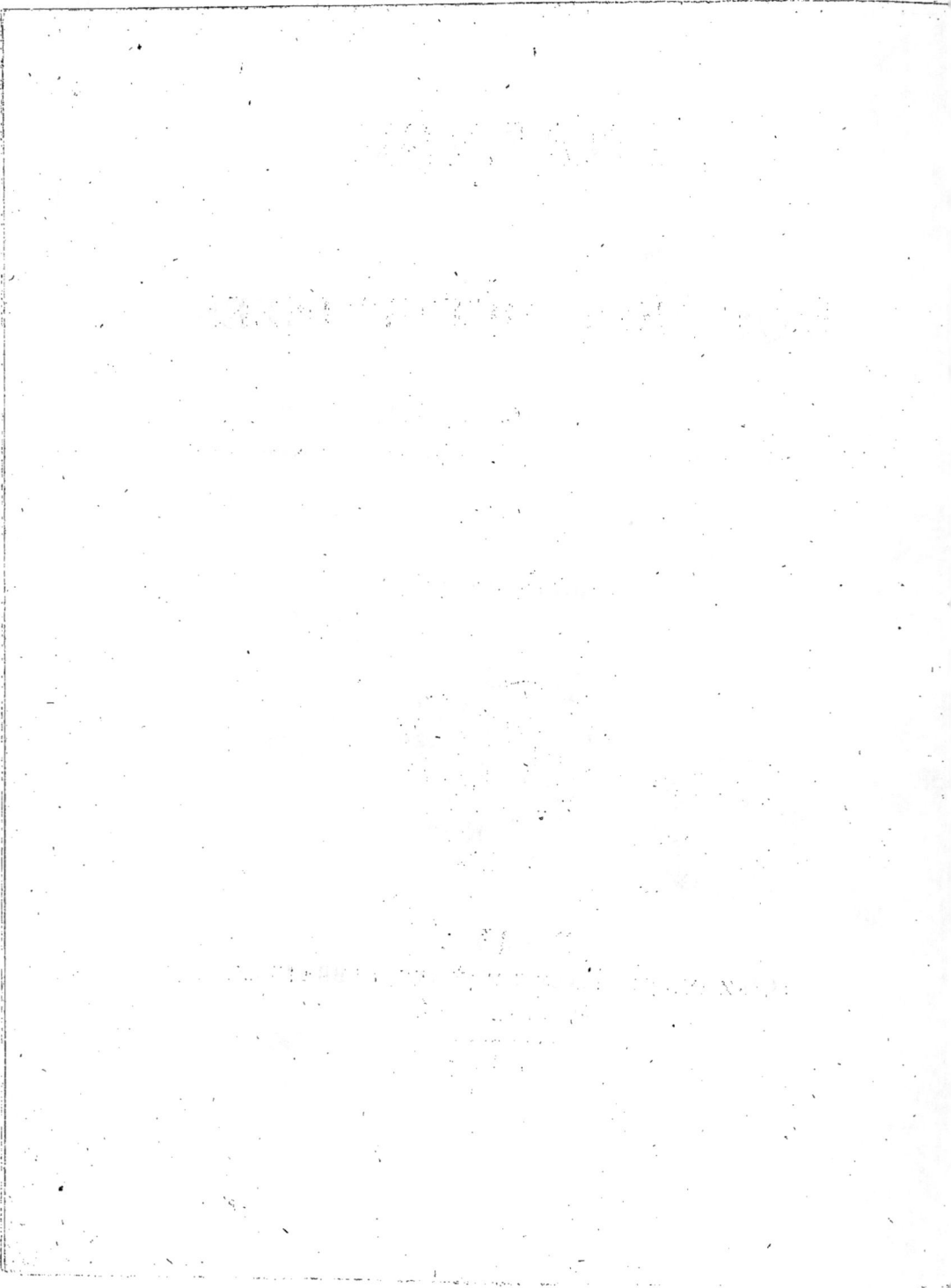

AVERTISSEMENT

DE L'ÉDITEUR.

L'IMPRESSION de cet ouvrage était à peine commencée lorsque la mort a frappé l'auteur, qui avait entièrement consacré aux sciences les dernières années de sa vie. Il a pu jeter les yeux sur les quatre premières feuilles, mais aucun ordre pour le tirage n'avait encore été donné. M. Fourier avait formé le projet de publier ses travaux sur l'analyse algébrique en deux parties, dont l'une devait comprendre l'Introduction, un Exposé général du sujet, et les deux premiers livres. La deuxième partie, comprenant les cinq derniers livres, aurait été imprimée dans le cours de l'année suivante. En jetant un premier coup d'œil sur les papiers qui nous ont été remis, il nous avait paru que la rédaction de la première partie était entièrement achevée, et qu'il ne restait plus qu'à livrer le manuscrit à l'impression. Mais un examen plus attentif a fait reconnaître qu'il manquait au second livre les détails annoncés dans les n°⁵ 2 et 19, et qui ont pour objet d'apprendre à régler les calculs d'approximation des racines de manière à n'effectuer que des opérations nécessaires, et à ne déterminer jamais que des chiffres exacts. L'auteur avait seulement commencé, sur deux feuillets séparés, la rédaction de cet article. Cette rédaction a été complétée avec l'aide d'anciens manuscrits, et l'on y a ajouté comme exemple le calcul de l'approximation de la racine de l'équation $x^3 - 2x - 5 = 0$, que l'on a portée facilement jusqu'à la 32e décimale. Cette addition a été intercalée dans le deuxième livre, à la place que l'ordre des matières indiquait : elle commence à l'article 24 et finit à l'article 30 inclusivement. Tout le reste de l'ouvrage a été imprimé conformément à la rédaction préparée par l'auteur. Les légers changements, en fort petit nombre, qu'exigeait l'exactitude ne méritent pas d'être mentionnés.

A l'égard des livres suivants le travail n'en est pas à beaucoup près aussi avancé. Les matériaux existent à la vérité en grande partie, et l'Exposé synoptique que l'on publie aujourd'hui fait connaître d'une

I. a

manière générale le sujet de l'ouvrage et l'ordre que l'on se proposait de suivre. Cet ouvrage peut donc être en quelque sorte restitué, et les recherches qui devaient en former le sujet ne seront point perdues pour les progrès des sciences. Mais quelques soins que l'on puisse y apporter, il manquera toujours aux parties à la rédaction desquelles l'auteur n'aura pas mis lui-même la dernière main, sans parler du mérite du style, cet intérêt qu'un esprit supérieur répand toujours sur un sujet dont il s'est occupé pendant tout le cours de sa vie, et qu'il a approfondi par de longues méditations.

L'examen des questions qu'il était nécessaire de résoudre pour perfectionner l'analyse algébrique sont un des premiers objets qui aient occupé M. Fourier. Les travaux de Viete, d'Harriot, de Descartes, de Newton, et ceux même des grands géomètres qui ont brillé dans le dernier siècle, avaient laissé imparfaite ce qu'on peut nommer la partie pratique de l'algèbre, c'est-à-dire les procédés au moyen desquels on distinguerait avec promptitude et sûreté la nature des racines d'une équation, et l'on en obtiendrait une évaluation numérique exacte ou très-approchée. Les difficultés les plus importantes sont aujourd'hui complétement résolues. Au moyen des propositions nouvelles qui ont été découvertes par M. Fourier, on peut employer avec sûreté les diverses méthodes d'approximation proposées pour le calcul des racines, et ces méthodes ont reçu tout le développement et la perfection qui étaient à désirer. Nous n'entrerons ici dans aucun détail à ce sujet. La Préface, l'Introduction et l'Exposé synoptique, apprendront au lecteur, mieux que nous ne pourrions le faire, la nature et l'étendue de ces recherches, quel est l'esprit dans lequel elles ont été entreprises, et sous quel aspect l'auteur a considéré l'analyse algébrique. Mais nous nous proposons de faire connaître, au moyen des documents certains que nous avons sous les yeux, les diverses époques auxquelles les principaux résultats qui sont exposés dans cet ouvrage ont été obtenus et mis au jour.

Le plus ancien de ces documents est une copie d'un mémoire intitulé *Recherches sur l'algèbre*. Cette copie est incomplète : il ne reste que les vingt-huit premières pages. L'écrivain avait laissé en blanc, dans plusieurs endroits, la place des signes algébriques qui ont été en partie écrits par M. Fourier. La dernière feuille porte l'attestation suivante, donnée par une personne qui est vivante, et dont l'exactitude et la véracité ne peuvent être suspectes.

« Je soussigné, ancien professeur de mathématiques et de physique au collége d'Auxerre, certifie que ce mémoire sur l'algèbre, composé de quatorze feuillets que j'ai cotés et paraphés, est écrit (les notes et corrections exceptées) de la main de M. Bonard, ancien professeur de mathématiques à l'école royale militaire d'Auxerre, décédé en 1819; qu'à mon retour de l'école Normale en 1795, il me le montra, en me parlant avec admiration de son auteur M. Fourier, son ancien élève, qui professait alors l'analyse à l'école Polytechnique, et qui l'avait composé, me dit-il, étant à peine âgé de dix-huit ans; et il ajouta qu'une copie plus soignée de cet écrit avait été envoyée à Paris en 1787. Auxerre, le 26 mars 1826. Signé Roux. » La signature de M. Roux est légalisée par M. le maire d'Auxerre.

Nous donnons un extrait de la partie de ce mémoire qui a été conservée.

Article Ier. L'auteur remarque que les équations du premier degré sont résolues par la division numérique ou littérale, les équations binomes par les extractions de racines, et que s'il existe une méthode générale pour la résolution des équations, elle doit être analogue à ces opérations qui n'en seraient que des cas particuliers.

II. Imperfection des méthodes connues.

III. Examen des méthodes particulières des 2e, 3e et 4e degrés. On se propose dans la résolution des équations du 3e et du 4e degré d'exprimer chacune des racines par une suite de radicaux, afin de n'avoir plus qu'à évaluer ces expressions selon les valeurs particulières des coefficients de l'équation donnée; en sorte que tout l'artifice consiste à exprimer les racines de l'équation par certaines fonctions des racines d'équations binomes qui sont censées résolues. On remarque à ce sujet 1° que cet artifice n'est d'aucun usage pour les équations littérales, si ce n'est pour celles du 2e degré, et qu'ainsi si l'on peut trouver une méthode générale pour résoudre ces équations, il faut pour atteindre ce but suivre une route différente; 2° qu'à l'égard des équations numériques, pour que la solution en soit complète, il faut, indépendamment de la solution de ces équations, pouvoir évaluer chacun des radicaux qui composent l'expression des racines : or on peut prouver que cette évaluation suppose la résolution de certaines classes d'équations non moins composées que celle qu'on veut résoudre, et ceci a lieu même dans le 2e degré que l'on regarde comme entièrement résolu. L'auteur entre dans les détails nécessaires pour justifier cette assertion. Il remarque par exemple que l'extraction de la racine carrée du nombre 12345678 suppose la résolution des quatre équations suivantes, $x^2 - 12 = 0$, $x^2 + 60x - 334 = 0$, $x^2 + 700x - 956 = 0$, et $x^2 + 7020x - 25578 = 0$, dont la première seule

$a.$

est binome, et qui sont telles que, résolues à moins d'une unité près, une racine de chacune est un chiffre de la racine cherchée. De plus si l'on voulait appliquer la méthode du 2e degré à l'une de ces équations, on serait conduit à résoudre d'abord toutes celles qui la précèdent, puis elle-même. Cette remarque s'étend à tous les degrés, et en général une simple extraction de racine numérique suppose la résolution d'autant d'équations du même degré qu'il doit y avoir de chiffres à la racine : la première seulement de ces équations est binome, les autres ont tous leurs termes ; et leur racine, qu'il faut obtenir à moins d'une unité près, est un chiffre de la racine cherchée. La nature de ces équations est telle qu'il suffit pour les résoudre de faire l'essai des neuf premiers nombres.

IV. En ayant égard aux remarques précédentes, à l'inconvénient des cas irréductibles, qui se présenteraient sans doute dans tous les degrés, aux expressions incommensurables, tandis que les racines ne le sont pas, à la complication des expressions et à la difficulté extrême de résoudre tous les degrés de la même manière, enfin à ce que les formules ne s'appliquent pas aux équations littérales, on est porté à croire que ces moyens sont indirects, et que l'on peut leur en substituer de plus simples et de plus généraux. L'auteur a donc considéré la résolution des équations sous un point de vue différent des méthodes ordinaires, en regardant la résolution des équations numériques de tous les degrés comme une opération arithmétique absolument de la même nature que les extractions de racines, et la résolution des équations littérales comme une question semblable dans tous ses points aux extractions algébriques des racines littérales. Il termine cet article par ces deux remarques : 1° que dans la résolution des équations littérales on doit supposer celle des équations numériques ; 2° que pour trouver un chiffre quelconque d'une racine d'une équation numérique on ne peut se dispenser d'éprouver successivement la suite des nombres naturels depuis 1 jusqu'à 9.

Les articles V^e et suivants sont consacrés à la résolution des équations littérales. Nous indiquons seulement ici les sommaires de ces articles qui contiennent l'énoncé des principales règles, sans démonstration.

V. Remarques préliminaires.

VI. Règle pour connaître successivement les premiers termes des racines.

VII. (Le contenu de cet article est effacé.)

VIII. Règle pour connaître le second terme d'une racine dont on connaît le premier.

IX. Règle pour connaître un terme quelconque d'une racine dont on connaît le terme précédent.

X. Réflexions sur la méthode précédente.

XI. Applications de la méthode précédente.

XII. Extraction d'une racine carrée.

XIII. Équations indéterminées dans lesquelles on suppose l'une des variables infinie ou infiniment petite.

La suite du manuscrit traite de la résolution des équations numériques.

L'article XIV contient des remarques sur le théorème de Descartes. L'auteur avance que l'énoncé de ce théorème n'est point borné au seul cas où l'équation a toutes ses racines réelles, et il se propose d'établir deux vérités nouvelles. La première consiste en ce que le théorème dont il s'agit doit être entendu de la manière suivante : « 1° Quelles que soient les racines d'une équation dont aucun des coefficients n'est zéro, elle ne peut avoir plus de racines positives que de changements de signe, et plus de racines négatives que de permanences. S'il y a moins de racines positives que de variations, et moins de racines négatives que de permanences, celles qui manquent sont imaginaires, en sorte que si l'équation a toutes ses racines réelles, il y a autant de racines positives que de variations de signe, et autant de négatives que de permanences. 2° Il ne peut manquer qu'un nombre pair de racines positives et un nombre pair de racines négatives, en sorte qu'une équation qui aurait un nombre impair de permanences ou un nombre impair de variations, aurait dans le premier cas au moins une racine réelle négative et dans le second au moins une racine réelle positive. »

XV. La seconde vérité que l'auteur entreprend d'établir est purement historique : elle consiste en ce que Descartes a connu au moins la première partie de la proposition précédente. Cette assertion est justifiée en montrant que l'on doit attribuer aux expressions employées par ce grand géomètre un sens différent de celui que De Gua leur a prêté.

XVI. L'auteur pense que l'on ne doit pas supposer, comme l'insinue De Gua, que Descartes n'ait trouvé son théorème que par induction. En effet il est possible de déduire de la composition des équations une démonstration purement algébrique de ce théorème.

XVII. Cet article est employé à développer cette démonstration. Elle consiste à prouver que si l'on considère un produit quelconque formé par la multiplication de plusieurs facteurs imaginaires trinomes, et réels binomes positifs ou négatifs, et que l'on multiplie ce produit par un nouveau facteur positif, ou par un nouveau facteur négatif, la multiplication introduira dans le premier cas au moins une variation de signe de plus, et dans le second cas au moins une permanence de plus; d'où il suit qu'une équation a au moins autant de variations de signe que de racines positives, et au moins autant de permanences de signe que de racines négatives; ou bien, conformément à l'énoncé de Descartes, qu'*il peut y avoir* dans *chaque* équation autant de racines réelles positives qu'il y a de variations, et autant de racines réelles négatives qu'il y a de permanences de signes.

XVIII. L'auteur explique la formation d'une courbe parabolique dont la description fait connaître la nature des racines d'une équation. On considère l'inconnue x comme une abscisse, et le premier membre de l'équation comme exprimant la valeur d'une ordonnée correspondante y. Les points d'intersection de la courbe avec l'axe donnent les racines réelles positives ou négatives. Il y a toujours au moins autant de racines réelles que la courbe coupe de fois son axe. L'auteur dit *au moins* parce qu'il peut arriver que quelques-unes de ces racines coïncident en un point multiple. Si le nombre de ces racines égales entre elles est pair, la courbe touche son axe en donnant de part et d'autre du point de contact des ordonnées de même signe; dans le cas contraire la courbe coupera son axe en donnant des ordonnées de signe différent de part et d'autre du point d'intersection. Lorsque la courbe s'approchant de son axe ne parvient pas à le couper, il y a un point de minimum : dans ce cas deux racines sont imaginaires. Il peut arriver aussi que plusieurs racines soient imaginaires sans qu'il y ait dans ces points autre chose qu'une inflexion, ou même sans que la courbure de la ligne parabolique soit altérée par aucune singularité.

XIX. Cet article indique la manière d'appliquer la considération des courbes dont il s'agit à la théorie des équations. $y = x^m + p x^{m-1} +$ etc. étant l'équation d'une courbe parabolique, on suppose que cette équation ayant été différentiée, on en ait tiré successivement les expressions de $\frac{dy}{dx}$, $\frac{d^2 y}{dx^2}$, $\frac{d^3 y}{dx^3}$, etc., et enfin celle de $\frac{d^m y}{dx^m}$ qui sera toujours une constante. Chacun de ces rapports étant regardé comme l'ordonnée d'une courbe dont les abscisses sont les mêmes que celles de l'équation proposée, on imagine que toutes ces courbes sont décrites sur les mêmes axes, en ayant un point commun pour l'origine des abscisses. Cela posé, il existera entre trois quelconques de ces courbes, pourvu qu'elles soient consécutives, les relations suivantes. 1° Les ordonnées croîtront ou diminueront en faisant croître l'abscisse correspondante selon qu'à cette même abscisse répondra dans la seconde courbe une ordonnée positive ou négative. Si cette ordonnée de la seconde courbe est zéro, il y aura au point correspondant de la première un maximum ou un minimum; ou, pour parler plus exactement, la tangente sera parallèle aux abscisses. 2° En un point quelconque de la première courbe, la ligne sera convexe ou concave selon que le point correspondant de la troisième appartiendra à une ordonnée positive ou à une ordonnée négative. Si cette dernière ordonnée est zéro, le point considéré de la première courbe est un point d'inflexion visible ou invisible. Ces principes sont d'une application féconde dans la question présente, parce qu'en vertu de la dépendance réciproque des courbes on peut juger facilement des propriétés de la première courbe en décrivant successivement toutes les autres en commençant par les moins composées.

XX. L'auteur montre que les considérations précédentes font connaître complètement la nature des racines d'une équation du 3e degré qu'il a prise pour exemple.

XXI. Il remarque que dans cette équation la suite des signes des coefficients est telle que la nature des racines est entièrement déterminée, mais qu'il peut arriver, et ce sont les cas les plus fréquents, que cette suite de signes ne soit pas suffisante. On peut être incertain, par exemple, si deux racines sont réelles ou imaginaires, parce que l'on ignore si la courbe coupera son axe ou si elle feindra seulement de le couper. Il faudrait pour faire cette distinction employer non-seulement les signes, mais les valeurs des coefficients, ce qui supposerait la résolution des équations, qui est l'objet même de la recherche. On rencontre d'ailleurs des cas, et c'est alors que l'on doit employer la méthode précédente, où certains coefficients étant égaux à zéro, la nature des racines est entièrement connue.

XXII. On remarque que, pour la description de chacune des courbes successives, on ne fait usage que de son ordonnée correspondante à l'origine des abscisses; que cette ordonnée est toujours le produit d'un des coefficients de l'équation par un facteur numérique positif introduit par la différentiation; enfin que l'on n'emploie que le signe de ce coefficient. D'après cela on se propose cette question : Étant donnée la suite des signes des coefficients d'une équation, trouver dans tous les cas quelle est ou quelle peut être la nature des racines. On décrira donc successivement toutes les courbes, au moyen des deux principes qui ont été énoncés précédemment, en commençant par la plus simple, et la dernière indiquera par ses points d'intersection avec l'axe le nombre des racines, soit existantes, soit possibles. En effet dans la description de plusieurs courbes on ignorera si deux racines doivent être faites réelles ou imaginaires; mais dans ce cas il faut toujours les supposer réelles, afin de connaître le plus grand nombre possible des racines. Au reste il sera toujours facile, par les mêmes moyens, de trouver de quelle manière l'imaginarité des racines de quelques courbes précédentes peut influer sur la nature des racines de la dernière courbe.

XXIII. La solution de la question précédente donne lieu à plusieurs applications. On en déduit immédiatement la démonstration de la première partie du théorème de Descartes, en premier lieu pour le cas où l'équation proposée n'a pas de racines imaginaires, puis pour toutes les équations. La seconde partie du théorème de Descartes est évidente dans tous les cas où aucun des coefficients n'est zéro. Dans ce dernier cas on trouvera facilement la troisième partie. Lorsqu'il manquera quelques termes dans une équation on appliquera le théorème de Descartes de la manière suivante : si le nombre des termes qui manquent est pair, on comparera seulement les deux termes subsistants séparés par ceux qu'on suppose évanouis, et la combinaison qu'on trouvera entre eux indiquera une seule racine, toutes les autres étant imaginaires; si le nombre des termes évanouis est impair, on comparera seulement les termes subsistants qu'ils séparent. Si ces deux termes font une permanence, on n'en conclura aucune racine; s'ils font une variation on en conclura deux racines, l'une positive, l'autre négative. En appliquant la règle précédente on parviendra aux propositions connues sur les équations binomes et trinomes.

XXIV. L'objet de cet article est la recherche des limites des racines d'une équation, recherche qui se réduit toujours à la solution du problème suivant : Deux nombres étant proposés, trouver combien l'équation a de racines entre ces deux nombres. Les principes précédents peuvent être appliqués de la manière suivante à la recherche dont il s'agit. Supposons qu'on ait reconnu qu'une équation peut avoir cinq racines positives, et qu'on demande combien elle peut avoir de racines entre o et un nombre positif, comme 10. Substituant dans la proposée $x + 10$, on diminuera chaque racine de 10 unités. Admettons maintenant que la transformée ne puisse plus avoir que deux racines positives : on en conclura qu'il peut y avoir trois des racines positives de la proposée entre o et 10. On dit « qu'il peut y avoir », parce qu'il peut arriver que quelques-unes de ces racines soient imaginaires, mais elles seront toujours en nombre pair. Ainsi dans l'exemple cité deux des racines entre o et 10 peuvent être imaginaires, mais il y en a au moins une qui est réelle. En disant que deux racines peuvent devenir imaginaires entre o et 10, on ne prétend pas d'ailleurs donner des limites aux racines imaginaires, mais énoncer seulement que si ces racines existent elles se trouvent entre o et 10. Au reste il est facile de voir que les racines qui seraient imaginaires ne peuvent être limitées que deux à deux, quatre à quatre, et ainsi de suite. En général si le nombre des racines comprises entre deux limites est pair, on ignore si ces racines sont réelles ou imaginaires; mais si ce nombre est impair, on est assuré qu'entre ces limites il se trouve au moins une racine réelle. Par conséquent pour qu'il n'y ait plus aucun doute sur la nature des racines, il faut ou que chacune d'elles se trouve entre deux limites, ou que, par un moyen quelconque, on soit assuré si celles qu'on ne peut limiter ainsi sont réelles ou imaginaires. En effet, quoique deux racines se trouvent toutes deux entre deux limites très-rapprochées, on n'en peut pas conclure qu'elles soient imaginaires, parce qu'on est toujours censé ignorer si en resserrant ces limites on ne parviendrait pas à séparer les racines. Il faut donc un caractère auquel on puisse reconnaître l'imaginarité de ces racines, et c'est le défaut de ce caractère qui rend entièrement défectueuse la méthode des cascades. On trouvera deux moyens de s'assurer de l'imaginarité des racines. Au reste cette dernière recherche, en y procédant directement, est peut-être ce qu'il y a de plus difficile dans la question présente. L'auteur termine cet article en annonçant qu'il va passer aux règles pour la résolution des équations numériques, par lesquelles il se propose de trouver les valeurs exactes des racines commensurables, les valeurs des racines irrationnelles aussi approchées qu'on le voudra, enfin de discerner celles des racines qui sont imaginaires. Si ces règles sont bien conçues il faut qu'elles tiennent lieu de la division numérique, de l'extraction des racines de tous les degrés, et surtout qu'elles ne puissent manquer de conduire au but dans tous les cas imaginables. Il suffit d'ailleurs de donner des règles pour les racines positives, parce que les négatives peuvent facilement être rendues positives.

XXV. Cet article est intitulé : Règle pour connaître le nombre de chiffres d'une racine quelconque et le premier de ces chiffres. Nous le copions textuellement. « On substituera $x + 1$ à la place de l'inconnue en observant de commencer la substitution par les plus hautes puissances de x, de disposer verticalement toutes les parties de chacun des

I.   b coefficients numériques, de ne faire aucune réduction dans ces coefficients, enfin d'indiquer par des zéros celles des parties des coefficients qui manqueraient dans quelques cas particuliers. Toutes ces particularités étant observées, lorsqu'il s'agira de substituer dans la proposée pour l'inconnue $x +$ un terme numérique que je représente par N, on procédera ainsi à cette substitution. Dans la transformée par $x + 1$ on multipliera par N la première partie d'un coefficient de x; réduisant le produit avec la même partie du même coefficient, on multipliera le résultat par N. On continuera ainsi d'opérer sur le résultat en le multipliant par la troisième partie et multipliant le résultat par N jusqu'à ce qu'on ait fait la réduction de la dernière partie, auquel cas le résultat de cette réduction sera le coefficient numérique qui, dans la transformée par $x + N$, doit accompagner la puissance de x dont on vient de considérer le coefficient. Par ce moyen on formera la table suivante. On écrira les nombres 0, 1, 10, 100, en les disposant verticalement. A côté de chacun de ces nombres on écrira les signes seulement des termes des transformées par $x + 0$, $x + 1$, $x + 10$, $x + 100$, etc., en continuant cette opération jusqu'à ce qu'une des transformées n'ait que des signes positifs, ce qui ne peut jamais manquer d'arriver. Alors entre deux des nombres 0, 1, 10, 100, etc. il y aura autant de racines possibles que la transformée par le premier nombre aura de variations de plus que la transformée par le second. On connaîtra donc le nombre des chiffres qui composent l'expression de chacune des racines. Je suppose présentement que l'une des racines ait été trouvée avoir trois chiffres : pour en connaître le premier on écrira les nombres 200, 300, 400, etc., à côté desquels on rangera les signes des transformées donnés par chacun de ces nombres; puis on jugera par la combinaison des signes quels sont les deux nombres consécutifs entre lesquels se trouve la racine cherchée, c'est-à-dire qu'on déterminera le premier chiffre de la racine. »

XXVI. L'intitulé de cet article est : Règle pour trouver un chiffre quelconque d'une racine dont on connaît le chiffre précédent. Nous en donnons encore la copie textuelle. « On suppose que dans l'exemple précédent on ait connu que la racine se trouve entre 600 et 700, auquel cas son premier chiffre est 6. On cherchera la transformée par $x + 600$, qu'on a déjà calculée, puis appliquant à cette équation la règle précédente, on trouvera le premier chiffre de la racine qui n'est composée que de deux chiffres. Ce premier chiffre sera le second de la racine demandée. Connaissant ce second chiffre, que je suppose 4, dans la transformée par $x + 4$o, qu'on aura calculée précédemment, ou cherchera le premier chiffre d'une racine qui ait moins de deux chiffres : ce premier chiffre sera le troisième cherché. En général on observera la règle suivante. On choisira la transformée donnée par la substitution de x plus la partie de la racine qui vient d'être découverte. On cherchera par les règles précédentes le premier chiffre de celle de toutes ses racines qui aura le moins de chiffres : ce premier chiffre sera celui qui dans la racine demandée suit ceux que l'on connaît déja. Si plusieurs racines de cette transformée doivent avoir un même moindre nombre de chiffres, on pourrait choisir celle qu'on voudrait de ces racines. On continuera d'appliquer ces règles jusqu'à ce qu'on ait trouvé tous les chiffres de la racine, auquel cas, si la valeur est entière, on ne pourra manquer de la connaître. Si la racine est incommensurable on cherchera par les mêmes principes autant de chiffres décimaux qu'on le jugera nécessaire. »

XXVII. L'auteur remarque qu'en appliquant la méthode précédente, si deux ou plusieurs racines doivent avoir quelques-uns de leurs premiers chiffres communs, on trouvera ces premiers chiffres multiples. Si deux racines devaient être imaginaires on trouverait par cette méthode une suite de chiffres doubles pour l'expression de ces racines. Par conséquent si dans la recherche des racines on en trouve deux ou un plus grand nombre qui soient incommensurables, et en même temps telles que les chiffres des unités entières et d'approximation soient multiples doubles, par exemple, on sera dans l'incertitude sur la nature de ces racines, c'est-à-dire si elles sont égales et incommensurables, inégales et incommensurables, ou bien imaginaires. A la vérité il est facile de s'assurer par les méthodes connues si le premier cas a lieu, mais on ne peut distinguer les deux autres. Il manque donc ici un caractère auquel on puisse reconnaître si les deux racines sont imaginaires. La question consiste, dans le cas où deux racines seraient exprimées par plusieurs chiffres communs à l'une et à l'autre, à trouver si ces deux racines sont inégales ou si elles sont imaginaires.

XXVIII. Cet article est intitulé : Première Solution de la question précédente. Cette solution consiste à chercher une quantité moindre que la plus petite différence de deux racines de la proposée. On substitue $x + y$ à la place de x dans la proposée, puis on élimine x entre la transformée qui en résulte et la proposée elle-même. L'équation finale en y est du degré m^2 : elle aura m racines égales à zéro, et par conséquent sera, en divisant par y autant de fois qu'il sera nécessaire, du degré

$m(m-1)$. Tous les termes pairs manqueront toujours. Ainsi faisant $y^2 = z$, l'équation en z sera du degré $\dfrac{m(m-1)}{2}$. Dans cette dernière équation on cherchera par les règles précédentes une quantité plus petite que la plus petite racine positive, c'est-à-dire une quantité telle que la transformée que donnerait la substitution de z plus cette quantité ait les mêmes signes que l'équation en z, ou au moins qu'elle ait le même nombre de variations. Soit d cette quantité : $\sqrt{d}$ sera plus petite que la plus petite racine positive de l'équation en y. On approchera des racines dont il s'agit jusqu'à ce qu'elles ne puissent différer que d'une quantité plus petite que $\sqrt{d}$. Si en faisant cette approximation ces racines se séparent, elles sont réelles. Si, cette approximation faite, elles sont encore exprimées par les mêmes chiffres, elles sont imaginaires si leur nombre est pair, et dans le cas contraire une seule d'entre elles est réelle.

XXIX. L'auteur remarque « que cet artifice peut faire reconnaître les racines égales; qu'on peut aussi s'en servir pour reconnaître si une équation proposée a ou n'a pas toutes ses racines réelles, et que c'est pour cet usage même qu'il a été imaginé. Toutes choses étant comme dans l'article qui précède, si l'équation en z a toutes ses racines positives, ou, ce qui revient au même, si ses termes ont alternativement les signes $+$ et $-$, la proposée n'a pas de racines imaginaires, et réciproquement. On peut aussi par ce moyen connaître dans bien des cas le nombre des racines imaginaires. Au reste tous les cas possibles sont prévus dans l'énoncé des règles précédentes. On trouvera dans les applications qui suivent des moyens plus directs et plus faciles pour découvrir l'imaginarité des racines. On se contentera de les appliquer à quelques exemples qui suffisent pour faire voir qu'ils sont généraux, et qu'il ne leur manque que d'être mis en ordre et réduits à une pratique facile. »

XXX. Cet article est le dernier de la partie du manuscrit qui a été conservée. Le discours est interrompu à la fin du 14e feuillet ou de la 28e page, et sur cette dernière page, aussi bien que sur une partie de l'avant-dernière, les intervalles laissés en blanc par l'écrivain pour y placer les lettres et signes algébriques n'ont point été remplis. Les figures indiquées dans le texte n'existent pas non plus. Nous rapporterons ici le premier et le dernier des exemples donnés par l'auteur. Étant proposée l'équation

$$x^3 - 51x^2 + 524x + 2760 = 0,$$

on connaît d'abord que cette équation ne peut avoir que deux racines positives et une négative. La racine négative est sûrement réelle; mais les deux positives pourraient être imaginaires. Pour trouver les racines positives on opérera comme il suit. Substituant $x + 1$ au lieu de x, on aura la transformée suivante.

$$
\begin{array}{rrrr}
x^3 + & 3x^2 + & 3x + & 1 \\
-51 & -102 & +51 & \\
& +524 & +524 & \\
& & +2760. &
\end{array}
$$

Appliquant les règles prescrites, on formera la table suivante ,

$$
\begin{array}{ccccc}
0 & \cdots & + & - & + & + \\
1 & \cdots & + & - & + & + \\
10 & \cdots & + & - & - & + \\
100 & \cdots & + & + & + & + .
\end{array}
$$

On connaît à l'inspection de cette table que les deux racines ne sont ni entre 0 et 1, ni entre 1 et 10, mais qu'elles se trouvent toutes deux entre 10 et 100; qu'ainsi chacune d'elles est exprimée par deux chiffres. Pour trouver la plus petite de ces deux racines on formera par une pratique extrêmement facile la table qui suit.

$$
\begin{array}{cccccc}
20 & \cdots & + & + & - & + \\
30 & \cdots & + & + & + & - \\
40 & \cdots & + & + & + & + .
\end{array}
$$

Cette table fait connaître que la première racine est entre 20 et 30, et la seconde entre 30 et 40. Ainsi 2 est le premier chiffre de l'une et 3 est le premier chiffre de l'autre. Pour trouver le second chiffre de la première on substituera dans la proposée $x + 20$ à la place de x, et l'on trouvera

$$x^3 + 9x^2 - 316x + 840 = 0,$$

équation dans laquelle le premier chiffre d'une racine exprimée par un seul chiffre sera le second demandé. Faisant dans cette équation $x = x + 1$, on aura

$$
\begin{array}{rrrr}
x^3 + & 3x^2 + & 3x + & 1 \\
+9 & +18 & +9 & \\
& -316 & -316 & \\
& & +840 &
\end{array}
$$

et d'après cela

0........	+	+	—	+
1........	+	+	—	+
2........	+	+	—	+
3........	+	+	—	0

3 étant donc la racine de la proposée exprimée par un seul chiffre, est le second de la racine cherchée qui est par conséquent 23. On pourrait de même trouver la seconde racine, qui est incommensurable, en cherchant son second chiffre, puis autant de chiffres décimaux qu'on voudra l'exiger. Le dernier exemple présenté par l'auteur est l'équation

$$x^3 - 5x + 6 = 0,$$

qui a sûrement une racine réelle négative, et peut avoir deux racines positives. L'auteur cherche d'abord la racine négative, dont le premier chiffre est —2. Quant aux deux racines positives, il procède de cette manière. Substituant $x + 1$ à la place x, il a en premier lieu

$$x^3 + 3x^2 + 3x + 1$$
$$+0 \quad +0 \quad +0$$
$$-5 \quad -5$$
$$+6;$$

il forme ensuite le tableau

0........	+	0	—	—
1........	+	+	—	+
10........	+	+	+	+;

puis le tableau

1........	+	+	—	+
2........	+	+	+	+.

Les deux racines se trouvent entre 1 et 2, et l'on peut soupçonner qu'elles sont imaginaires. L'auteur reconnaît en premier lieu que les deux racines sont effectivement imaginaires, en formant l'équation au carré des différences, au moyen de laquelle on voit d'abord que la proposée ne doit pas avoir toutes ses racines réelles, et de plus que l'unité est plus petite que la moindre différence des racines de la proposée, d'où il résulte que les racines cherchées sont nécessairement imaginaires, puisqu'elles seraient comprises entre 1 et 2. Il ajoute ensuite les remarques suivantes, que nous copierons textuellement. « On peut s'assurer de cette imaginarité d'une autre manière, et on va donner une idée de cette seconde méthode, qui est plus directe et plus expéditive que la précédente, en l'appliquant à ce dernier exemple. Si en effet on y applique les principes précédents, en décrivant les courbes qui précèdent celle qui doit représenter les racines de la proposée, on ne trouvera rien d'indéterminé. Mais à l'égard de cette dernière on ignorera si dans la description la courbe atteindra on n'atteindra pas la partie positive de l'axe; car pour la partie négative il n'y a aucun doute. Dans le premier cas, que représente la 5ᵉ figure, les deux racines sont réelles et positives; dans le second (fig. 6ᵉ) ces deux racines manquent à l'équation. La question est de trouver lequel de ces deux cas a lieu. Pour cela je place dans les deux figures les axes désignés par les chiffres   et   , de manière que le premier donne par ses intersections avec toutes les courbes la suite   donnée par la substitution de   et que le second donne la suite   . Alors je remarque que si la figure 5ᵉ doit avoir lieu, c'est-à-dire si les racines doivent être réelles, la sous-tangente de la dernière courbe au point où l'axe des ordonnées coupe celui des abscisses ne peut atteindre la première des racines. J'observe que dans le cas de la 6ᵉ figure il est possible que cette sous-tangente qui répond à l'axe   conduise au-delà du minimum, c'est-à-dire que l'axe   placé à son extrémité peut donner la suite   . Que conclura-t-on donc de cette remarque dans le cas présent? qu'il faut calculer la sous-tangente qui répond à l'axe   , examiner si l'axe placé à son extrémité donne la suite des signes   . Dans ce cas on est assuré que les deux racines cherchées sont imaginaires. Si cet axe donne encore deux variations, il restera encore le même doute sur la nature des racines. Que faudra-t-il donc faire alors? calculer un nouveau chiffre pour les deux racines. Si ce chiffre est encore commun on réitérera l'examen de la sous-tangente, et on continuera ainsi jusqu'à ce que les deux racines se séparent, ou que la sous-tangente en indique l'imaginarité : car il est impossible, si les deux racines ne sont pas égales, que l'un de ces cas n'arrive pas. Or dans tous les cas, en se servant de la méthode des courbes, il ne peut y avoir de doutes que sur la nature de deux racines. Ainsi on peut toujours employer l'artifice précédent, qui, comme on va le voir, est d'une pratique très-facile. L'expression de la sous-tangente est   . Dans le cas présent, c'est-à-dire au point où répond l'axe   , l'ordonnée est   , et la tangente ou l'ordonnée de la courbe précédente est   , comme l'indique la transformée par   qui est   . Ainsi la sous-tangente qui répond à l'abscisse   est   , qui étant retránché de cette abscisse donne   pour l'abscisse qui répond à l'axe   . Or la substitution de   apprend que cet axe ne donne aucune variation. Donc les racines cherchées sont imaginaires. Je pourrais appliquer ce même artifice à beaucoup d'autres exemples : celui-là suffit pour prouver qu'il est général. Ce même moyen renferme la méthode d'approximation de   , quoiqu'il paraisse en différer beaucoup. On voit delà que dans certains cas cette méthode d'approximation peut ne pas conduire au but. »

Il est évident que le nom omis dans cette dernière phrase est celui de Newton, et il ne serait pas moins facile de suppléer à toutes les autres lacunes : mais cela n'est nullement nécessaire, puisqu'il ne peut exister aucune incertitude sur le sens de l'article. Nous avons cru devoir donner un extrait étendu de cet ancien manuscrit parce qu'il est intéressant de voir sous quelle forme l'auteur avait d'abord présenté ses recherches, et parce qu'on y reconnaît que dès cette époque M. Fourier était en possession des parties les plus importantes de l'ouvrage que nous publions aujourd'hui : la résolution des équations littérales, la séparation des racines des équations numériques, et la distinction des deux cas où il existe entre deux limites très-voisines ou un couple de racines imaginaires, ou deux racines réelles presque égales, distinction fondée sur le tracé de la tangente menée par le point de la courbe correspondant à l'une des limites, et la comparaison de la valeur de la sous-tangente à la différence des deux limites.

Ces premières recherches ont été présentées à l'ancienne Académie des sciences. Il en est fait mention en ces termes dans le plumitif, séance du 9 décembre 1789. « M. Fourier a commencé la lecture d'un Mémoire sur les équations algébriques. MM. Monge, Legendre et Cousin. » On ne trouve aucune autre indication relative à ce travail dans les plumitifs des années suivantes.

Le second manuscrit que nous devons faire connaître est un programme ou résumé général du cours d'analyse fait par M. Fourier à l'école Polytechnique. Cet ouvrage, composé de neuf feuilles, avait été conservé dans les papiers de l'auteur. Il ne portait aucune signature ; mais des recherches faites dans ces dernières années ont constaté qu'il est écrit de la main de M. Dinet. Il suffira de citer le passage suivant.

« Il ne peut y avoir dans une équation numérique plus de racines réelles positives qu'il n'y a dans la suite de ses termes de changements de signes, ni plus de racines négatives que de permanences de signes. »

« Si le nombre des changements de signe est impair, il se trouve dans l'équation au moins une racine réelle positive. Il y a au moins une racine réelle négative si le nombre des permanences est impair, conformément à l'article.....»

« Si dans les fonctions X, X', X'', etc. données par la différentiation d'une équation X = o, on substitue successivement deux nombres a et b, de même signe, et que l'on forme les deux suites des signes de ces résultats, l'excédant du nombre des changements de signe de la suite qui répond au plus grand nombre b sur le nombre des changements de signe de la suite qui répond au nombre a indique le plus grand nombre des racines qui peuvent être comprises entre a et b, en sorte qu'il ne peut jamais y en avoir plus entre ces deux limites. »

« Si l'une ou l'autre des substitutions précédentes réduit à zéro quelques-unes des fonctions X, X', X'', etc., on pourra donner le signe + ou le signe — au terme qui s'évanouit. Si on choisit d'abord les signes propres à donner le plus grand nombre possible de changements de signe, puis ceux qui en donnent le moindre nombre possible, et que ces deux nombres diffèrent, il y aura dans l'équation au moins autant de racines imaginaires qu'il y a d'unités dans cette différence. »

Voici maintenant l'attestation consignée par M. Dinet à la suite du manuscrit. « Ces feuilles, au nombre de neuf, m'ont été présentées par M. Fourier : j'ai reconnu qu'elles avaient été écrites par moi en 1797, dans les derniers mois que j'ai passés à l'école Polytechnique. Mon but en les écrivant était de me former un tableau succinct des leçons que j'avais reçues de M. Fourier à l'école Polytechnique, afin de me préparer à subir l'examen pour l'admission au corps des élèves ingénieurs constructeurs de vaisseau. J'avais fait le même travail sur les leçons de mécanique données par M. de Prony. En sorte qu'il est constant que la suite des propositions dont l'énoncé est inscrit dans ces feuilles a été développée par M. Fourier pendant les années 1796 et 1797. En rédigeant cette déclaration j'ai paraphé ces neuf feuilles au recto et au verso. A Paris, le 5 avril 1830. » Signé Dinet.

Le troisième manuscrit qui se trouve dans nos mains est intitulé : « Mémoire sur les limites des racines des équations algébriques. » Ce Mémoire contient une exposition détaillée des parties les plus importantes des livres I et II du présent ouvrage. Il suffira de citer l'attestation par laquelle il est terminé.

« Le présent mémoire composé de vingt-six pages a été écrit dans le

I. c

courant de l'année 1804. M. Fourier, préfet du département de l'Isère, nous donna connaissance dans cette même année de divers théorèmes sur la résolution des équations algébriques et nous en communiqua les démonstrations. Le premier était textuellement énoncé comme il suit. Étant donné une équation numérique $\varphi x = o$ d'un degré m, si dans le premier membre φx et dans les m fonctions $\varphi' x, \varphi'' x, \varphi''' x$, etc. que l'on déduit de la première par des différentiations successives, on substitue deux nombres différents a et b; que l'on observe pour chacune de ces deux limites combien la suite des $m + 1$ résultats provenant de la substitution contient de variations de signes, on connaîtra combien l'équation proposée peut avoir de racines entre les deux limites substituées. »

« L'équation $\varphi x = o$ ne peut avoir plus de racines entre a et b qu'il n'y a d'unités de différence entre le nombre A des variations de signe de la suite qui répond à la moindre limite a, et le nombre B des variations de signe qui répond à la plus grande limite b. »

« Si l'équation n'a point entre a et b autant de racines réelles qu'il y a d'unités dans la différence A — B, celles qui manquent sont en nombre pair, et correspondent à un pareil nombre de racines imaginaires dans la proposée $\varphi x = o$. »

« Le second théorème contenait une règle importante qui dispense de recourir à la formation de l'équation au carré des différences, et sert à distinguer promptement avec certitude les racines réelles des racines imaginaires dans les équations numériques de tous les degrés. »

« Les autres remarques qui nous furent communiquées ont pour objet, 1° de diriger par des règles certaines l'application de la méthode d'approximation de Newton, 2° l'emploi des séries récurrentes pour trouver toutes les racines tant réelles qu'imaginaires et les diviseurs de tous les degrés dans les équations numériques. »

« Désirant conserver les principaux éléments de cette nouvelle théorie des équations, nous rédigeâmes du consentement de M. Fourier un nombre assez considérable de notes qui contenaient les démonstrations et les vues principales. »

« Le présent écrit fut achevé le premier. Nous concourûmes tous les deux à sa rédaction; il a été écrit de la main de Chabert l'un de nous, et nous déclarons qu'il n'y a été fait aucun changement depuis 1804. »

« Nous avons rédigé avec plus de soin plusieurs autres notes sur le même objet dans le cours des années suivantes 1805 et 1806, et nous n'avons cessé d'engager M. Fourier depuis l'année 1804 jusqu'aujourd'hui à publier ses découvertes sur la théorie des équations algébriques. »

> *Signés* Chabert, doyen de la faculté des sciences de l'Académie de Grenoble; Bret, professeur à la faculté des sciences de l'Académie de Grenoble.

« Et en outre, moi, soussigné Bret, professeur à la faculté des sciences de l'Académie de Grenoble, déclare qu'il est à ma parfaite connaissance que dans les premiers mois de l'an 1803 M. Fourier expliqua publiquement à l'école Polytechnique les deux théorèmes ci-dessus rappelés, savoir 1° celui qui fait connaître le plus grand nombre de racines qu'une équation puisse avoir entre deux nombres donnés, 2° la règle qui sert à distinguer les racines imaginaires. J'étais alors élève de l'école Polytechnique (*). Je me souviens très-distinctement que, sur la demande d'un des élèves, M. Fourier voulut bien donner quelques développements sur ce second objet, et qu'il se servit d'une construction fort élégante pour rendre sensible la vérité de cette démonstration. »

« Et pour que les faits ci-dessus énoncés demeurent constants nous avons rédigé et signé la présente déclaration que nous affirmons sur notre honneur être véritable. Grenoble, ce 15 mars 1812.

> *Signés* Bret; Chabert.

« (*) Dans la seconde division, et j'assistai avec tous les élèves à cette explication donnée par M. Fourier. Je rédigeai au sortir de la séance la démonstration du 1er théorème. »

« Quant à la règle qui sert à distinguer les racines imaginaires, elle nous fut publiquement communiquée avec la démonstration dans la même séance à l'École polytechnique. »

« Le présent est écrit de ma main, ainsi que la déclaration précédente dont il fait partie. »

> *Signé* Bret, professeur de mathématiques transcendantes à la faculté des sciences.

Les deux citations précédentes établissent avec certitude que M. Fourier a exposé dans les cours de l'école Polytechnique, avant et après l'époque de l'expédition d'Égypte, les principales propositions qui servent de base à ses méthodes de résolution des équations numériques.

L'auteur a fait mention de ces recherches dans son Mémoire sur la statique qui a été imprimé en l'an 6 (1797) dans le 5e cahier du Journal de l'école Polytechnique. On lit, page 46, « Nous avons dessein de publier dans ce recueil une suite de mémoires contenant des recherches nouvelles sur la théorie des équations. On se propose de reprendre dans son entier le problème de la résolution générale des équations... »

Les recherches dont il s'agit ont été également communiquées par l'auteur pendant le cours de l'expédition d'Égypte, soit dans la conversation, soit par des écrits présentés à l'Institut du Caire. Nous n'avons pas été à même de consulter les archives de cet Institut, mais nous trouvons dans la Décade égyptienne diverses indications des Mémoires lus par M. Fourier.

« 26 fructidor an 6. Mémoire sur la résolution générale des équations algébriques. »

« 1er jour complémentaire an 6. Sur une roue à vent destinée à l'arrosage. »

« 16 frimaire an 7. Mémoire de mécanique générale. »

« 16 pluviose an 7. Recherches sur les méthodes d'élimination. »

« 11 messidor an 7. Mémoire contenant la démonstration d'un nouveau principe d'algèbre. »

Nous avons sous les yeux des écrits de la main de M. Fourier, qui ne portent à la vérité aucune date, ni aucune attestation étrangère, mais qui néanmoins doivent être regardés comme étant certainement, ou les Mémoires mêmes lus à l'Institut du Caire, ou du moins les minutes de ces Mémoires conservées par l'auteur. Les sujets traités dans ces écrits, qui se rapportent exactement aux indications précédentes, et la nature du papier et de l'encre qui prouvent qu'ils ont été faits en Égypte, ne laissent aucun doute à cet égard. Le dernier contient la démonstration très-développée du théorème principal relatif à la distinction des limites des racines réelles, au moyen de la considération des signes donnés par la substitution d'une suite de nombres dans les fonctions dérivées.

Nous possédons également plusieurs notes très-étendues, dont une partie est écrite de la main de M. Chabert, et qui sont évidemment les notes mentionnées dans l'attestation précédente. Les propositions relatives à la distinction et au calcul des racines qui sont exposées dans les deux premiers livres du présent ouvrage y sont développées fort en détail. Il y a des exemples d'application de ces méthodes à diverses équations, pour lesquelles on a construit et discuté la suite des courbes données par les équations dérivées. La plupart des feuilles portent de la main de M. Chabert et de la même écriture que le texte, la date de divers mois de l'an 12.

Le passage suivant d'une lettre adressée par M. Poisson à M. Fourier, et portant la date du 24 avril 1807, confirme la vérité des faits que nous énonçons ici..... « Un docteur en médecine vient de publier un ouvrage sur la résolution numérique des équations...... Le docteur a entrevu votre théorème sur les changements de signes; il a de fortes raisons de penser qu'il a lieu dans les cas des racines imaginaires; j'en ai une bien plus forte que toutes les siennes, puisque vous m'avez dit autrefois que vous aviez une démonstration générale de cette proposition. Vous devriez bien publier au moins les différents théorèmes sur lesquels est fondée votre méthode pour résoudre les équations....... »

Enfin nous citerons presque en entier une lettre qui nous a été adressée par M. Corancez.

« Monsieur, avant son départ pour l'Égypte, M. Fourier était en possession du théorème qui fait la base de ses méthodes, et qui sert à déterminer la limite du nombre des racines d'une équation *algébrique* qui sont comprises entre deux nombres pris à volonté. C'est le même théorème dont M. B. a fait depuis tant d'usage dans son Mémoire publié en 1806 ou 1807. Fourier l'avait publié dans ses cours à l'école Polytechnique avant 1797, comme peuvent l'attester Girard, et tous les ingénieurs et élèves de l'école qui le suivirent en Égypte, et qui y parlaient de cette découverte comme d'une chose connue. »

« Ce n'est qu'en Égypte que j'eus connaissance de ce théorème que Fourier me communiqua, et dont il m'a souvent parlé sans m'indiquer comment il y était parvenu. J'en trouvai une démonstration que je lui ai communiquée depuis lors, à notre retour en France, sur le brick anglais *Good Design* où nous étions compagnons de captivité. M. Fourier approuva cette démonstration, comme celle qui se présente le plus naturellement. Mais elle a l'inconvénient de laisser de l'incertitude sur le passage des racines imaginaires. Dans sa démonstration Fourier a remédié à cet inconvénient. Il ne m'a au surplus communiqué cette démonstration que d'une manière trop générale pour que je puisse en parler. »

« J'avais inséré ma démonstration dans un Mémoire sur les séries qui expriment les racines ou fonctions de racines d'une équation. Dans ce Mémoire, que j'ai rédigé à Alep, je reconnais, comme de raison, que le théorème était dû à M. Fourier. C'est ce qui l'engagea, il y a deux ans, à me demander ce Mémoire. La déclaration qu'il contient est sans doute celle qu'il désigne dans le passage que vous me citez. Ce Mémoire, resté chez Fourier, doit se retrouver dans ses papiers. C'est un cahier cartonné petit in-12, et portant la date d'Alep, an XII ou an XIII. »

« Il est certain que M. Fourier a lu un Mémoire sur les équations à
l'Institut du Caire. C'était, autant que je puis m'en fier à ma mémoire,
un précis de l'esprit et des résultats de ses méthodes, mais sans aucun
détail de calcul. Vous en trouverez certainement mention faite dans la
Décade égyptienne et dans le Courrier du Caire. »

« J'ajouterai qu'en Égypte Fourier était déja en possession de sa méthode d'approcher de la vraie valeur des racines au moyen des fractions
continues, méthode dont il appuyait l'examen et la démonstration sur
l'inclinaison des tangentes dans les courbes paraboliques. Fort antérieurement à cette époque, lorsqu'il commença à Auxerre à s'occuper
de la théorie des équations, Fourier m'a souvent dit qu'il s'était long-
temps amusé à décrire graphiquement la proposée et toutes ses dérivées
en donnant à chaque courbe des couleurs différentes pour les distinguer
et en suivre le cours. »

Asnières, 2 février 1831.   *Signé* CORANCEZ.

Nous indiquerons maintenant les divers écrits relatifs à l'analyse algébrique qui ont été publiés ou présentés à l'Académie des sciences par
M. Fourier depuis son retour à Paris en 1815.

Le Bulletin des sciences par la Société Philomatique de Paris, année
1818, contient un article intitulé : «Question d'analyse algébrique», dans
lequel sont exposés sommairement les divers principes et règles d'après
lesquels on doit se guider en faisant usage de la méthode d'approximation
des racines due à Newton, lorsque l'on connaît d'ailleurs deux limites
qui comprennent entre elles une racine réelle.

On trouve dans le même Bulletin pour l'année 1820 deux autres articles intitulés : « Usage du théorème de Descartes dans la recherche des
limites des racines, page 156, et Seconde partie de la Note relative aux
limites des racines, page 181. » Les théorèmes relatifs à la séparation des
racines, et à la distinction des cas où deux racines sont réelles ou imaginaires par le calcul des sous-tangentes, ont été publiés pour la première
fois dans ces deux articles par la voie de l'impression. On a vu d'ailleurs
non-seulement que l'auteur était en possession de ces théorèmes bien
antérieurement à cette époque, mais qu'il les avait exposés publiquement dans les cours de l'école Polytechnique avant le départ et après
le retour de l'expédition d'Égypte. Le mérite d'une découverte appartient à celui qui la fait connaître le premier : la publication par la voie
de l'impression n'est pas le seul moyen de faire connaître des propositions nouvelles : il en existe plusieurs autres, tels que le dépôt au-

thentique d'un manuscrit, ou l'exposition de ces propositions dans des leçons publiques. Ce dernier moyen exige à la vérité que cette exposition soit prouvée par le témoignage des auditeurs. Nous produisons ici plusieurs témoignages dus à des personnes tout-à-fait désintéressées, et dont la véracité ne peut assurément être suspecte. Les droits de l'auteur à la découverte des propositions dont il s'agit antérieurement à l'année 1797 sont donc établis d'une manière incontestable.

M. Fourier a présenté à l'Académie des sciences, le 14 janvier 1822, des Recherches sur l'analyse algébrique. Ce travail se composait de trois manuscrits. Le premier, sur lequel l'auteur a mis à l'encre rouge un nouveau titre et la date du 14 janvier 1822, est un exposé général des principaux résultats relatifs à la résolution des équations numériques ou littérales : il est écrit de la main de M. André Raynaud, ancien employé de la préfecture du département de l'Isère, qui en a paraphé toutes les pages, et a mis sur la dernière un attestation constatant que cette copie a été faite dans le mois de novembre 1807. Le second manuscrit est un exposé détaillé des recherches relatives à l'application des séries récurrentes à la résolution des équations algébriques : une partie des feuilles est écrite de la main de M. Fourier, une autre partie de la main de M. Chabert. Ces feuilles portent chacune les dates des mois de ventose et de floréal an 12. M. Fourier a effacé ces dates à l'encre rouge, et mis à la fin sa signature avec la nouvelle date du 14 janvier 1822. Le troisième manuscrit est un exposé succinct des résultats développés dans le précédent. La présentation de ces recherches est mentionnée dans l'analyse de travaux de l'Académie pendant l'année 1821 : les principaux points sont indiqués, et particulièrement les propositions relatives à l'application des séries récurrentes qui formeront le sujet du VIe livre du présent ouvrage.

Le 10 et le 17 novembre 1823 ont été présentées la première et la seconde partie d'un Mémoire d'analyse indéterminée sur le calcul des conditions d'inégalité. L'objet de ce mémoire est exposé dans l'Analyse des travaux de l'Académie pendant l'année 1823, page 29 et suivantes. L'auteur indique diverses applications à des questions qui appartiennent à la mécanique ou à l'analyse générale, et particulièrement celle qui se rapporte à l'usage des équations de condition lorsque l'on se propose de trouver les valeurs des inconnues qui rendent la plus grande erreur, abstraction faite du signe, la moindre possible. Cette dernière application est développée plus complètement dans l'Analyse des travaux de l'Académie pendant l'année 1824, page 38.

Le 3 janvier 1827, M. Fourier a présenté un Mémoire sur la distinction des racines imaginaires; et sur l'application des théorèmes d'analyse algébrique aux fonctions appelées transcendantes et spécialement aux questions de ce genre qui appartiennent à la théorie de la chaleur. Ce Mémoire a été inséré par extrait dans le Bulletin des sciences de la Société philomatique pour l'année 1826, et imprimé en entier dans le tome VII des Mémoires de l'Académie des sciences qui a paru en 1827. L'auteur y a énoncé la proposition qui est exposée page 45 du présent ouvrage, et qui consiste principalement en ce que, dans le calcul par approximation des racines des équations algébriques au moyen des fractions continues, on peut dans tous les cas omettre l'emploi de l'équation au carré des différences, en procédant immédiatement au calcul des fractions continues comme si l'on était assuré que toutes les racines étaient réelles; et en se guidant par l'usage du théorème qui fait connaître combien il peut exister de racines entre deux limites données.

Enfin le dernier Mémoire relatif à l'analyse algébrique, qui est aussi le dernier ouvrage de l'auteur, a été lu le 9 mars 1829. Il est intitulé : « Remarques générales sur l'application des principes de l'analyse algébrique aux équations transcendantes », et a été imprimé dans le tome X des Mémoires de l'Académie des sciences.

En exposant dans son ouvrage les découvertes qu'il a faites sur les parties les plus importantes de l'analyse algébrique, M. Fourier a présenté ces vérités nouvelles comme étant les fruits de ses propres travaux, dont la propriété ne pouvait lui être contestée. Cette circonstance seule suffit assurément pour donner sur ce point la plus entière conviction à toutes les personnes qui l'ont connu. Mais nous avons pensé qu'il était nécessaire pour le public de montrer que M. Fourier était autorisé à s'honorer des découvertes dont il s'agit, non-seulement parce qu'il les avait véritablement faites, mais aussi parce qu'il existait des témoignages écrits qui, d'après les règles et usages littéraires, lui en assuraient la priorité.

Nous terminons cet Avertissement en déclarant que les manuscrits dont nous avons fait mention seront déposés par la suite au secrétariat de l'Institut, et que nous sommes prêts à les communiquer aux personnes qui cultivent les sciences et qui désireraient en prendre connaissance.

Paris, 1er juillet 1831.

NAVIER.

Membre de l'Académie des sciences de l'Institut.

PRÉFACE.

LES philosophes d'Alexandrie ont connu quelques éléments d'un art qui a pour objet la grandeur mesurable,
et qui consiste à suppléer aux opérations de l'esprit par la
combinaison régulière d'un petit nombre de signes. Cet
art a pris un grand essor chez les nations modernes ; il est
devenu l'analyse mathématique, science sublime, qui, en
nous découvrant les lois générales du mouvement et celles
de la chaleur, explique tous les grands phénomènes de
l'univers, et qui éclaire la société civile dans ses usages les
plus importants.

La théorie des équations déterminées, principal fondement de cette science analytique, a été long-temps arrêtée
dans ses progrès par des difficultés capitales que l'on peut
résoudre aujourd'hui. C'est le but que je me suis proposé
dans cet ouvrage ; il est le fruit d'un long travail entrepris
dès ma première jeunesse, et que les soins les plus divers
n'ont pour ainsi dire jamais interrompu.

La recherche des racines des équations est la question
principale de la théorie. Je me suis attaché à traiter complètement cette question, et je l'ai résolue par une méthode

exacte et générale dont l'application est toujours facile et s'étend à toutes les fonctions déterminées.

Elle ne dérive point d'une vue singulière, et en quelque sorte indépendante des théorèmes déja connus; au contraire, elle rappelle et emprunte tous ces éléments; elle montre les rapports qu'ils ont entre eux et en développe les conséquences les plus éloignées.

Les découvertes capitales qui ont fondé l'analyse algébrique sont les théorèmes de François Viete sur la composition des coefficients; la règle que Descartes a donnée dans sa Géométrie concernant le nombre des racines positives ou négatives; celle du parallélogramme analytique due à Newton et que Lagrange a démontrée; la méthode newtonienne des substitutions successives; les recherches de Waring et de Lagrange sur les fonctions invariables des racines et sur l'équation aux différences; la théorie des fractions continues, telle qu'elle est expliquée dans les ouvrages de Lagrange; enfin la méthode que Daniel Bernoulli a déduite des séries récurrentes.

Nous avons rappelé ces éléments dans notre ouvrage, non pour en expliquer les principes, qui sont connus depuis long-temps, mais pour leur donner une extension entièrement nouvelle, et résoudre toutes les questions fondamentales que les premiers inventeurs ont considérées. Il n'y en a aucune qui n'y soit discutée avec le plus grand soin. Il résulte de cet examen une méthode *exégétique* universelle qui ne laisse rien d'incertain, parce qu'elle donne des règles faciles et usuelles pour la distinction des racines imaginaires. Le lecteur attentif pourra juger s'il est vrai que ces problèmes difficiles soient tous complètement résolus.

Ces principes appartiennent à l'analyse générale, et notre théorie n'est point bornée aux équations algébriques; elle résoud toutes les équations déterminées.

Les questions les plus importantes de la philosophie naturelle, comme celles qui ont pour objet d'exprimer les dernières oscillations des corps, ou les conditions de la stabilité du système solaire, ou divers mouvements des fluides, ou enfin les lois mathématiques de la chaleur, exigent une connaissance approfondie de la théorie des équations.

J'indiquerai maintenant l'ordre que l'on a suivi dans la composition et la rédaction.

Les éléments de la science sont exposés clairement dans plusieurs ouvrages qui ont rendu cette étude facile et commune. Je suppose ici que les théorèmes principaux sont connus du lecteur; je les ai rapportés dans l'Introduction. Je présente sous ce titre l'indication historique des sources principales, avec l'énoncé exact et précis de toutes les propositions qu'il est nécessaire de se rappeler très-distinctement avant de lire ce traité. Cette énumération marque le point dont je suis parti; toutes les recherches suivantes sont nouvelles.

Parmi ces propositions élémentaires qui forment l'introduction, j'ai compris quelques théorèmes très-simples de l'analyse appelée infinitésimale. On ne peut faire aucun progrès considérable dans la théorie des équations, sans quelqu'usage de l'analyse différentielle, ou, ce qui est la même chose, de la méthode des fluxions. Les sciences n'admettent pas toujours l'ordre contingent et pour ainsi dire fortuit qui s'est établi dans le cours des inventions. Les connaissances mathématiques les plus diverses sont toutes de la même nature, leur étude ne demande qu'une attention persévérante; on a appelé transcendantes celles qui ont été découvertes les dernières.

J'ai conservé sans aucune innovation les dénominations usitées, afin de ne point exiger l'étude importune de notations nouvelles, qui ne sont presque jamais nécessaires. A la vérité plusieurs de ces dénominations ont été admises avant que l'on eût acquis une connaissance très-exacte des éléments. Il pourrait être utile d'y apporter quelque changement; il est préférable d'attendre cet avantage du progrès continuel des idées et de l'assentiment des géomètres.

Toutes les recherches qui doivent composer cet ouvrage sont achevées depuis long-temps. On publie aujourd'hui les deux premiers livres qui contiennent ce que la théorie des équations a de plus essentiel, et forment en quelque sorte un traité distinct. La seconde partie, qui termine l'ouvrage, et dont l'étendue est à peu près égale à celle de la première, paraîtra l'année suivante.

Comme les deux premiers livres ne donneraient qu'une idée incomplète de l'objet de ces recherches, il m'a paru nécessaire de présenter d'avance une Exposition synoptique qui réunisse tous les résultats et fasse bien connaître leurs rapports mutuels.

Une vue principale avait été indiquée par François Viète, que l'on peut regarder comme le second inventeur de l'algèbre. Harriot, Oughtred, Wallis et Newton l'avaient adoptée ; mais on s'en est écarté, et l'on a suivi une route très-différente, nécessairement bornée, et qui n'aboutit qu'à des recherches purement curieuses, sans qu'on ait pu résoudre une seule des difficultés qu'elles présentaient. Je propose aujourd'hui de ramener la science à des principes plus simples et plus féconds qui se lient à tous les éléments déja connus, et contribueront certainement aux progrès des autres branches de l'Analyse mathématique.

Paris, 1829.

Jh. FOURIER.

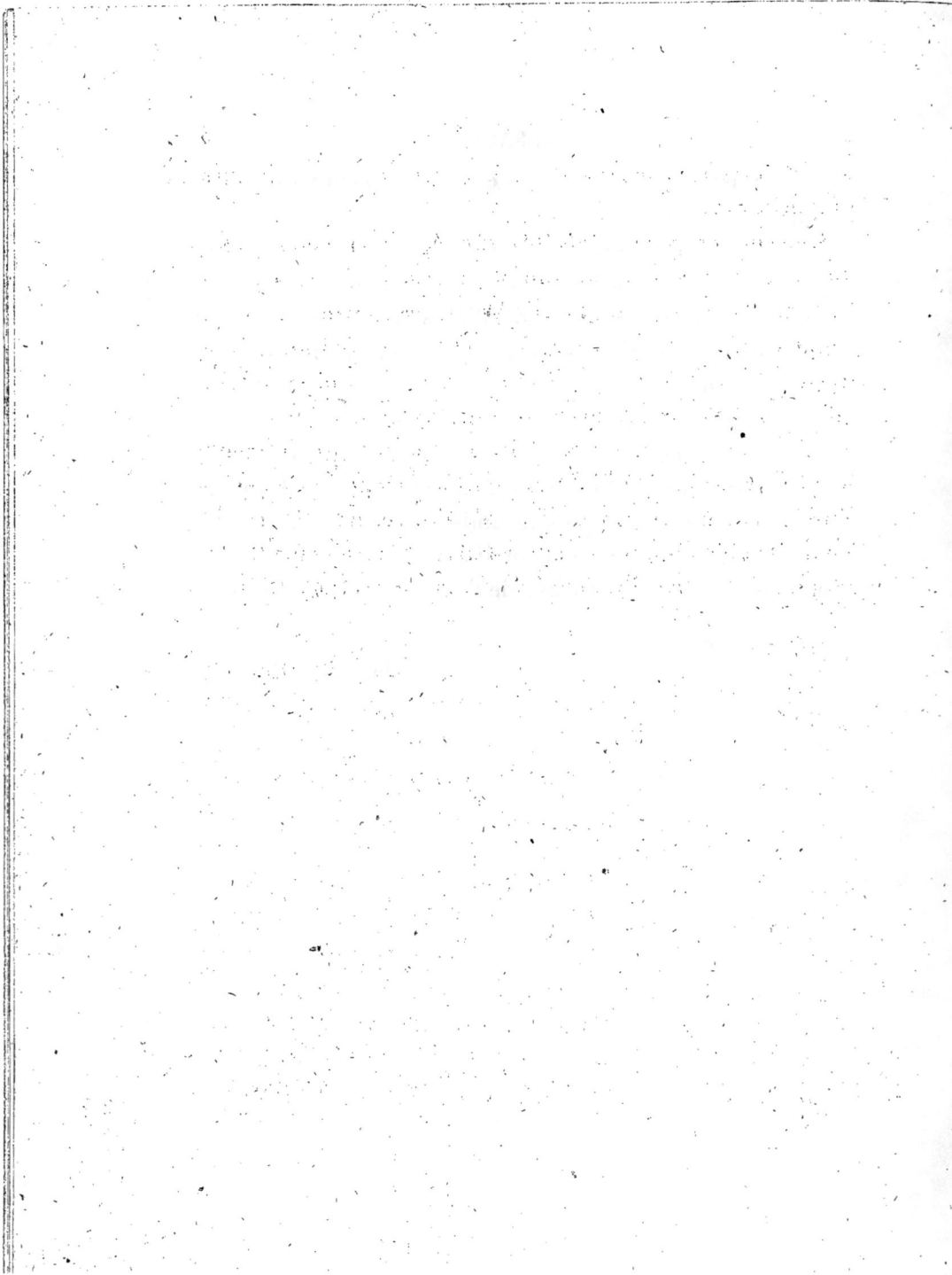

INTRODUCTION.

———— ●○● ————

(1) Nous avons reçu des Grecs et des Arabes les premières notions
de l'algèbre. Les livres de Diophante, qui sont aujourd'hui le plus
ancien monument de cette science, portent tous les caractères de
l'invention. L'auteur résout par une analyse ingénieuse un ordre
assez étendu de questions relatives aux propriétés des nombres ;
la lecture de la partie de cet ouvrage qui nous a été transmise, suffit
pour prouver que les règles élémentaires de l'algèbre étaient déja
connues à l'école d'Alexandrie.

L'antique civilisation de l'Orient est attestée par les productions
admirables des arts; mais l'histoire n'a conservé qu'un souvenir
confus de ces temps qui ont précédé de plusieurs siècles les ori-
gines fabuleuses de la Grèce.

Les principes de l'algèbre indienne, tels qu'on en trouve quelques
vestiges, ont-ils été communiqués aux Arabes, aux Perses, et ensuite
à l'Europe, ou plutôt les géomètres grecs ne sont-ils pas les vrais
et seuls inventeurs? Le défaut de monuments ne permet plus de
résoudre entièrement cette question. Quoi qu'il en soit, les théories
fort étendues dont la science analytique se compose maintenant
sont toutes l'ouvrage des modernes.

Léonard Bonacci de Pise a écrit vers l'année 1150, au retour
de ses voyages en Grèce et en Asie, le premier traité de cette science
qui ait paru dans l'Occident. Celui de Luc Paciolo fut publié au
commencement du XVIe siècle, époque à jamais mémorable dans
l'histoire de l'Europe. Scipion Ferrei parvint à résoudre les équations
du 3e degré, ou plutôt il en donna une transformation ingénieuse

2.

et inattendue. Tartaglia, Cardan et ensuite Raphaël Bombelli renou-
velèrent ou répandirent cette découverte. Louis Ferrari de Bologne
découvrit une solution du même genre pour les équations du 4e degré.
Ces formules ne conduisirent point à la résolution des équations
supérieures, et même pour le 3e et le 4e degré elles sont inapplica-
bles dans un grand nombre de cas. On n'avait résolu complètement
par un moyen semblable que les équations du second degré; la formule très-simple qui donne cette solution était connue dès l'origine
de l'algèbre.

François Viète, l'un des plus illustres fondateurs des sciences mathématiques, considéra sous un point de vue beaucoup plus général
la question de la résolution des équations. Il entreprit de découvrir
une méthode *exégétique* propre à déterminer les valeurs effectives
des inconnues, et fonda ses recherches sur les vrais principes du
calcul algébrique. Mais on ne pouvait point alors former cette
méthode parce qu'elle exige quelque connaissance de l'analyse différentielle.

Viète remarqua le premier la composition des coefficients, ce qui
est l'origine de la théorie des équations. Il fit connaître toute l'étendue
des formules de l'algèbre, et il en découvrit de nouvelles applications, en sorte qu'on peut le regarder comme le second inventeur
de cette science.

Harriot, Oughtred, Wallis suivirent la doctrine de Viète, et le
premier de ces géomètres donna aux équations une forme générale
que l'on a conservée.

Descartes exprima par des équations les propriétés des lignes
courbes, et fonda ainsi l'analyse générale des fonctions, qui devait
bientôt s'appliquer aux plus grands phénomènes de l'univers. Il
enrichit l'algèbre d'une heureuse découverte, celle qui exprime les
rapports singuliers du nombre des racines positives ou négatives
avec les signes des coefficients. Wallis, l'un des plus ingénieux pro-
moteurs de l'analyse moderne, mais historien partial, a fait d'inu-
tiles efforts pour attribuer l'invention de cette *règle des signes* à
Harriot son compatriote.

L'algèbre proprement dite a reçu de Newton deux méthodes capitales : l'une est celle que l'on a désignée sous le nom de *parallélogramme analytique ;* elle fut annoncée en 1676 à Leibnitz, qui en désira la communication. Cette règle, dont Lagrange a donné une démonstration analytique, et que Laplace a étendue à un autre ordre de questions, avait eu pour objet la formation des séries ; mais elle appartient surtout à l'algèbre, comme un de ses éléments principaux. C'est une des branches de la résolution exégétique que Viète avait en vue. La seconde méthode algébrique due à Newton est celle des substitutions successives ; elle s'applique à toutes les parties de l'analyse mathématique.

Albert Girard, qui écrivait en Hollande, a connu le premier les propositions qui expriment la somme des puissances entières des racines. Newton donna ces théorèmes dans son Arithmétique universelle, et il en indique l'usage pour trouver la valeur approchée de l'une des racines. C'est en quelque sorte l'origine de la méthode des séries récurrentes, que Daniel Bernoulli a déduite d'autres principes, et qui a été clairement exposée et discutée dans les ouvrages d'Euler et de Lagrange. Ces propriétés des séries récurrentes forment une des principales théories algébriques.

Les règles d'élimination, et les théorèmes relatifs aux fonctions des racines, sont les conséquences générales des remarques de Viète et d'Albert Girard sur la composition des coefficients. Les propositions de ce genre ne conduisent point à une méthode applicable qui ferait connaître effectivement les racines ; mais elles expriment des rapports théoriques très-importants.

Hudde d'Amsterdam a découvert les propriétés des racines égales. Ces théorèmes, qui ont été connus avant la méthode différentielle, et qui toutefois dérivent des mêmes principes, forment un élément simple et nécessaire de l'analyse algébrique.

Je ne rappellerai point les tentatives multipliées, qui ont eu pour objet de réduire en formules analogues à celles de Cardan les racines des équations de tous les degrés. Cette recherche aurait pour objet de trouver toutes les racines d'une équation par un nombre limité d'opérations simples, dont la nature est déterminée d'avance, et dont aucune ne peut donner plus de deux valeurs réelles différentes. On n'obtient ainsi que des transformations très-compliquées, où la vérité que l'on cherche est beaucoup plus cachée qu'elle ne l'était dans l'équation elle-même. Le temps, et pour ainsi dire l'espace, manqueraient bientôt à l'analyste pour effectuer de tels calculs, si le degré de l'équation était élevé. Les vues de Leibnitz et de Thschirnhausen sur ce genre de questions n'ont pu être réalisées. Les ouvrages de Lagrange, de Vandermonde et de quelques-uns de leurs successeurs, ont assez fait connaître les limites de cette recherche.

De Gua, de l'Académie des Sciences de Paris, a considéré les courbes paraboliques qui rendent si manifestes plusieurs propriétés importantes des équations, et il a donné une proposition remarquable sur la nature des racines.

Rolle inventa une règle pour trouver les limites des racines, en diminuant successivement d'une unité le degré de l'équation. Cette méthode, quoique imparfaite, conduit dans plusieurs cas à la connaissance des limites, et elle n'est autre chose qu'une application très-simple de l'analyse différentielle, dont Rolle refusait d'admettre les principes. Au reste cette tentative n'eut aucune suite, parce que l'inventeur ne put surmonter l'obstacle principal qui avait arrêté tous les analystes précédents, et qui consistait à distinguer avec certitude les racines imaginaires. La règle que Newton a proposée, à l'imitation de celle de Descartes, pour énumérer ces racines, n'est point suffisante, et l'inventeur en reconnaissait l'imperfection; elle atteste seulement la difficulté de la question. Lagrange et Waring parvinrent à la résoudre au moyen de l'équation qui exprime la plus petite différence des racines de la proposée; mais cette solution est seulement théorique, l'application en serait impraticable si le degré de l'équation était un peu élevé.

L'un des plus célèbres géomètres de l'Académie des Sciences de Paris, Fontaine, avait proposé une méthode générale pour reconnaître la nature des racines des équations. Une discussion approfondie de cette méthode a montré l'imperfection inévitable à laquelle elle est sujette, et les recherches ultérieures ont confirmé le jugement qui en a été porté par D'Alembert et Lagrange.

J'ai cité dans des Mémoires précédents, et j'aurai occasion d'indiquer dans le cours de cet ouvrage, les recherches plus récentes qui ont été publiées sur la résolution des équations numériques. Quant à l'usage des fractions continues pour l'expression des racines, ce procédé n'est pas un élément essentiel de l'algèbre; il peut être remplacé par un mode quelconque de développement arithmétique.

Je me suis proposé dans l'énumération précédente de rappeler l'origine et les progrès de l'algèbre, en indiquant toutes les sources principales de l'histoire de cette science; et je viens d'exprimer le plus distinctement qu'il m'a été possible le caractère de chaque découverte.

(2) L'ouvrage que je publie a pour objet l'examen de toutes les questions fondamentales de l'analyse algébrique. Les deux premiers livres concernent la résolution numérique des équations, et l'on y trouvera une solution complète et facile de ce problème célèbre.

Dans les deux livres suivants, on a eu pour but de généraliser les premières recherches, et de résoudre aussi par une méthode exégétique du même genre les équations littérales qui contiennent une ou plusieurs inconnues.

J'ai traité, dans divers Mémoires lus à l'Institut de France, d'autres questions qu'il importait d'examiner pour donner plus d'étendue à l'analyse algébrique.

1° On a démontré dans ces Mémoires que l'emploi des séries récurrentes n'est point borné au calcul de certaines racines réelles, et qu'il s'applique à toutes les racines ou réelles ou imaginaires, et en général à chacun des coefficients des facteurs composés de tous les ordres.

2° On a exposé les principes de l'analyse des inégalités, et des applications variées de cette analyse, qui se lie à celle des probabilités.

Ces recherches sur les séries récurrentes et sur les inégalités, appartiennent aussi aux théories algébriques : je les ai comprises dans ce traité, parce qu'elles servent à fonder les conséquences principales. Je pense que cet ouvrage contribuera à fixer les éléments généraux de l'analyse des équations, en donnant à cette analyse une forme nouvelle qu'elle conservera toujours.

La résolution des équations numériques a été l'objet d'un traité spécial publié par Lagrange, et connu de tous les géomètres. L'illustre auteur a eu principalement en vue, dans cet ouvrage, d'exposer de nouveau et de perfectionner la méthode qu'il avait donnée dans le recueil des Mémoires de l'Académie de Berlin, années 1767 et 1768. Les notes qu'il a jointes à ce traité présentent aussi une discussion très-ingénieuse et très-claire de diverses autres questions algébriques. La méthode que j'ai suivie est fondée sur d'autres principes. J'ai donné dans des Mémoires précédents (Société Philomatique, année 1820, pag. 156 et 181) la substance de cette méthode. Je reproduirai ici l'ensemble des propositions, avec toutes les démonstrations et les développements nécessaires.

On rappellera d'abord quelques définitions et l'énoncé de plusieurs théorèmes fondamentaux, dont la démonstration se trouve dans tous les traités généraux. J'ai supposé la connaissance de ces éléments, et je vais en rapporter l'énoncé en faisant connaître distinctement le sens que j'attache aux définitions communes, et aux propositions déja établies.

(3) Nous considérons une équation algébrique de la forme suivante :

$$x^m + a_1 x^{m-1} + a_2 x^{m-2} + a_3 x^{m-3} \ldots \ldots + a_{(m-1)} x + a_{(m)} = 0.$$

L'exposant m est entier, et les coefficients $a_1, a_2, a_3, \ldots a_m$ sont des nombres donnés positifs ou négatifs. Nous désignons par X ou fx le premier membre de cette équation. X est une fonction algébrique et entière de x; elle indique une suite d'opérations élémentaires que l'on pourrait effectuer sur la variable x : la forme de ces opérations est parfaitement connue, et le nombre en est limité.

Si un nombre α substitué au lieu de x dans la fonction algébrique fx donne zéro pour résultat, on appelle ce nombre α une racine de l'équation proposée; et dans ce cas le premier membre fx est exactement divisible par $x — \alpha$.

Une équation peut avoir plusieurs racines différentes $\alpha, \varepsilon, \gamma \ldots$: ces racines correspondent à autant de facteurs du premier degré $x — \alpha, x — \varepsilon, x — \gamma \ldots$; le premier membre fx est divisible par chacun de ces facteurs et par leur produit.

Si les coefficients $a_1, a_2, a_3, \ldots a_m$ de la proposée ne sont point des nombres, mais s'ils contiennent des lettres $a, b, c,$ etc. qui représentent des grandeurs connues, en sorte que ces coefficients soient formés d'une somme de termes tels que $H a^p b^q$, l'équation est appelée *littérale*: p, q sont des exposants numériques donnés, positifs ou négatifs, entiers ou fractionnaires, et les coefficients H sont aussi des nombres connus. La résolution de l'équation littérale consiste à trouver pour x un polynome formé de termes tels que $H' a^{p'} b^{q''}$, qui, substitué à la place de x, réduise à zéro le premier membre de l'équation.

Les opérations qui servent à extraire la racine carrée ou cubique, ou la racine d'un degré quelconque d'un nombre donné A ou d'une quantité littérale A, sont connues depuis long-temps; on en exprime le résultat par le radical $\sqrt[m]{A}$. Les premiers inventeurs de l'algèbre ayant résolu les équations du second degré par l'emploi du radical $\sqrt{A}$, on s'est long-temps proposé de résoudre les équations algébriques de tous les degrés par un procédé analogue, c'est-à-dire au moyen des seules opérations exprimées par les signes radicaux. Considérée sous ce point de vue, la résolution consisterait à assigner pour une équation proposée d'un degré quelconque un nombre limité d'opérations, tellement ordonnées que le résultat de la dernière fût une des racines, en n'admettant au nombre de ces opérations à effectuer que les règles élémentaires du calcul, et celles qui sont indiquées par les signes radicaux.

Quelques auteurs ont appelé résolution générale des équations celle qui exprimerait ainsi les valeurs des racines au moyen d'un

I. 3

nombre fini de radicaux, ce qui est très-facile pour les équations du second degré.

On a trouvé aussi des formules de ce genre pour les équations du troisième et du quatrième degré; mais on a reconnu ensuite que ces transformations ne sont point propres à donner effectivement les valeurs des racines numériques ou littérales, et qu'au contraire elles s'écartent beaucoup du but réel que l'on se propose, qui est de connaître en nombres, ou en une suite de monomes, les valeurs des racines. Nous prouverons dans le cours de cet ouvrage que l'on parvient facilement à trouver ces valeurs par des opérations spéciales effectuées sur tous les coefficients à la fois, et qui ne consistent point à combiner entre elles un certain nombre d'extractions de racines. Les formules qui résultent de ces combinaisons ne font point connaître les racines cherchées. En effet si ces racines sont des nombres ou entiers ou irrationnels, on ne trouve pas ces nombres, mais des expressions très-complexes dans lesquelles on ne reconnaîtrait point les valeurs des racines : on peut seulement prouver que les valeurs inconnues équivalent à ces expressions développées; la valeur cherchée reçoit une forme singulière où elle est plus cachée que dans l'équation qu'il fallait résoudre. Toutes les fois qu'une équation d'un degré quelconque a plus de deux racines réelles, on est assuré que toutes les racines se présenteraient sous la forme des quantités imaginaires, et il faut une démonstration pour prouver qu'elles sont réelles. Si la racine cherchée est un polynome fini, comme serait $a^2 - b^2 + a^5$, l'expression en radicaux ne donnerait point ce polynome, elle ne ferait connaître les racines que si l'équation est du second degré. Proposer de résoudre ainsi une équation élevée, c'est assigner d'avance certaines opérations que l'on a voulu choisir, savoir celles qui servent à extraire les racines carrées, cubiques, quatrièmes, etc., et demander dans quel ordre il faut effectuer un nombre limité de telles opérations, en sorte que le résultat de la dernière donne toutes les racines. On présuppose ce qui est inconnu, savoir la nature du calcul qui doit donner ces racines. L'analogie du second degré est trop incomplète pour fonder ce jugement *a priori* sur l'espèce des opérations. Il était même assez facile de prévoir qu'un nombre limité d'extractions de racines de divers ordres ne peut pas conduire à la connaissance effective des valeurs cherchées, car il n'y a aucune extraction de racine qui donne en nombres réels plus de deux valeurs différentes, et l'on ne voit pas comment il serait possible qu'en effectuant un nombre fini de ces opérations, on arrivât à une dernière qui donnerait un nombre impair de valeurs différentes.

Quoique cette remarque ne forme point une démonstration régulière de l'impossibilité de la solution, elle suffirait pour avertir de l'inutilité de la recherche, qui présente en effet une sorte de contradiction ; aussi est-il arrivé que l'on n'a pu trouver une expression réelle des racines de l'équation du troisième degré, lorsque l'équation a plus de deux racines réelles. De là on peut conclure qu'il en serait de même de l'équation générale du quatrième degré, et des degrés supérieurs ; car si l'on pouvait trouver en général pour ces équations plus de deux racines réelles, la difficulté inhérente au troisième degré ne subsisterait pas. Il est manifeste qu'en présupposant la nature des opérations, dont on demande un nombre fini, on imprime à la recherche un caractère trop particulier. Si la perfection de l'analyse algébrique exigeait une telle solution, il faudrait renoncer à connaître les racines des équations, et la science, ainsi bornée dès son origine, ne pourrait faire aucun progrès : mais nous prouverons par la suite que la marche de cette science est à la fois plus assurée et incomparablement plus simple.

En effet on reconnaîtra qu'il est facile de découvrir toutes les racines par une méthode générale de *son propre genre*, qui n'est point une combinaison des règles élémentaires des extractions de racines, mais qui dépend du calcul simultané de tous les coefficients de la proposée. Si les racines sont des nombres finis, l'opération s'arrête d'elle-même, et donne ces nombres. Si ces racines sont irrationnelles, on les détermine aussi exactement qu'on le veut. Lorsque l'équation est littérale, et que les racines sont des poly-

3.

nomes finis, on trouve immédiatement ces polynomes, non par une suite d'essais incertains, comme on l'a proposé autrefois dans l'Arithmétique universelle et d'autres ouvrages, mais par une opération régulière et facile dont la marche est toujours la même. Si les racines ne peuvent être exprimées par un nombre fini de termes, on trouve successivement toutes les parties des racines, c'est-à-dire des suites de monomes dont chacune étant substituée par ordre dans le premier membre rend tous les termes nuls. La lecture de notre ouvrage ne laissera aucun doute sur la vérité de ces conséquences.

Lorsque les grandeurs inconnues sont exprimées par plusieurs équations, par exemple si l'on propose deux équations algébriques pour déterminer x et y qui entrent dans chacune des équations, la résolution a pour objet de trouver deux valeurs de x et y qui, substituées ensemble dans chaque équation, en réduisent le premier membre à zéro. Ces valeurs doivent être exprimées, soit en nombres, soit par des suites de monomes tels que $H a^p b^q \ldots$, selon que les équations sont numériques ou littérales ; et il s'agit de déterminer tous les systèmes possibles de deux valeurs de x et y propres à satisfaire aux équations proposées. La même question s'applique aux équations qui contiennent trois inconnues, ou un plus grand nombre.

On a déduit des propriétés des lignes trigonométriques une résolution des équations des premiers degrés, beaucoup plus claire et plus utile que celle qui dépendrait de la combinaison des signes radicaux ; et c'est encore dans les ouvrages de Viète que l'on trouve l'origine de ce procédé. Mais on ne parvient pas par cette voie à une résolution générale des équations.

(4) Nous traiterons dans les deux premiers livres des équations à une seule inconnue, et dont les coefficients sont des nombres donnés.

Les nombres inconnus $\alpha, \beta, \gamma, \ldots$ dont chacun aurait la propriété de réduire à zéro le premier membre de l'équation $X = o$, sont appelés racines *réelles* de l'équation. Le nombre des racines réelles ne peut pas être plus grand que le degré m de l'équation, mais il peut être moindre ; et lorsque cela arrive, on nomme *imaginaires* ces racines *déficientes*, en sorte que le nombre total des racines réelles ou imaginaires d'une équation du degré m est toujours égal à m.

Il y a des équations qui n'ont aucune racine réelle, parce qu'il n'existe aucun nombre α, tel que le premier membre X puisse être rendu nul en donnant à x une valeur subsistante α; ou, ce qui est la même chose, qui soit divisible par $x - \alpha$. Mais quels que soient les coefficients $a_1, a_2, a_3, \ldots a_m$ de la fonction algébrique fx, on peut toujours trouver deux nombres positifs ou négatifs μ et ν, tels que la fonction fx soit exactement divisible par le facteur du second degré $x^2 + \mu x + \nu$.

On a remarqué depuis long-temps, et ensuite on a démontré cette proposition fondamentale. Ainsi la fonction X peut toujours être considérée comme égale au produit $(x^2 + \mu x + \nu) Fx$: on désigne ici par Fx une autre fonction algébrique.

Si l'équation du second degré $x^2 + \mu x + \nu = 0$ a deux racines réelles α et 6, en sorte que le facteur $x^2 + \mu x + \nu$ soit le produit $(x - \alpha)(x - 6)$, les nombres α et 6 sont aussi des racines réelles de la proposée $X = 0$. Il peut arriver qu'il n'y ait aucun nombre qui réduise à zéro le facteur du second degré $x^2 + \mu x + \nu$: ce cas est celui des racines imaginaires.

On regarde ces racines imaginaires de l'équation $x^2 + \mu x + \nu = 0$ comme appartenant à l'équation $X = 0$. Ainsi l'expression des racines imaginaires d'une équation algébrique n'est autre chose que le signe convenu d'un facteur du second degré $x^2 + \mu x' + \nu$ qui divise le premier membre de cette équation, et qui ne peut être rendu nul par la substitution d'aucun nombre mis à la place de x. Cette distinction des racines imaginaires, et les dénominations qui l'expriment, se sont introduites dans un temps où l'on n'avait point encore acquis une connaissance complète de la nature des équations. Il est certain qu'on pourrait les remplacer par des expressions plus claires ; mais il n'y aurait aucun avantage à changer aujourd'hui les dénominations usitées : il est seulement nécessaire d'en connaître exactement le véritable sens.

(5) On peut regarder comme une abscisse variable la quantité x qui entre dans la fonction algébrique fx, et la valeur numérique de la fonction comme l'ordonnée correspondante y. Si l'on supposait que x reçoit toutes les valeurs possibles positives ou négatives, et si l'on déterminait la forme de la courbe, on connaîtrait distinctement la nature de la fonction fx; les points d'intersection de la courbe et de l'axe correspondraient aux racines réelles. Pour déterminer la forme de la courbe, en substituant des valeurs de x dans la fonction fx, il faudrait attribuer à x toutes ses valeurs successives, ce qui ne peut s'effectuer; mais nous prouverons par la suite que l'on parvient à déterminer complètement cette forme par un nombre très-limité de substitutions. Pour cela on ne considère pas seulement la fonction donnée fx, on considère aussi toutes celles qui en dérivent par des différentiations répétées.

Nous supposons ici que les principes et l'usage de l'analyse différentielle sont connus du lecteur. On ne pourrait point perfectionner la théorie des équations sans recourir à ces principes; la résolution complète des équations numériques doit être regardée comme une des plus importantes applications du calcul différentiel. Au reste nous indiquons expressément dans cette introduction les propositions qui dépendent de l'analyse infinitésimale, et que nous employons dans le cours de nos recherches. Ces propositions sont démontrées dans tous les traités généraux, et il faut remarquer que les procédés de ces calculs sont très-simples, et que la vérité en est pour ainsi dire manifeste lorsqu'on les applique aux fonctions algébriques qui forment les premiers membres des équations. En général, nous employons dans le cours de cet ouvrage les dénominations et notations les plus généralement reçues, et qui sont presque toutes celles que les inventeurs ont proposées. Ainsi nous conservons le signe connu d'une quantité infiniment petite, c'est-à-dire d'une quantité variable dont on considère une infinité de valeurs et qui devient plus petite que toute grandeur donnée. Nous désignons aussi par $\frac{1}{0}$ une quantité infiniment grande, c'est-à-dire une quantité qui n'a point une valeur actuelle déterminée, mais qui est variable et qui augmente sans limite, en sorte qu'elle devient plus grande que toute quantité donnée.

Soient fx, $\frac{d}{dx}fx$, $\frac{d^2}{dx^2}fx$, $\frac{d^3}{dx^3}fx$, etc., des fonctions algébriques désignées par fx, $f'x$, $f''x$, $f'''x$, etc., et dont chacune se déduit de la précédente en différentiant par rapport à x, et divisant par dx. On substitue certains nombres dans cette suite de fonctions, et la comparaison des résultats conduit, comme nous le démontrerons bientôt, à la connaissance des racines de l'équation $fx=0$, et à celle des lignes courbes dont les équations sont $y=fx$, $y=f'x$, $y=f''x$, $y=f'''x$, etc. Il ne suffirait point, pour découvrir les racines de la proposée $fx=0$, de substituer certains nombres dans la fonction fx; il est nécessaire aussi de faire ces substitutions dans les fonctions subordonnées $f'x$, $f''x$, $f'''x$, etc.

En substituant un nombre a à la place de x dans une fonction donnée, on connaît la valeur correspondante de la fonction qui est représentée par l'ordonnée; mais si l'on substitue aussi ce même nombre a dans la fonction $\frac{d}{dx}fx$, ou $f'x$, on détermine un autre caractère de la même fonction fx; on connaît si cette fonction tend à augmenter ou à diminuer lorsque la valeur a de l'abscisse augmente, et l'on a la mesure exacte de l'augmentation ou de la diminution *virtuelle*. Cette mesure est la valeur correspondante de $f'a$, ou de la fluxion du premier ordre; elle est représentée dans la figure par la tangente trigonométrique de l'angle que l'élément de l'arc fait avec la parallèle à l'axe des abscisses.

On connaît de la même manière si la première fluxion tend à augmenter ou à diminuer, lorsque la valeur a de x augmente, et cette disposition à augmenter ou à diminuer est aussi une quantité mesurable : on la détermine en substituant le même nombre a dans la seconde fluxion $f''x$. Il en est de même des fluxions de tous les ordres.

La quantité $\frac{d}{dx}fx$, ou $f'x$, est, à proprement parler, la limite du rapport de l'accroissement de la fonction à l'accroissement correspondant de la variable, et les affections des courbes rendent très-sensibles toutes les conséquences de ce genre.

La valeur de la fonction $\frac{dy}{dx}$, ou $f'x$, est nulle lorsqu'au point de la courbe dont l'abscisse est x la tangente est parallèle à l'axe des abscisses. Si cette fonction $f'x$ a une valeur positive, l'ordonnée y ou fx augmente lorsque l'abscisse augmente : ainsi la ligne est ascendante. Mais si $f'x$ a une valeur négative, l'ordonnée diminue lorsque x augmente : la branche de la courbe est descendante.

Le signe de la valeur de la fluxion du second ordre $\frac{d^2y}{dx^2}$, ou $f''x$, fait connaître si la courbe est concave ou convexe au point dont x est l'abscisse. Si cette fonction $f''x$ a une valeur positive, la courbe est concave : elle tourne sa convexité vers la partie inférieure de la planche. Si $f''x$ a une valeur négative, la courbe est convexe : elle tourne sa convexité vers la partie supérieure de la planche. Lorsque la valeur de la fluxion du second ordre $f''x$ est nulle, la courbe a une inflexion au point dont x est l'abscisse. Ce point d'inflexion peut, dans des cas singuliers, n'être pas apparent : en général il sépare deux arcs dont l'un est convexe et l'autre concave. Toutes ces propositions sont très-faciles à démontrer.

(6) La notion des limites était un des éléments principaux de la géométrie grecque; on en trouve pour la première fois l'usage dans la doctrine des incommensurables, et surtout dans le théorème qui sert à comparer les volumes de deux tétraèdres qui ont une base commune et des hauteurs égales. En effet on ne peut point prouver l'égalité de ces deux volumes par la superposition effective des parties, comme cela avait lieu pour les théorèmes plus anciennement connus; il est nécessaire de considérer ici une infinité de parties. Les modernes ont ensuite appliqué leur analyse à cette notion des limites, et c'est l'origine du calcul infinitésimal.

L'équation différentielle est celle qui exprime une relation entre les fonctions d'une ou de plusieurs variables, et les fluxions de divers ordres prises par rapport à certaines de ces variables. On a reconnu que ces relations n'appartiennent pas seulement à la science abstraite du calcul : elles existent dans les propriétés des courbes et des surfaces, dans les mouvements des solides et des fluides, dans la distribution de la chaleur, et dans la plupart des phénomènes naturels. Les lois les plus générales du monde physique sont exprimées par des équations différentielles.

(7) Le premier membre d'une équation algébrique dont le degré m est un nombre pair peut toujours être décomposé en un certain nombre de facteurs du second degré, tels que $x^2 + \mu x + \nu$; les nombres μ et ν sont positifs ou négatifs. Si le degré m est impair, l'équation contient de plus un facteur réel du premier degré, $x - \alpha$. On considère ainsi toute équation d'un degré m comme ayant un nombre m de racines, ou réelles ou imaginaires : à proprement parler, ces dernières racines manquent dans l'équation.

Les coefficients $a_1, a_2, a_3 \ldots a_m$ pourraient être tels que si l'on construisait la ligne dont l'équation est $y = fx$, le nombre d'intersections de la courbe avec l'axe des abscisses fût égal à m. Mais lorsqu'on change les valeurs de ces coefficients, il peut arriver que certaines intersections disparaissent ; elles manquent en nombre pair. La forme même de la courbe peut être changée, et cette ligne peut perdre plusieurs de ses sinuosités. C'est ce défaut d'intersections ou de sinuosités qui donne lieu aux racines imaginaires. Il faut remarquer, et nous le montrerons distinctement par la suite, que ces racines déficientes ou imaginaires peuvent n'être pas indiquées par la forme de la ligne dont l'équation est $y = fx$. Il arrive souvent que les intersections disparaissent d'abord dans l'une des lignes subordonnées, qui ont pour équation $y = f'x$, $y = f''x$, $y = f'''x$, etc. Nous prouverons que l'on peut déterminer facilement les intervalles où ces intersections manquent.

(8) Lorsque le premier membre de l'équation contient plusieurs facteurs réels du premier degré, tels que $x - \alpha$, $x - \varepsilon$, $x - \gamma$, etc., deux de ces facteurs, ou trois, ou un plus grand nombre, peuvent être les mêmes : ce cas est celui des racines égales. On considère que le premier membre étant divisible par $(x - \alpha)^2$, $(x - \varepsilon)^3$, etc., l'équation

a deux racines égales à α, ou trois racines égales à β, quoiqu'il n'y ait en effet qu'un seul de ces nombres qui ait la propriété de réduire le premier membre à zéro. La construction rendrait sensible la coïncidence de ces racines.

Il est facile de distinguer et de résoudre ce cas des racines égales : il suffit de comparer entre elles les fonctions fx, $f'x$, $f''x$, etc., afin de connaître s'il existe un ou plusieurs facteurs communs à fx et $f'x$, ou à fx, $f'x$, $f''x$, etc. Dans le cas singulier où une telle condition a lieu, on doit considérer séparément le facteur commun que l'on a trouvé, et qui est une fonction algébrique de x ; il ne reste plus qu'à résoudre cette fonction en ses facteurs simples.

Il nous suffit d'énoncer ici ces théorèmes sur les propriétés des racines égales. La démonstration en est connue, et d'ailleurs elle est une conséquence évidente des différentiations.

(9) Nous ferons principalement usage du théorème qui donne le développement successif d'une fonction algébrique du binome $z + b$; mais il faut joindre à ce théorème l'expression du reste, qui complète la série lorsqu'on l'arrête à un terme quelconque. Voici l'énoncé de cette proposition, qui est un peu moins connue que les précédentes, mais qui est entièrement nécessaire à l'analyse exacte des équations : les développements successifs de la fonction $f(z + b)$ sont exprimés par les équations suivantes,

$$f(z + b) = fz + bf'(z \ldots \overline{z+b}),$$

$$f(z + b) = fz + bf'z + \frac{b^2}{2}f''(z \ldots \overline{z+b}),$$

$$f(z + b) = fz + bf'z + \frac{b^2}{2}f''z + \frac{b^3}{2.3}f'''(z \ldots \overline{z+b}),$$

ainsi de suite.

La fonction désignée par la caractéristique f est supposée algébrique, et de même nature que la fonction fx rapportée article 3, et dont la valeur est $x^m + a_1 x^{m-1} + \ldots + a_m$; b exprime un nombre déterminé ajouté à la variable z. La quantité ainsi représentée $(z \ldots \overline{z+b})$, est un certain nombre inconnu compris entre z et $z + b$; et il faut remarquer surtout que ce nombre n'a pas la même valeur dans les équations qui se succèdent: seulement il est toujours compris entre z et $z+b$. Ainsi la valeur complète de la fonction $f(z+b)$ est formée 1°. d'un certain nombre de termes du second membre, savoir d'un seul pour la première équation, de deux pour la seconde, de trois pour la troisième, ainsi de suite; 2° d'un dernier terme qui complète la série et qui contient une fonction $f(m)$ d'une certaine quantité, m étant le nombre des termes du développement. La quantité qui entre comme variable dans cette fonction $f(m)$ n'est pas connue, et il n'est jamais nécessaire qu'elle le soit pour l'usage que nous voulons faire du théorème; mais il est certain que cette quantité inconnue est plus grande que z et moindre que $z+b$. Le même théorème s'étend à toutes les fonctions, mais on ne l'applique ici qu'aux fonctions algébriques. On trouve l'origine de cette proposition générale dans les écrits de Jean Bernoulli : c'est à Lagrange qu'on doit la remarque importante qui donne l'expression exacte du reste de la série.

(10) Soit y une fonction algébrique fx, et concevons que x ayant reçu une valeur déterminée, on augmente cette valeur d'une quantité infiniment petite dx, c'est-à-dire d'une quantité variable qui décroît de plus en plus, et a zéro pour limite. L'accroissement dy de la fonction est lui-même variable, ainsi que le rapport de cet accroissement dy à l'accroissement dx. En désignant par h cette quantité variable dx dont x est augmentée, le rapport dont il s'agit a pour expression $\frac{f(x+h)-fx}{h}$, ou $f'x + \frac{1}{2}hf''(x\ldots\overline{x+h})$. Cette dernière quantité, qui varie lorsque h devient infiniment petite, a évidemment pour limite $f'x$: c'est ce que les géomètres expriment en écrivant $\frac{dy}{dx}=f'x$, ou $dy=dxf'x$. Ils énoncent la même proposition en disant que $f'x$ est la dernière raison des accroissements dy et dx, ou que la valeur de $f(x+dx)$ est $fx+dxf'x$.

Il pourrait arriver que la valeur déterminée de x fût telle que $f'x$ devînt nulle. Dans ce cas on trouve l'accroissement de la fonction par l'équation

4.

$$f(x+h)=fx+hf'x+\frac{h^2}{2}f''x+\frac{h^3}{2.3}f'''(x\ldots\overline{x+h});$$

car le terme $hf'x$ étant nul, on a

$$\frac{f(x+h)-fx}{h^2}=\frac{1}{2}f''x+\frac{h}{2.3}f'''(x\ldots\overline{x+h}):$$

la limite du second membre est évidemment $\frac{1}{2}f''x$. C'est ce l'on exprime en écrivant

$$f(x+dx)=fx+\frac{1}{2}dx^2f''x.$$

La dernière raison de l'accroissement de y au carré de l'accroissement de x est dans ce cas une quantité finie égale à $\frac{1}{2}f''x$. Les mêmes conséquences s'appliquent aux cas où la substitution de la valeur attribuée à x ferait évanouir plusieurs fonctions consécutives.

Après avoir rappelé ces principes, nous traiterons l'une des questions principales de l'analyse des équations, celle qui a pour objet de déterminer les limites de toutes les racines.

EXPOSÉ SYNOPTIQUE

RÉSULTATS DÉMONTRÉS DANS CET OUVRAGE.

(1) L$_E$ premier livre a pour objet une méthode générale qui sert à trouver deux limites de chaque racine réelle, et à distinguer les racines imaginaires. Pour résoudre l'équation algébrique

$$X = a_1 x^m + a_2 x^{m-1} + a_3 x^{m-2} \ldots \ldots + a_{m-1} x^2 + a_m x + a_{m+1} = 0$$

du degré m, dans laquelle les coefficients a_1, a_2, a_3, etc. sont des nombres connus, on considère à la fois toutes les fonctions qui sont dérivées du premier membre X par des différentiations successives. Nous désignons ces fonctions comme il suit, en les écrivant dans l'ordre inverse,

$$X^{(m)}, X^{(m-1)}, X^{(m-2)}, \ldots \ldots X''', X'', X', X.$$

Si l'on attribue à la variable x une valeur donnée α qui croît successivement depuis $\alpha = -\frac{1}{0}$ jusqu'à $\alpha = +\frac{1}{0}$, et si l'on écrit le signe du résultat de chaque substitution, on forme une suite de signes qui répond au nombre substitué α. Dans cette suite de signes, que nous indiquons par (α), on remarque combien de fois il arrive qu'un signe est suivi d'un signe semblable, et combien de fois un signe est suivi d'un signe différent; on nomme *variation* cette dernière succession de signes, et l'on compte combien de fois la suite (α) contient de ces variations. Cela posé, le nombre α croissant par degrés insensibles, la suite de signes (α) ne conserve pas toujours le nombre de variations qu'elle avait d'abord, et que nous désignons par j : ce nombre j diminue graduellement; il était d'abord égal à m, il devient nul. On démontre qu'il ne peut que diminuer à mesure que α augmente.

Le nombre j des variations de la suite (α) ne change que s'il arrive que le nombre substitué α fait évanouir une des fonctions dérivées; il peut arriver dans ce cas que le nombre des variations qui répond à une valeur infiniment peu plus grande que α, diffère du nombre de variations qui répond à une valeur infiniment peu plus petite que α. Dans ce passage d'une première valeur de α à une seconde valeur infiniment peu différente, il est possible que la suite de signes perde un certain nombre de variations. Il est possible aussi que le nombre des variations qui répond à la première valeur de α, soit le même que le nombre des variations qui répond à la seconde valeur de α. Nous ne considérons point ce qui a lieu lorsque la suite conserve toutes les variations qu'elle avait auparavant, mais seulement ce qui a lieu lorsque la suite perd un certain nombre de variations. Or il se présente ici deux cas totalement différents : le premier, lorsque dans la suite qui perd un certain nombre de ses variations la dernière fonction X devient nulle; le second, lorsque la suite (α) perd quelques-unes de ses variations sans que la dernière fonction X devienne nulle. Le premier cas se rapporte au nombre des racines réelles, et le second au nombre des racines imaginaires. L'équation X = o a autant de racines réelles que la suite perd de variations lorsque X devient nulle, et cette équation a autant de racines imaginaires que la suite des signes perd de variations sans que X devienne nulle. Ce théorème est général; il n'est sujet à aucune exception : voici les deux applications principales qu'il fournit.

1° Il est aisé de connaître combien on doit chercher de racines dans un intervalle donné. Si l'on veut savoir combien l'équation X = o peut avoir de racines entre deux limites désignées par a et b, on substitue la moindre limite a dans la suite totale des fonctions, et l'on substitue aussi la plus grande limite b dans la même suite, afin de comparer le nombre des variations de la suite (a) au nombre des variations de la suite (b). Si ces deux nombres de variations sont les mêmes, on est assuré que la proposée X=o ne peut avoir aucune racine entre a et b : il est impossible qu'aucun nombre plus grand que a et moindre que b rende X nulle.

(A) Si le nombre des variations de la suite (a) surpasse le nombre des variations de la suite (b), et que la différence soit i, il faut chercher un nombre i de racines entre a et b. Il est impossible qu'il y ait dans cet intervalle un nombre de racines plus grand que i; il peut y en avoir moins, et celles qui manquent sont en nombre pair.

La règle que Descartes a donnée concernant le nombre des racines positives ou le nombre des racines négatives qu'une équation peut avoir, est un corollaire du théorème précédent (A); il suffit de prendre o et $\frac{1}{0}$ pour les limites a et b des racines dont il s'agit. Lorsque deux des racines que le théorème général (A) indique comme devant être cherchées entre deux limites données n'existent point dans cet intervalle, elles manquent dans l'équation proposée X=o, c'est-à-dire qu'elles correspondent à deux racines imaginaires de cette équation.

Si pour un autre intervalle a', b' différent de a, b, il arrive aussi que deux des racines que le théorème indique comme devant être cherchées entre a et b, ne se trouvent pas dans cet intervalle, il arrive aussi que ces deux racines manquent dans l'équation X=o; elles correspondent à deux autres racines imaginaires de l'équation X=o. En général les racines imaginaires de l'équation X=o sont respectivement celles qui manquent dans certains intervalles où le théorème indique qu'elles doivent être cherchées. Nous avons dit que la proposée X=o ne peut avoir aucune racine dans un intervalle lorsque la substitution des deux limites a et b donne le même nombre de variations pour les deux suites de signes (a) et (b). Il suit de là qu'une méthode de résolution qui n'indique pas les intervalles où les racines doivent être cherchées est très-défectueuse : car les intervalles où il est impossible qu'il y ait des racines sont beaucoup plus étendus que les intervalles où les racines peuvent se trouver. C'est pour cette raison qu'on ne doit point faire usage de la méthode qui consiste à substituer successivement des nombres Δ, 2Δ, 3Δ, 4Δ, etc., dont la différence est moindre que la plus petite différence des deux racines : car on peut opérer ainsi sur des intervalles très-grands où l'on cherche des racines, quoiqu'il soit facile de reconnaître d'avance qu'il ne peut y en avoir aucune. On ne doit procéder à la recherche des racines que pour les intervalles médiocres où le théorème (A) indique qu'il peut y en avoir.

(2) Si pour découvrir les racines de la proposée comprises entre deux nombres donnés a et b, on divise cet intervalle en parties, et que l'on y substitue des nombres intermédiaires, on pourra diminuer indéfiniment les intervalles où l'on doit chercher les racines ; mais on ne parviendrait point par ces seules substitutions à connaître avec certitude la nature des racines. Il est nécessaire de joindre au théorème précédent (A) une seconde règle qui fasse connaître avec certitude si les racines que l'on cherche dans un intervalle donné sont réelles, ou si elles sont remplacées par un pareil nombre de racines imaginaires de l'équation X=o.

Lorsque deux racines qui doivent d'après le théorème (A) être cherchées entre deux limites données manquent dans cet intervalle, cela provient de ce qu'un certain nombre α, compris entre ces deux limites, étant substitué à la fois dans trois fonctions dérivées consécutives, rend la fonction intermédiaire nulle, et donne pour les deux autres fonctions des résultats qui sont de même signe. C'est le caractère général des racines imaginaires, parce que la suite des signes perd dans ce cas deux variations. Lorsque la fonction intermédiaire s'évanouit, ce nombre α est une valeur *critique* qui correspond à un couple de racines imaginaires.

Ainsi en désignant par $f^{(n+1)}x$, $f^{(n)}x$, $f^{(n-1)}x$ les trois fonctions consécutives dont il s'agit, il existe dans ce cas une certaine valeur de α comprise entre a et b dont la substitution rend nulle $f^{(n)}x$, et donne pour $f^{(n+1)}x$ et $f^{(n-1)}x$ deux résultats dont le signe est commun.

Tant que le théorème indique qu'il faut chercher deux racines entre les limites a et b, la nature de ces racines demeure incertaine; elles peuvent être toutes les deux réelles ou toutes les deux imaginaires. Pour résoudre cette ambiguité, ce qui est une question capitale de l'analyse algébrique, et que l'on a dû regarder comme la plus difficile de toutes, il ne faut point recourir au calcul d'une équation dont les racines font connaître la moindre différence possible de deux racines consécutives, car ce calcul n'est praticable que pour les équations peu élevées; et même en perfectionnant le procédé qui donne un tel résultat, le trop grand nombre de substitutions exigerait un calcul beaucoup trop composé. Nous allons énoncer la règle qui sert à distinguer dans ce cas la nature des racines: en la joignant au théorème (A), elle complète la méthode de résolution; mais avant de rapporter cette règle, nous indiquerons quelques conséquences générales des propositions précédentes.

On voit que depuis $x = -\frac{1}{0}$ jusqu'à $x = +\frac{1}{0}$, il y a trois sortes d'intervalles. Les uns, d'une grandeur indéfinie, sont tels qu'il serait entièrement inutile d'y chercher des racines de l'équation $X = 0$: on reconnaît immédiatement qu'il ne peut point y en avoir. Les deux autres sortes d'intervalles sont: 1° ceux où se trouvent en effet les racines réelles; 2° ceux où les racines manquent. Ce sont ces racines déficientes qui correspondent aux racines imaginaires. Pour chaque couple de racines imaginaires, il existe une valeur *réelle* de la variable x telle que x devenant égale à cette valeur, la suite des signes perd deux variations à la fois sans que x devienne nulle. Le nombre des couples de racines imaginaires est nécessairement égal aux nombres de ces valeurs *critiques*. On conclud de cette proposition générale celle de de Gua de Malves, qui exprime les conditions propres aux équations algébriques dont toutes les racines sont réelles.

Nous avons remarqué plus haut que le caractère des valeurs critiques est de rendre nulle une fonction dérivée intermédiaire, en

I.   5

donnant un même signe à la fonction qui précède et à celle qui suit. Cette condition ne s'applique pas seulement à la fonction principale X. Lorsqu'elle a lieu pour une des fonctions dérivées d'un ordre quelconque $X^{(n)}$, c'est-à-dire lorsque la valeur réelle de x qui rend cette fonction $X^{(n)}$ nulle donne deux résultats de même signe pour la fonction $X^{(n+1)}$ qui précède, et pour celle qui suit, savoir $X^{(n-1)}$, ce caractère indique deux racines imaginaires de l'équation $X^{(n)} = o$, dont le premier membre est la fonction intermédiaire. On en conclud avec certitude que l'équation principale $X = o$ manque aussi de deux racines dans ce même intervalle de a à b. On connaît par cette remarque que les racines imaginaires de l'équation $X = o$ ne sont pas toutes du même ordre ; les unes manquent dans l'équation principale, et les autres dans les équations subordonnées qui en dérivent par la différentiation. Au reste la forme de toutes ces racines, de quelque ordre qu'elles soient, est toujours celle du binome $\alpha + 6\sqrt{-1}$, c'est-à-dire que deux de ces racines conjuguées correspondent à un facteur du second degré dont les deux coefficients sont réels.

Les racines imaginaires qui manquent dans l'équation principale $X = o$ sont indiquées par la figure de la ligne courbe dont l'équation est $y = X$; chaque couple de racines imaginaires correspond à une ordonnée dont la valeur est un minimum, abstraction faite du signe. Il n'en est pas de même des racines imaginaires qui manquent dans les équations subordonnées : leur forme n'est point indiquée de la même manière par la figure de la ligne courbe dont l'équation est $y = X$; mais si l'on se représente que toutes les lignes courbes qui correspondent aux fonctions dérivées de tous les ordres sont tracées, toutes les racines imaginaires de l'équation $X = o$ deviendront apparentes : chaque couple de ces racines correspondront à un minimum absolu dans la courbe dont l'ordonnée est la valeur d'une fonction dérivée.

(3) Il reste à énoncer la règle que nous avons donnée autrefois pour distinguer les racines imaginaires, et qui résoud complètement cette question.

(B) On suppose que l'application du théorème (A) fasse connaître que l'on doit chercher entre les limites a et b un certain nombre j de racines ; il s'agit de reconnaître quelles sont parmi les racines ainsi indiquées celles qui existent en effet, et celles qui ne peuvent se trouver dans cet intervalle parce qu'elles correspondent à autant de racines imaginaires de la proposée : le nombre entier j est par hypothèse plus grand que o. Or il faut remarquer que le théorème général (A) ne s'applique pas seulement à l'équation principale $X = o$, il indique aussi combien l'équation dérivée $X' = o$ peut avoir de racines dans un intervalle donné ; il en est de même des équations dérivées des ordres suivants, savoir $X'' = o$, $X''' = o$, $X'' = o$, etc. : on connaît immédiatement par l'application du théorème combien on peut chercher dans un intervalle donné de valeurs de x propres à rendre nulles ces diverses fonctions. Concevons que dans la suite totale des fonctions dérivées $f^{(n)}x$, $f^{(n-1)}x$, $f^{(n-2)}x$, ... $f''x$, $f'x$, fx, on marque au-dessus de chacune de ces fonctions un nombre i, qui indique combien l'équation dont cette fonction est le premier membre peut avoir de racines dans l'intervalle des deux limites a et b. Les nombres désignées par i indiquent combien dans l'intervalle donné on devrait chercher de racines de l'équation correspondante, si l'on se proposait de résoudre cette équation. Ces nombres respectifs, que nous appelons *indices*, peuvent être écrits à la seule inspection de la suite totale des fonctions dérivées

Cela posé on remarque en parcourant la suite totale de droite à gauche qu'elle est la première des fonctions dont l'indice est l'unité, et l'on s'arrête à cette fonction que nous désignons par $f^{(r)}x$. Il est démontré que l'indice précédent placé à la droite de celui-ci sera toujours 2. On examinera si l'indice suivant placé à gauche de $f^{(r)}x$ est o. Si cela n'a point lieu, il faut diviser l'intervalle a, b des limites en deux parties, en substituant pour x un nombre intermédiaire α. On remplacera ainsi l'intervalle a, b par deux autres a, α et α, b, et l'on appliquera littéralement la présente règle à la recherche des racines dans ces deux intervalles. Or en opérant ainsi on parviendra toujours, et très-promptement, au cas mentionné ci-dessus, c'est-à-dire qu'ayant remarqué dans le nouvel état de la suite

5.

totale des signes, et en passant de droite à gauche, la première fonction qui porte l'indice 1, on trouve que l'indice précédent à gauche est 0.

Désignant donc par $f^{(r)}x$ la fonction pour laquelle cette condition est satisfaite, on considérera les trois fonctions consécutives $f^{(r+1)}x$, $f^{(r)}x$, $f^{(r-1)}x$, dont les indices respectifs sont 0, 2, 3. On écrira la quantité $-\dfrac{f^{(r-1)}x}{f^{(r)}x}$, et faisant x égale à la moindre limite a, on connaît la valeur du quotient $-\dfrac{f^{(r-1)}a}{f^{(r)}a}$; si ce quotient est moindre que la différence $b - a$ des deux limites, on est assuré que les deux racines que l'on cherchait entre a et b manquent dans cet intervalle, et que par conséquent elles répondent à un couple de racines imaginaires de l'équation principale $X = 0$. Dans ce cas on retranchera deux unités de chacun des termes de la suite des indices écrits à droite, depuis et y compris celui qui répond à $f^{(r-1)}x$, jusqu'au dernier terme X et y compris ce terme. On conservera les indices précédemment trouvés pour les termes placés à la gauche de $f^{(r-1)}x$, et, cela étant, on aura une nouvelle suite d'indices pour ce même intervalle des deux limites a et b. On continuera donc la recherche des racines comme si cette nouvelle suite d'indices eût été celle que l'on a trouvée d'abord. Par cet examen des valeurs des quotients, on parvient promptement et sans aucune incertitude à la séparation de toutes les racines.

Les cas singuliers où les fonctions différentielles ont des facteurs communs, se résolvent facilement au moyen des théorèmes connus sur les racines égales.

Au lieu de substituer l'une des limites a dans l'expression $-\dfrac{f^{(r-1)}x}{f^{(r)}x}$, on peut substituer la plus grande limite b, et comparer le quotient $+\dfrac{f^{(r-1)}b}{f^{(r)}b}$ à la différence $b - a$. Si ce quotient n'est pas moindre que $b - a$, on est assuré qu'il manque deux racines dans l'intervalle. Enfin on tirerait la même conséquence si la somme des deux quotients $-\dfrac{f^{(r-1)}a}{f^{(r)}a} + \dfrac{f^{(r-1)}b}{f^{(r)}b}$ n'était pas moindre que $b - a$. Ainsi toutes les fois que la différence $b - a$ des deux limites n'est pas plus grande

que la somme des deux quotients, il est certain que les deux racines que l'on devait chercher entre a et b manquent dans cet
intervalle, et que par conséquent elles correspondent à deux racines
imaginaires de l'équation $X = 0$. Si au contraire la somme des deux
quotients est plus petite que la différence $b - a$, on est averti que
les limites a et b ne sont point assez voisines pour qu'on puisse reconnaître la nature des racines par une seule opération. On substituera donc dans l'intervalle de a et b un nombre intermédiaire α,
et l'on formera deux intervalles a, α et α, b : le théorème (A) indiquera immédiatement celui de ces intervalles dans lequel on doit
chercher les deux racines. On continuera donc l'application de la
présente règle, et il est impossible qu'en continuant cet examen
on ne parvienne pas à distinguer la nature des racines.

(4) Les propositions que l'on vient d'énoncer sont l'objet du premier livre : elles y sont démontrées avec tous les développements
que peut exiger une étude élémentaire. Le théorème (A) et la règle
que nous avons donnée pour la distinction des racines imaginaires
conduisent promptement et avec certitude à séparer les racines.
On reconnaîtra en multipliant les applications de cette seconde
règle (B) combien son usage est facile. Cet avantage provient de
ce que l'on opère d'une manière spéciale pour chacun des intervalles où l'on cherche les racines : on considère distinctement ce
qui est propre à cet intervalle, et l'on ne fait que le calcul absolument nécessaire pour juger de la nature des racines qui doivent y
être cherchées. Le plus généralement l'application de la règle (B)
exige peu de calcul, et la première ou la seconde opération suffisent
pour connaître la nature des racines : toutefois il peut y avoir des
cas particuliers où la recherche ne se terminerait pas aussi promptement. Cela arriverait si la différence des deux racines réelles était
extrêmement petite, ou si le point qui répond au minimum absolu
était très-voisin de l'axe des x. Il faut remarquer à ce sujet 1° que le cas
des racines égales est très-facile à distinguer, comme nous l'avons dit
plus haut ; 2° que si dans l'intervalle a, b la ligne dont l'ordonnée
représente la valeur de la fonction s'approche extrêmement de l'axe

des x, soit qu'il y ait ou non intersection, la distinction des racines nécessite dans cet intervalle un examen plus attentif, auquel rien ne peut
suppléer. L'avantage de la règle, et son principal caractère, c'est qu'elle
n'exige que le calcul indispensable ; et surtout qu'étant appropriée
à l'intervalle, elle permet de reconnaître très-promptement la nature
des racines dans les autres intervalles où deux racines consécutives
ne sont pas très-peu différentes. Si au contraire on faisait dépendre
la distinction des racines du calcul de la plus petite différence possible de deux racines consécutives, la recherche exigerait dans ce
cas des opérations très-longues et superflues. Dans tous les cas possibles on parvient par l'application du théorème (A) et de la règle (B)
à séparer entièrement les racines réelles : chacune d'elles se trouve
placée dans un intervalle déterminé, et l'on est assuré qu'aucune
autre ne peut y être comprise. Il s'agit ensuite de procéder le plus
directement possible au calcul de chaque racine réelle, et d'évaluer
exactement la convergence de l'approximation : ces deux questions
sont traitées dans le second livre.

(5) L'approximation que nous appelons linéaire est dérivée de la
méthode newtonienne, après que l'on a satisfait à toutes les conditions spéciales qui en assurent et règlent l'usage. Les constructions
rendent ces conséquences très-sensibles. On procède à l'approximation lorsque les trois derniers indices sont devenus les nombres
$0, 0, 1$, condition qu'il est toujours facile d'obtenir. Il s'agissait
ensuite d'éviter toute opération superflue dans le calcul des racines.
Pour cela il était nécessaire de perfectionner la règle élémentaire
de la division des nombres. Il faut ordonner le calcul en sorte que
les chiffres du diviseur ne soient introduits que successivement, et
lorsqu'ils doivent concourir à faire connaître de nouveaux chiffres
exacts du quotient. Nous avons donné cette nouvelle règle arithmétique : elle diffère de celle d'Oughtred, qui n'aurait pu satisfaire à notre question. Cette même règle de la division ordonnée
pourrait servir à résoudre immédiatement l'équation du second degré ; on pourrait même l'appliquer à la résolution des équations des
degrés supérieurs.

(6) Il nous restait à mesurer exactement la convergence de l'approximation. L'analyse différentielle fait connaître le caractère de cette approximation linéaire; elle exprime la loi suivant laquelle le nombre des chiffres certains croît à chaque nouvelle opération. L'erreur que l'on peut commettre, ou la différence entre la valeur exacte de la racine et la valeur approchée, décroît rapidement. Chaque nouvelle approximation double le nombre des chiffres connus, ou plus exactement ajoute aux chiffres déjà déterminés un pareil nombre de chiffres certains augmenté ou diminué d'un nombre constant. La fraction qui exprime l'erreur correspondante à une certaine opération diminue de plus en plus; elle est le produit du carré de l'erreur immédiatement précédente par un facteur invariable et donné.

L'approximation linéaire est représentée par un système de tangentes successives.

L'approximation du second ordre est celle qui résulte du contact des arcs de parabole; elle a un caractère propre que l'analyse précédente fait aussi connaître. La convergence est beaucoup plus rapide : l'erreur correspondante à une opération est le produit d'un facteur constant par le cube de l'erreur précédente. On démontre assez facilement cette conséquence pour l'approximation du second ordre, mais la même considération ne pourrait pas s'étendre aux approximations de tous les ordres, parce qu'on aurait à résoudre par des formules analogues à celle de Cardan des équations élevées. Désirant connaître exactement le degré de convergence des approximations des divers ordres, et le facteur constant qui leur est propre, j'ai employé pour cette recherche une analyse très-différente qui n'exige point la résolution en fonction de radicaux. J'ai déterminé par la règle qui a reçu le nom de parallélogramme analytique les premiers termes des racines des équations littérales. Nous n'avons traité de ces équations que dans notre quatrième livre, mais j'ai appliqué d'avance à la question actuelle les règles qui y sont démontrées, et l'on trouve par ce moyen la mesure précise de la convergence des approximations qui dépendent du contact de tous les ordres. Le résultat est très-simple, et complètement exprimé comme il suit:

*

l'erreur correspondante à chacune des opérations qui se succèdent
décroît comme les puissances d'une très-petite fraction ; elle est pour
l'approximation d'un ordre quelconque i égale au produit de l'erreur
précédente par un facteur constant. Ce facteur est $\dfrac{1}{1.2.3.4....i}\dfrac{f^{(i)}x}{f'x}$
en désignant par x une certaine valeur qui demeure toujours la même :
la fonction $f'x$ au dénominateur est toujours la première fluxion de
la variable ; i marque l'ordre de la différentiation. Au reste, nous ne
considérons ici cette question que sous le rapport théorique, afin
qu'il ne reste rien d'inconnu dans l'examen des approximations algébriques. Lorsque l'on compare entre eux des procédés qui sont
tous également exacts, c'est le plus simple et le plus facile que l'on
doit choisir dans la pratique. C'est ici l'approximation linéaire telle
que nous l'avons expliquée plus haut.

(7) Nous avons aussi considéré sous divers points de vue la question
qui a pour objet de distinguer avec certitude les racines imaginaires :
cette recherche est dans la théorie des équations un point capital
qu'on ne peut pas trop éclairer. Premièrement toute la difficulté
consiste à reconnaître le signe du résultat que l'on obtiendrait en
substituant dans une fonction donnée une valeur non-exactement
connue, mais seulement très-approchée, d'une racine α qui réduit
à zéro une fonction donnée φx. Si cette fonction n'était point la
fluxion du premier ordre $f'x$, on connaîtrait le signe cherché par
les principes démontrés précédemment, et la même conséquence
s'applique aux fonctions d'un nombre quelconque de variables. Mais
dans le cas singulier où la fonction que α rend nulle est la première
fonction dérivée $f'x$, le signe du résultat demeure incertain. C'est
ce qui arrive lorsqu'après l'application du théorème (A), on se propose de reconnaître si les deux racines cherchées sont réelles ou
imaginaires : il fallait donc résoudre cette ambiguité dans le cas singulier où la fonction dérivée est $f'x$. Nous avons donné une première solution de cette question, et l'application est générale et facile ;
mais j'ai voulu remonter à l'origine même de cette difficulté, et connaître s'il n'existe point d'autre solution. Or il résulte de cet examen

que si l'on remplace la fonction $f'x$ par $fx + f'x$, l'incertitude ne subsiste plus : on ramène ainsi la question à un cas plus général, et l'on découvre par ce moyen un procédé très-simple qui fait connaître la nature des deux racines cherchées.

Secondement on peut encore résoudre cette même question en faisant usage de l'approximation du second ordre. On considère le contact des arcs de parabole qui coïncident avec la fonction principale, aux deux extrémités de l'intervalle dans lequel on cherche les deux racines. Nous formons ainsi une règle générale pour distinguer très-rapidement les racines imaginaires : on y parvient même par cette voie avant que les limites ne soient aussi rapprochées que l'exige la règle de l'article 5; mais l'extrême simplicité de cette règle de l'article 5 en rendra toujours l'application préférable, si ce n'est dans des cas particuliers qu'il est facile de reconnaître.

(8) Les principes que l'on a démontrés dans les deux livres précédents s'appliquent facilement, et dans tous les cas possibles, à la distinction des racines imaginaires et au calcul des racines réelles. Ces méthodes suffiraient à l'objet de nos recherches si l'on ne considérait que le but de la résolution, qui est la connaissance effective des racines. Mais ces questions, qui se rapportent aux fondements mêmes de l'analyse, doivent être traitées sous différents points de vue; car un objet principal n'est bien connu que si l'on se forme une idée juste de ses rapports avec tous ceux qui l'environnent. C'est pour cela que nous avons examiné les autres méthodes qui pourraient servir soit à la distinction, soit au calcul des racines. On découvre par cette comparaison les principes communs à toutes ces méthodes, et l'on acquiert ainsi des notions générales qui perfectionnent la théorie. Ces dernières considérations sont exposées dans le troisième livre.

On remarque d'abord que lorsqu'on est parvenu à séparer les racines réelles, en sorte que chacune d'elles se trouve seule dans un intervalle distinct, on peut développer la valeur de la racine par des procédés très-différents qui donnent une connaissance complète de la valeur cherchée. L'expression en chiffres décimaux est la plus usitée et la plus claire. La méthode que nous avons expliquée donnant toujours deux valeurs qui ne diffèrent que par le dernier chiffre, et dont l'une est plus grande et l'autre moindre que la racine cherchée, il ne reste rien d'incertain. Mais ce développement élémentaire n'est pas le seul que l'on puisse déduire de l'équation algébrique; on pourrait aussi résoudre la racine, soit en fractions continues, soit en fractions de l'unité assujéties à un certain ordre que l'on peut choisir à volonté.

Par exemple, une racine étant un nombre irrationnel dont on veut développer la valeur, en exprimant par α la fraction qui doit compléter cette valeur, on pourrait chercher d'abord combien de fois l'unité contient cette fraction. On déterminerait le premier reste b. En le comparant ensuite à l'unité, et connaissant combien de fois ce premier reste y est contenu, on trouverait la valeur d'un nouveau reste c. On porterait de nouveau cette fraction c sur l'unité, et l'on continuerait ainsi indéfiniment de comparer chaque reste à l'unité, et non au reste précédent, comme on le fait dans le calcul des fractions continues. Cette opération, indéfiniment prolongée, donne un développement de la forme $\alpha = \dfrac{1}{p} - \dfrac{1}{p.q} + \dfrac{1}{p.q.r} - \dfrac{1}{p.q.r.s} + $ etc.; p, q, r, s, etc. sont des nombres entiers que l'on détermine facilement. La valeur de α est toujours comprise entre deux limites qui ne diffèrent qu'en faisant varier d'une unité le dernier de ces nombres entiers : ainsi l'approximation est complète et très-convergente.

On pourrait encore choisir une suite M, N, P, Q, etc. de multiples de l'unité, et comparer la valeur α qu'il faut développer au premier multiple, et les restes successifs aux autres multiples; ainsi de suite.

On peut aussi comparer de la manière suivante la fraction α avec l'unité. Supposons que α soit contenue un nombre m de fois dans l'unité, et qu'il y ait un premier reste. On prendra $\dfrac{1}{m}$ pour la première valeur approchée de α, et la différence $\dfrac{1}{m} - \alpha$ sera une fraction ϵ que l'on comparera de la même manière à l'unité. En continuant ce calcul la fraction α sera développée en une suite dont chaque terme a l'unité pour numérateur, et dont les dénominateurs sont les nombres entiers que l'on a trouvés par la comparaison des restes successifs avec l'unité.

Ces divers développements, dont le calcul des fractions continues est un cas particulier, ont des propriétés qui se rapportent à la théorie des nombres; mais nous considérons ici sous un autre point de vue ces différentes formes d'approximation, comme servant à exprimer les irrationnelles algébriques en suites de nombres entiers indéfiniment continuées. On reconnaît premièrement qu'une équation numérique étant proposée, on peut développer la racine comprise entre deux limites a et b en choisissant à volonté ou l'expression en fractions continues, ou l'un des développements ci-dessus indiqués. On détermine exactement les dénominateurs partiels, de même qu'on le ferait si la valeur cherchée était donnée par une équation du premier degré dont les deux coefficients seraient connus. Dans ce dernier cas le développement serait terminé; il est indéfini lorsqu'on exprime une racine algébrique irrationnelle : or l'équation proposée fournit immédiatement les dénominateurs successifs. Quelle que soit la forme du développement que l'on a choisi, on obtient toujours pour la racine deux valeurs de plus en plus approchées, et entre lesquelles on est assuré qu'elle est comprise, car il suffit de faire varier d'une unité chaque dénominateur. Ainsi la convergence n'est pas moins démontrée que pour les fractions continues, et en général cette convergence est du même ordre.

Des exemples particuliers rendent ces conclusions très-évidentes. On voit par là qu'une racine d'une équation à laquelle on a appliqué les deux règles (A) et (B) démontrées dans le premier livre, n'est pas moins clairement connue que si elle était exprimée par une équation du premier ou du second degré; car les coefficients de la proposée d'un degré quelconque donnent sans aucune incertitude toutes les parties du développement. Ainsi la racine d'une équation algébrique quelconque n'est pas plus imparfaitement exprimée quoique le degré de l'équation soit élevé; seulement le degré détermine l'ordre suivant lequel se succèdent les nombres qui entrent dans le développement. Cet ordre est propre à chaque degré : les nombres qui le forment dans tous les cas sont également connus. Il suffit donc pour exprimer complètement ces valeurs d'avoir résolu ainsi la recherche des irrationnelles algébriques. On exige seulement que l'on résolve par une méthode exacte et facile la question qui a pour objet de reconnaître si une racine est réelle, et de placer chaque racine réelle dans un seul intervalle. Lorsque cette distinction des racines est achevée, la résolution ne consiste plus que dans un développement arithmétique. La racine se trouverait toujours placée entre deux limites que l'on peut rapprocher autant qu'on le veut. Les nombres qui forment le développement ont des valeurs déterminées que l'on déduit des coefficients de la proposée, en sorte que l'on connaît de la racine cherchée tout ce qui peut servir à l'exprimer complètement.

(9) Pour donner plus d'étendue à cet examen de la nature des irrationnelles algébriques, nous avons montré dans ce même livre qu'elles peuvent être aussi développées en fonctions continues, et l'on a rapporté les constructions géométriques qui rendent les résultats très-sensibles. On ne pourrait point indiquer clairement cet usage des fonctions continues sans des détails et des exemples que l'on ne peut donner dans un exposé général : nous nous bornions aux remarques suivantes. On considère une certaine relation entre une première valeur approchée x que l'on supposerait à la racine cherchée, et une seconde valeur x' plus approchée que la première x. Par exemple soit entre x et x' la relation très-simple $x' = 1 + \dfrac{1}{x}$. On donnerait à x une valeur quelconque que l'on peut ici regarder comme arbitraire, et l'on en conclurait la valeur correspondante de x'. Prenant ensuite pour seconde valeur de x celle que l'on vient de trouver pour x', on déduirait de la même relation une nouvelle valeur x'', qui étant prise pour x donnerait une valeur suivante x'''. En continuant ainsi on obtient des valeurs de plus en plus approchées de la racine inconnue. La valeur de cette irrationnelle est ici $\sqrt{2}$, car l'approximation a pour limite une valeur de x telle que

la relation $x' = 1 + \frac{1}{x}$ n'apporterait plus aucun changement à la valeur que l'on donne à x : on aurait donc $x = 1 + \frac{1}{x}$, ou $x^2 = 2$. On trouverait une conséquence analogue pour une autre relation récurrente, et ce procédé s'applique aux équations de tous les degrés. La racine inconnue est une limite dont on s'approche indéfiniment, et la différence devient plus petite que toute quantité assignable. Les constructions qui répondent à ce genre d'approximation sont remarquables. Par exemple elles consistent ici dans une spirale rectangulaire, dont le point extrême s'approche continuellement du point d'intersection correspondant à la valeur de la racine.

On trouve aussi par ce même procédé les racines des équations exponentielles ou transcendantes : nous en avons cité divers exemples dans la Théorie analytique de la chaleur, pag. 343 et suivantes.

Il faut remarquer que l'approximation indiquée par ces méandres rectangulaires, quoique régulière, serait trop lente pour devenir une méthode usuelle : notre but est seulement de rendre manifeste le rapport singulier de la figure avec la marche de l'approximation, et de prouver que l'on connaît un moyen certain d'approcher indéfiniment de la racine des équations. Mais ce même procédé des fonctions continues donne des approximations beaucoup plus convergentes lorsque la spirale orthogonale est remplacée dans la construction par la suite des tangentes inclinées, et l'on pourrait augmenter la convergence de l'approximation en considérant le contact du second ordre.

La fonction continue qui donne les valeurs approchées a un rapport nécessaire avec l'équation proposée. Il n'y a aucune équation algébrique pour laquelle il ne soit facile de déterminer les fonctions correspondantes aux tangentes inclinées. L'approximation newtonienne n'est elle-même qu'un exemple de ce procédé général. J'ai fait un usage fréquent de cette forme d'approximation dans diverses recherches, et particulièrement pour la résolution d'une équation transcendante qui m'avait été indiquée par mon illustre confrère M. le baron de Prony.

Cet emploi des fonctions continues doit être dirigé par les propriétés de la figure. On pourrait y suppléer par des considérations
purement analytiques; mais en omettant l'examen de la figure on
ajouterait beaucoup à la difficulté de la recherche, qui au contraire
devient très-simple au moyen de la construction. C'est un des cas,
d'ailleurs fort rares, où la construction est pour ainsi dire nécessaire. Il peut arriver qu'on ne trouve par ce moyen que des valeurs
approchées, toutes moindres que la racine, ou toutes plus grandes
que cette racine; mais il est toujours facile de former une seconde
limite qui complète l'approximation : elle est clairement indiquée
par la construction même. Il n'est pas moins facile de distinguer
les cas où la fonction continue, au lieu de donner des valeurs plus
approchées, conduirait à des résultats de plus en plus éloignés de
celui que l'on cherche : c'est ce qui arriverait si l'on traçait la spirale
orthogonale dans une direction opposée à celle que la figure indique.

Les considérations que l'on vient de présenter dirigent et facilitent l'emploi des fonctions continues; elles excluent les expressions
analytiques divergentes, et montrent qu'il suffit de calculer les
premiers chiffres des résultats successifs. Au reste l'emploi des
approximations de ce genre n'est point nécessaire pour la résolution des équations numériques, et les méthodes que nous avons
expliquées conduisent plus simplement encore à la connaissance
des racines; mais il importait de remarquer des procédés généraux
qui donnent une étendue nouvelle à la théorie des fractions continues et montrent les rapports de ces fractions avec les propriétés
des figures.

(10) Après avoir exposé dans le troisième livre l'usage des fractions continues pour approcher de plus en plus et indéfiniment des
racines irrationnelles dont chacune est placée entre deux limites
connues, nous avons considéré une propriété fort générale commune à toutes les méthodes exactes d'approximation. Elle consiste
en ce qu'il n'y a aucune de ces méthodes qui ne suffise pour distinguer
les racines imaginaires lorsqu'on dirige le calcul par l'application
du théorème général (A). Cette conséquence est pour ainsi dire évi-

dente pour l'approximation linéaire dérivée de la méthode newtonienne. En effet ce procédé d'approximation est représenté,
comme nous l'avons dit, par la suite des tangentes inclinées indiquées par les figures 1 ou 2. Supposons qu'il résulte du théorème
(A) que l'on doive chercher deux racines entre les limites a et b,
et que l'on connaisse par les principes démontrés dans les deux
premiers livres que l'arc mn n'a aucune sinuosité dans l'intervalle
ab. On ignore si les deux racines cherchées sont réelles (fig. 1),
ou si elles manquent dans cet intervalle (fig. 2). Or le procédé d'approximation peut résoudre cette question. En effet, ce procédé
consiste à déduire de la première valeur approchée a une valeur
plus approchée a', qui répond à l'extrémité a' de la sous-tangente;
ensuite on passe de a' à une nouvelle valeur approchée a''; ainsi
de suite, en continuant le même calcul. Or dans le premier cas
toutes les valeurs approchées a, a', a'', etc. ne peuvent dépasser
le point d'intersection qui répond à la racine réelle : par conséquent si l'on détermine par le théorème (A) combien on doit chercher
de racines entre a et b, ou entre a' et b, ou entre a'' et b, etc., on
trouvera toujours que ce nombre des racines indiquées est 2, comme
il l'était d'abord. Mais le contraire arrivera dans le second cas (fig. 2)
où les deux racines cherchées manquent dans l'intervalle : il est
impossible dans ce dernier cas que si l'on continue l'approximation,
on ne parvienne pas à une valeur telle que a'', au-delà du point où
l'arc mn est le plus rapproché de l'axe ab; et lorsqu'on sera arrivé
à un tel point a'', si l'on détermine par le théorème (A) combien
on doit chercher de racines entre la dernière valeur a'' et b, on
trouvera que le nombre des racines indiquées entre a'' et b n'est
plus 2, mais zéro. Cette condition peut ne point arriver pour les
premières valeurs approchées telles que a', mais il est impossible
que si l'on continue le calcul, et si la forme de l'arc est celle que
représente la figure 2, on ne trouve point une valeur approchée
telle que l'extrémité a'' devienne très-voisine du point b, ou ne se
porte au-delà de ce point. Le seul cas singulier où l'on ne pourrait
obtenir un tel résultat est celui des deux racines égales, détermi-

nées par le contact de l'arc mn et de l'axe ab. On sait que ce cas intermédiaire est très-facile à distinguer : il suppose que les fonctions fx et $f'x$ ont un facteur commun, ce que l'on peut connaître d'abord, comme nous l'avons expliqué précédemment. Ainsi la méthode d'approximation jointe au théorème (A) suffit toujours pour reconnaître la situation de l'arc mn par rapport à l'axe ab. Voici le procédé qui indiquera la nature des deux racines. On calcule une première valeur approchée a' qui répond à l'extrémité a' de la première soutangente. S'il arrive que cette seconde valeur a' soit plus grande que la seconde limite b, il est évident que les racines cherchées sont imaginaires. Mais si a' est moindre que b, on désigne une valeur intermédiaire α moindre que b et plus grande que a', et on la substitue dans fx. Si par cette substitution les deux racines sont séparées, c'est-à-dire si le résultat de la substitution est négatif, les deux racines cherchées sont réelles : l'une est entre a et α et l'autre entre α et b. Mais si la substitution donne un résultat positif, on déterminera par le théorème (A) le nombre des racines qui doivent être cherchées entre α et b. Si ce nombre est o, les deux racines sont imaginaires ; mais si aucune des deux conclusions n'a lieu, c'est-à-dire si les racines ne sont point séparées, et si le théorème (A) indique que l'on doit chercher deux racines entre α et b, on a deux limites α et b entre lesquelles on doit chercher deux racines, et l'on ignore jusqu'ici si ces deux racines sont réelles ou si elles manquent dans l'intervalle : la question est donc la même que celle que l'on avait eue à résoudre, et alors les limites α et b sont plus voisines que les premières limites a et b. On procédera donc, et de la même manière, à une seconde épreuve ; c'est-à-dire que l'on ajoutera à la nouvelle valeur α un second accroissement qui répond pour cette nouvelle valeur à l'extrémité de la soutangente. On suivra littéralement le procédé qui vient d'être indiqué pour la valeur approchée a, et l'on en déduira les conséquences précédemment énoncées. Il est impossible qu'en continuant ce calcul, on n'arrive pas par la voie la plus brève à reconnaître la nature des racines. Il faut seulement ajouter que le cas singulier des racines égales doit être examiné séparément, ce qui n'a aucune difficulté. On voit par ce qui précède que la règle donnée dans le premier livre, article 3, pour reconnaître la nature des deux racines que l'on cherchait dans un intervalle donné, n'est autre chose que l'approximation linéaire appliquée à la distinction des racines. Or cette conséquence n'est point bornée à l'approximation linéaire : nous démontrons dans ce troisième livre qu'il n'y a aucun procédé d'approximation qui ne donne un résultat semblable. En général toute méthode exacte propre au calcul des valeurs approchées suffit pour la distinction des racines imaginaires, lorsqu'on joint à cette méthode l'usage du théorème (A) qui fait connaître combien de racines doivent être cherchées dans un intervalle donné. Nous entendons par méthodes exactes d'approximation celles qui étant fondées sur les principes exposés dans le premier livre, donnent continuellement deux valeurs dont l'une est plus grande et l'autre moindre que la racine.

(11) Nous avons appliqué principalement cette remarque à l'approximation qui résulte de l'emploi des fractions continues, parce que cette méthode est plus généralement connue. Voici la conséquence remarquable que fournit cet examen.

Le théorème (A) du premier livre indique combien on doit chercher de racines dans un intervalle donné. Considérons le cas où l'on serait assuré que toutes les racines d'une équation sont réelles. Il faut se représenter d'abord que l'on opère sur une équation de ce genre, et que l'on cherche la valeur des racines par la méthode d'approximation des fractions continues. Cette méthode est expliquée de la manière la plus claire dans les ouvrages de Lagrange. L'illustre auteur suppose qu'au moyen d'une équation auxiliaire on est assuré qu'il n'existe qu'une racine dans chaque intervalle ; mais ici nous ferons abstraction de tout calcul précédent, et nous admettons que la réalité des racines est connue d'avance. Cela posé la seule application du théorème (A), combinée avec le calcul des fractions continues, suffirait pour trouver les valeurs de toutes ces racines. En renouvelant après chaque opération partielle l'application du même

I.

7

théorème (A), il arriverait toujours qu'en joignant aux racines déja séparées par les opérations précédentes celles que l'on aurait à chercher dans l'intervalle restant, on trouverait précisément autant de racines que le théorème en avait primitivement indiqué. Mais cela ne peut arriver que si l'équation proposée a en effet toutes ses racines réelles. Si au contraire plusieurs de ces racines manquent dans des intervalles où le théorème indique qu'elles doivent être cherchées, nous démontrons que le calcul des fractions continues fera disparaître ces racines déficientes ; par là on reconnaîtra que l'équation n'avait pas toutes ses racines réelles, comme on l'avait supposé, et l'on saura avec précision quel est le nombre des couples de racines imaginaires.

La remarque que l'on vient de faire exige une démonstration complète, que nous avons rapportée dans le troisième livre. Elle prouve que le calcul de l'équation auxiliaire qui ferait connaître la limite de la moindre différence des racines est entièrement superflu, de sorte que la partie de cette méthode que l'on peut justement regarder comme impraticable est celle qui doit être omise ; il suffit 1° d'employer le calcul des fractions continues tel qu'il est exposé par l'inventeur de cette méthode ; 2° de combiner chaque opération partielle avec l'emploi du théorème général (A). Par ce moyen il ne reste rien d'incertain, ni sur la nature des racines, ni sur les valeurs de plus en plus approchées qui proviennent de la convergence rapide des fractions continues.

Toutefois nous ne proposons point de recourir à cette dernière méthode pour le calcul des racines. L'approximation linéaire, telle que nous l'avons expliquée dans le premier livre, est plus commode et aussi convergente. Nous avons voulu seulement exposer une propriété singulière et nouvelle des fractions continues.

Notre objet principal est de prouver dans ce troisième livre 1° que les irrationnelles qui expriment les racines des équations peuvent être développées sous différentes formes, et que ces approximations sont exactes, parce qu'elles donnent toujours deux valeurs entre lesquelles la racine est comprise;

2° que ces quantités irrationnelles ne sont pas moins clairement définies et connues que si elles étaient des fractions simples, en sorte que l'on peut toujours déduire facilement des coefficients de la proposée les dénominateurs qui entrent dans un développement quelconque;

3° que toute méthode exacte d'approximation résoud la question difficile de la distinction des racines imaginaires, pourvu qu'on y joigne l'emploi de notre théorème (A) du premier livre;

4° que cette remarque s'applique surtout au développement en fractions continues, et que cette dernière méthode n'exige aucunement le calcul de l'équation aux différences, ou tout autre résultat déduit des propriétés des fonctions invariables.

On a vu précédemment que la méthode d'approximation newtonienne ne pourrait point être appliquée généralement à la détermination exacte des racines, et qu'il était nécessaire de résoudre les difficultés auxquelles elle est sujette. Il en est de même du procédé des fractions continues, tel qu'il a été proposé par les inventeurs, car il exigerait que l'on connût d'avance la plus petite différence de deux racines consécutives. Or cette recherche suppose un calcul que l'on doit regarder comme impraticable, si ce n'est pour les équations des premiers degrés. C'est pour cela que nous avons examiné avec beaucoup de soin si cette difficulté peut être résolue, et nous y sommes parvenus en prouvant que le calcul de la plus petite différence des racines est superflu. La suite des opérations à effectuer est toujours la même quelle que puisse être cette différence. Ces opérations sont celles que l'on ferait si l'on connaissait d'avance que toutes les racines sont réelles. Seulement elles deviennent moins nombreuses et plus simples lorsque plusieurs des racines sont imaginaires, parce que l'application du théorème principal (A) indique que ces racines manquent en nombre pair dans les intervalles où on les cherchait.

(12) L'objet du quatrième livre est la résolution des équations littérales. Les coefficients de ces équations sont des polynomes algébriques dont chaque terme est de la forme $h\,a^n b^r c^q \ldots\ldots$ Les

7.

lettres a, b, c, etc. sont des quantités connues. Les exposants n, p, q, etc. sont des nombres donnés. Si A, B, C, représentent de tels polynomes, et si l'on considère un produit $(x - A)(x - B)(x - C)\ldots$ formé de plusieurs de ces facteurs, le résultat de la multiplication est un polynome d'un certain degré en x. On suppose que ce produit complet est donné, et que le nombre des facteurs est m : il s'agit de trouver tous les polynomes du premier degré $x - A$, $x - B$, $x - C$, etc., qu'il est nécessaire de réunir pour former le premier membre de l'équation proposée. Il faut donc découvrir une méthode générale qui étant appliquée à une équation d'un degré quelconque m, fasse connaître les facteurs simples qui répondent aux racines de la proposée. Si quelques-uns des polynomes A, B, C, etc. contiennent un nombre fini de termes, la méthode doit faire connaître les racines exprimées par ces polynomes finis; mais si l'on propose une équation littérale quelconque du degré m, la méthode de résolution donnera le plus souvent des polynomes dont le nombre des termes est infini. Chacune de ces racines aura toujours la propriété essentielle de réduire à zéro le premier membre de la proposée, lorsqu'on y substituera cette racine au lieu de x. Ainsi la méthode qui est l'objet de notre recherche reproduira toutes les racines exprimées en un nombre fini de termes lorsqu'il existe de telles racines, et doit servir à développer en séries infinies celles qui ne peuvent point avoir la forme de polynome fini.

Cette question appartient à l'analyse *spécieuse* dont Viete est l'inventeur. Elle peut être résolue complètement, et le principe de la solution existe déja dans les écrits de Newton, de Stirling et de Lagrange. A la vérité on a toujours considéré cette recherche comme un élément de la doctrine des séries, mais on verra bientôt qu'elle se rapporte directement à l'analyse algébrique. C'est sous ce point de vue que nous la considérons ici.

Newton a ramené la partie principale de cette question à une construction singulière, qui sera toujours regardée comme une des plus belles inventions analytiques que nous ayons reçues de ce grand géomètre. Lagrange en a donné une démonstration qui ne laisse rien à désirer. Sans reproduire dans notre ouvrage ces premières découvertes, nous nous attachons principalement à compléter la méthode, et à montrer qu'elle peut devenir à la fois plus facile et beaucoup plus étendue.

Nous avons employé une construction différente de celle de Newton, mais susceptible d'une application plus générale. Elle conduit pour le cas d'une seule variable au même résultat, savoir à la règle analytique que Lagrange a démontrée.

Parmi les lettres qui expriment les quantités connues on en désigne une quelconque a, afin d'ordonner le calcul selon les puissances de cette quantité, et l'on regarde comme le premier terme d'une racine celui qui, dans l'expression de cette racine, contient le plus haut exposant de la lettre choisie a. Cela posé on cherche d'abord les premiers termes de toutes les racines. L'exposant de la lettre a dans un de ces premiers termes est une inconnue qui doit satisfaire à certaines conditions : il faut déterminer cet exposant, et en trouver autant de valeurs que la proposée a de racines. Or on trouve ces exposants, qui sont en nombre m, par une règle spéciale dont l'application est facile. Voici la construction que nous avons employée pour représenter les résultats de cette règle analytique. On considère une multitude de lignes droites différentes, tracées sur un même plan. La position de chacune de ces lignes est donnée par une équation du premier degré, dont les deux coefficients sont connus, parce qu'ils se forment immédiatement de l'exposant de la variable dans certains termes de la proposée et de l'exposant de la lettre principale a dans ces mêmes termes. Le système de toutes ces droites est toujours limité à sa partie supérieure par un polygone dont les deux côtés extrêmes à droite et à gauche sont infinis. Toutes les parties des droites tracées qui ne se confondent point avec les côtés de ce polygome sont placées au-dessous de ces côtés. Or on prouve que les sommets des angles de ce polygone correspondent aux exposants cherchés. Toute abscisse d'un de ces angles est une des valeurs que l'on peut donner à l'exposant de a pour former le premier terme d'une racine. Les seuls exposants que la lettre choisie a puisse avoir dans les premiers termes cherchés sont les abscisses des sommets du polygone. La figure indique clairement le moyen de déterminer ces abscisses. Il faut descendre en suivant un des côtés extrêmes jusqu'à la rencontre du premier sommet, continuer en suivant le côté que l'on vient d'atteindre jusqu'à la rencontre d'un second côté, puis suivre ce nouveau côté jusqu'à ce qu'on atteigne le côté contigu; ainsi de suite. La règle analytique que ce procédé indique est celle que Newton, Stirling et Lagrange ont considérée. Le calcul est très-simple, et il n'y a aucune voie plus courte pour découvrir les exposants des premiers termes. On en déduit immédiatement les coefficients dans les premiers termes cherchés, et l'on forme tous ces premiers termes. La règle fait ainsi connaître autant de premiers termes que la proposée a de racines, et il n'est pas moins facile de former les termes suivants.

Nous avons supposé que les termes sont ordonnés selon les puissances décroissantes de la lettre principale a. On pourrait aussi suivre un ordre contraire, et il faudrait trouver en premier lieu le terme de chacune des racines dans lequel cette lettre a le moindre exposant. Dans ce cas la racine cherchée serait ordonnée selon les puissances croissantes de a. Pour résoudre cette seconde question on emploie une règle semblable à celle qui donne pour premier terme celui où la lettre a a le plus grand exposant. En effet ce même système de lignes droites que nous avons considérées plus haut est limité à sa partie inférieure par un autre polygone, et toutes les parties de ces lignes droites qui ne se confondent point avec un côté de ce polygone inférieur sont placées au-dessus de ces mêmes côtés. Il en résulte un procédé parfaitement analogue à celui que nous avons décrit plus haut, et l'on trouve par ce calcul les abscisses des sommets de ce polygone inférieur. Ces abscisses sont les exposants de la lettre a dans les premiers termes des racines ordonnées selon les puissances croissantes de a. Les exposants étant ainsi déterminés, on trouve immédiatement les termes correspondants, et l'on forme les premières parties des racines cherchées. Il est également facile de trouver par la même règle tous les termes subséquents, et l'on parvient ainsi à former tous les facteurs du premier degré dont le produit est le premier membre de l'équation proposée.

En général l'application de ces règles donne sans aucune difficulté les valeurs de toutes les racines de la proposée ordonnées selon les puissances décroissantes ou selon les puissances croissantes de la lettre choisie. S'il existe des polynomes finis qui satisfassent à la proposée, on découvre successivement toutes les parties de ces polynomes, et l'on arrive à une dernière opération qui montre que le nombre des termes est fini : mais si la racine cherchée n'est pas formée d'un nombre fini de termes, l'opération se prolonge continuellement et la racine est donnée par une série infinie. Cette expression est toujours telle qu'étant substituée dans la proposée au lieu de la variable, tous les termes du résultat se réduisent successivement à zéro.

Cette méthode de résolution est générale. Elle s'applique aux équations d'un degré quelconque, et la lettre principale par rapport à laquelle le calcul est ordonné peut toujours être prise à volonté. Si l'équation proposée est très-simple, par exemple si elle n'a que deux termes, en sorte que les racines cherchées contiennent un seul radical, la méthode générale se réduit à celles que l'on connaît depuis long-temps pour extraire la racine littérale d'un polynome donné. Non-seulement le résultat est le même, mais les procédés de calcul sont précisément ceux des règles élémentaires de l'algèbre. On voit par là que la méthode comprend comme des cas particuliers les extractions des racines des quantités littérales.

Nous avons dit que la première partie d'une racine étant déterminée par la règle précédente, on découvre par le même procédé toutes les parties subséquentes. En effet désignant par p la première partie déja connue de la racine, il suffit de substituer le binome $p + q$ au lieu de la variable x : on aura ainsi une transformée du degré m dont la variable q sera l'inconnue. On pourrait donc appliquer à cette transformée la règle que nous avons exposée, et chercher la première partie de la valeur de q : il est évident que ces substitutions successives feront connaître toutes les parties de la racine convenablement ordonnées. Pour faciliter les applications, nous nous sommes proposé d'exclure de ce calcul toutes les opérations superflues, et nous avons formé une règle spéciale qui donne la seconde partie de chaque racine. Les mêmes considérations réduisent aux formes les plus élémentaires le calcul des troisième, quatrième, etc. termes, en sorte qu'il ne reste plus à effectuer que les seules opérations sans lesquelles les valeurs des racines ne pourraient être connues. La règle se réduit à substituer dans le premier membre de l'équation la partie déja connue de la racine, et à multiplier le résultat par une valeur constante. Quant à la convergence de l'approximation, on la déterminerait par les mêmes principes que ceux qui ont été expliqués dans le second livre. Cette convergence est, généralement parlant, celle qui résulte de l'approximation numérique linéaire.

Le caractère de cette méthode exégétique qui résoud toutes les équations littérales ne peut être bien expliqué que par divers exemples. Le quatrième livre en présente plusieurs. Nous citerons seulement l'équation littérale

$$x^5 + x^4(-a^2 + a + b) + x^3(-a^3 - a^2 b) + x^2(a + 1)$$
$$+ x(-a^3 + ab + a + b) + (a^4 + a^3 b + a^3 + a^2 b) = 0.$$

En appliquant la règle générale à cette équation, et en ordonnant le calcul suivant les puissances décroissantes de la lettre a, on trouve facilement que les premiers termes des racines sont $x = a^2 + $ etc.; $x = -a + $ etc.; $x = \sqrt[3]{-a} + $ etc. Les termes suivants contiennent de moindres puissances de a. Si l'on cherche ces termes suivants par l'application des mêmes règles, on reconnaît que les termes qui suivent a^2 sont tous nuls, que tous les termes qui suivent $-a$ équivalent à $-b$. Quant à la troisième racine dont le premier terme est $\sqrt[3]{-a}$, elle serait d'abord développée en série infinie, mais la même analyse ferait connaître que la valeur complète est $\sqrt[3]{-(a+1)}$.

On obtiendrait ainsi par un calcul régulier tous les facteurs de la proposée, savoir

$$(x - a^2), \ (x + a + b), \ (x^3 + a + 1).$$

On pourrait aussi ordonner le calcul par rapport à la lettre b, et les opérations ne seraient pas moins faciles. Les mêmes règles s'appliquent à tous les cas, et il n'y a aucune équation littérale, quelque composée qu'elle soit, qu'on ne puisse ainsi résoudre en ses facteurs.

Nous avons dit que la règle qui fait connaître les premiers termes des racines est représentée par une construction formée d'un système de lignes droites. La figure 3 présente ce système de lignes pour l'exemple que nous venons de citer. Les équations des lignes droites sont

$$y = 5x, \ y = 4x + 2, \ y = 3x + 3, \ y = 2x + 1, \ y = x + 3, \ y = 4.$$

Les coefficients de ces équations sont formés des termes de la proposée où la lettre a a les plus grands exposants. La limite supérieure est le polygone $MABCN$: le système est limité au-dessous par le polygone $\mu\alpha\varepsilon\gamma\nu$.

Toute équation littérale d'un degré quelconque est complètement résolue par cette méthode en ses facteurs simples, et il n'est pas moins facile de trouver ses racines que celles des équations à deux termes que l'on sait résoudre depuis long-temps par des règles algébriques élémentaires. On trouve dans les ouvrages de Newton (Arithmétique universelle), et dans ceux de Clairaut et autres, des procédés particuliers pour découvrir les racines commensurables des équations littérales : ils consistent dans une suite d'essais dont le calcul est incertain. Il est plus facile et plus exact de résoudre l'équation proposée par la méthode générale que l'on vient de décrire. Newton n'a employé la règle du parallélogramme analytique que pour le calcul des séries, qui est le vrai fondement de sa méthode des fluxions.

On pourrait faire usage de ces développements des racines en séries pour le calcul de leurs valeurs approchées, et si l'on ne possédait point aujourd'hui une méthode très-simple pour la recherche directe des limites, il faudrait recourir à cette résolution des équations littérales. Mais les règles que nous avons expliquées dans les deux premiers livres conduisent bien plus rapidement à la connaissance effective des racines, et dispensent de toute discussion de la convergence des séries. La règle précédente qui sert à former les premiers termes des racines des équations littérales est nécessaire pour l'analyse des lignes courbes considérées dans leur cours infini. On en trouve des exemples remarquables dans les ouvrages de Newton, Stirling, Cramer et divers auteurs. On peut déduire cette règle des constructions, ou la réduire, comme l'a fait Lagrange, à un procédé purement analytique. A proprement parler, cette recherche appartient à l'analyse des inégalités linéaires dont nous exposons les principes dans notre septième livre : c'est le point de vue le plus général sous lequel les recherches de ce genre puissent être considérées.

(13) Nous avons indiqué aussi dans le quatrième livre une question beaucoup plus composée que la recherche des racines d'une seule équation littérale : elle a pour objet la résolution simultanée de deux équations littérales à deux inconnues. Chacun des termes de ces équations est de la forme $H x^m y^n$: x et y désignent les inconnues, H est un polynome littéral formé des grandeurs connues a, b, c, etc. La question consiste à trouver pour x et y deux polynomes contenant les lettres a, b, c, etc., et tels que si on les substitue en même temps au lieu de x et de y dans les équations proposées $A = 0$, $B = 0$, l'une et l'autre substitution rendent nulles les fonctions A et B. Le système des deux valeurs de x et de y qui ont cette propriété forme une solution des deux proposées. Il s'agit de découvrir toutes les solutions possibles, en assignant les termes dont se composent les valeurs de x et de y. Si les équations $A = 0$, $B = 0$ admettent des valeurs commensurables de x et y, en sorte que les polynomes qui expriment ces valeurs ne contiennent qu'un

nombre fini de termes, il faut que ces polynomes soient déterminés par la règle générale que nous avons en vue. Mais si les valeurs de x et y n'admettent point ces expressions finies, la règle doit produire successivement tous les termes du développement de ces valeurs.

Ainsi nous étendons à deux équations, et en général aux équations littérales multiples lorsqu'il y a autant d'équations que d'inconnues, les principes de résolution que nous avons appliqués précédemment aux équations littérales où il n'entre qu'une seule inconnue.

Ces développements des racines des équations multiples offrent dans l'analyse des usages importants. Par exemple, pour le cas de deux équations, ils servent à connaître la nature des surfaces courbes dans leur cours infini et leurs nappes asimptotiques.

On pourrait aussi employer ces expressions des racines pour résoudre d'une manière approchée les équations qui contiennent plusieurs inconnues, mais ces applications ne sont point ici l'objet de notre recherche. Nous avons seulement voulu connaître s'il existe pour les équations littérales à plusieurs inconnues des règles algébriques analogues à celles qui donnent les racines des équations littérales : et en effet nous avons démontré que les méthodes de résolution ne sont point bornées aux équations littérales qui ont une seule inconnue. Elles s'étendent à toutes les équations multiples dans lesquelles le nombre des inconnues est égal au nombre des équations : le calcul est plus composé, mais il est de la même nature. On trouve d'abord le premier terme de chaque racine, c'est-à-dire celui où la lettre choisie pour ordonner le calcul contient un exposant plus grand que celui de la même lettre dans tous les termes suivants. On forme ainsi autant de premiers termes qu'il y a de solutions différentes. Chaque solution comprend deux valeurs de x et y qui, étant substituées simultanément dans les deux équations proposées, satisfont à l'une et à l'autre. C'est le calcul de ces premiers termes qui fait connaître le cours infini des surfaces.

Si l'on considérait trois équations et trois inconnues, chaque so-

8.

lution serait formée de trois valeurs simultanées de x, y, z. En général cette méthode de résolution des équations littérales consiste à trouver successivement toutes les parties des racines où la lettre choisie a le plus grand exposant. On peut désigner une lettre quelconque parmi celles qui expriment les grandeurs connues. Lorsqu'on a ainsi trouvé les premiers termes de toutes les solutions, on peut calculer les termes suivants par l'application de la même méthode.

S'il arrive qu'une ou plusieurs des racines puissent être exprimées par un nombre fini de termes, la méthode s'arrête au dernier terme subsistant; on reconnaît que tous les autres seraient nuls. Mais en général ces opérations conduisent à des séries. Elles pourraient servir à déterminer les valeurs approchées des racines des équations numériques multiples, mais nous n'avons pas traité cette dernière question. Si plusieurs équations algébriques sont proposées, et que leur nombre soit égal à celui des inconnues, on sait qu'on peut éliminer une de ces inconnues prise à volonté, puis une seconde, une troisième, ainsi de suite, et parvenir ainsi à une équation finale qui ne contient qu'une seule inconnue. Il y a plusieurs cas simples dans lesquels cette élimination peut faire connaître les solutions cherchées, et il est remarquable que dans tous les cas il existe une équation finale. Mais cette conséquence est purement théorique : elle prouve que toutes les racines des équations algébriques ont une nature commune, parce qu'il n'y a aucune de ces racines qui ne soit l'inconnue d'une certaine équation algébrique. Toutefois il n'en faut point conclure que ce procédé d'élimination représente la méthode que l'on doit suivre pour parvenir à la connaissance effective des racines : cette voie serait beaucoup trop compliquée. Elle serait impraticable pour des équations élevées, et même, dans la plupart des cas, cette méthode nécessiterait un examen très-attentif pour éviter l'introduction des facteurs étrangers à la question, c'est-à-dire de ceux qui ne rendent point nuls à la fois les premiers membres de toutes les équations proposées. Quoique l'on puisse éviter ou distinguer ces facteurs superflus que proviendraient de l'élimination, l'extrême complication des calculs, et la difficulté de former séparément toutes les différentes solutions, excluraient toujours l'usage effectif de ces règles, si ce n'est dans des cas très-simples choisis d'avance comme exemples. On peut dire qu'il faudrait se résoudre à ignorer les solutions des équations multiples, si l'analyse ne pouvait les déterminer que par les procédés d'élimination.

Nous envisageons la résolution des équations littérales multiples sous un point de vue très-différent. Nous conservons aux équations proposées leurs formes primitives, et comparant à la fois tous leurs coefficients, nous cherchons les racines par la résolution simultanée de ces équations. Nous prouvons en effet qu'aucune élimination n'est nécessaire, et que l'on peut déterminer immédiatement les premiers termes des racines d'après la seule condition que la substitution simultanée de ces racines doit satisfaire en même temps à toutes les proposées.

L'objet de notre quatrième livre est donc d'expliquer les principes qui servent à cette résolution des équations littérales. Nous employons immédiatement les équations telles qu'elles ont été proposées, sans altérer en rien leurs coefficients, et nous parvenons à connaître les termes successifs qui doivent former les racines. Chaque solution est composée d'autant de racines qu'il y a d'inconnues différentes, et la substitution simultanée doit rendre nuls à la fois tous les premiers membres des équations. Il faut d'abord découvrir les premiers termes des racines qui forment une même solution. Cette dernière question est beaucoup plus composée que celle qui se rapporte à une seule équation littérale, mais elle se résout aussi par un règle certaine qui s'applique à des équations d'un degré quelconque.

Nous citerons ici l'exemple suivant, qui présente deux équations à deux inconnues, savoir

$$x^3 y^3 - y^3 x a^5 + 1 = 0,$$
$$x^4 y^2 a - y^4 x a^2 + 3 = 0.$$

Si l'on applique à ces deux équations les principes qui nous venons

d'indiquer, on trouve deux solutions différentes : la première est
formée de deux valeurs conjuguées de x et y dont les premiers ter-
sont

$$x = a^{\frac{1}{6}} \sqrt[6]{3},$$
$$y = a^{-\frac{5}{6}} \sqrt[6]{3};$$

la seconde solution comprend les deux autres valeurs de x et y qui
ont pour premiers termes

$$x = -\frac{1}{27} a^{-14},$$
$$y = -3 a^{-3}:$$

ce sont les premières parties des inconnues x et y.

Pour découvrir les termes subséquents, il faut substituer le
binome $p + q$ au lieu de x et $p' + q'$ au lieu de y; p et p' désignant
les premiers termes connus, et q et q' les sommes des termes subséquents. Les nouvelles inconnues sont q et q', et l'on a deux équations pour les déterminer. On applique la même règle afin de trouver
les premiers termes de q et q', qui seront les seconds termes des
racines cherchées. En poursuivant le calcul d'après les mêmes principes, on trouverait les parties suivantes des racines.

On voit que les deux équations proposées n'ont que deux solutions possibles. L'une contient aux premiers termes les puissances
$\frac{1}{6}$ et $-\frac{5}{6}$ de a : aucune autre combinaison ne pourrait satisfaire à
la fois aux deux proposées.

Quant à la règle qui fait connaître les premiers termes des racines, nous nous bornons à dire ici qu'on peut aussi ramener cette
recherche à des constructions, et c'est par ce moyen que nous avons
formé les premiers termes des deux solutions ci-dessus indiquées. Au
reste la recherche des exposants de ces premiers termes est un
problème de l'analyse des inégalités linéaires ; mais l'usage des
constructions peut ici suppléer à cette analyse. On parviendrait à
découvrir les premiers termes des solutions par les essais successifs
des combinaisons de différentes valeurs attribuées aux exposants :

l'emploi de l'analyse des inégalités, ou celui des constructions, suppléent à ces essais. Au reste, cet emploi n'est indispensable que si le nombre des termes qui entrent dans les proposées était trop grand; et dans ce cas les règles elles-mêmes ne peuvent pas toujours prévenir la longueur du calcul. Quoi qu'il en soit, il demeure certain que l'on parviendra toujours à la détermination exacte des premiers termes de toutes les solutions possibles. Quant aux termes subséquents, non-seulement on les découvre par l'application des mêmes règles, mais la marche des opérations se simplifie de plus en plus, parce que ces termes ne peuvent avoir que des exposants inférieurs à ceux que l'on a déja déterminés, condition qui facilite la recherche.

Les conséquences que l'on vient d'énoncer s'appliquent à toutes les équations multiples, quels qu'en soient le nombre et le degré; mais les opérations sont d'autant plus composées que le nombre des équations est plus grand. Toutefois il est manifeste que la résolution des équations littérales multiples s'opère au moyen de ces principes, sans qu'il soit nécessaire de recourir aux éliminations successives. La méthode de résolution donne en général les développements des solutions en séries infinies. L'usage de ces séries, ou plutôt le calcul des seuls premiers termes, doit s'appliquer principalement à la discussion des propriétés des lignes ou des surfaces courbes considérées dans leur cours infini. La conséquence la plus générale de cette analyse est que la résolution des équations multiples est indépendante de tout procédé d'élimination, et qu'elle doit consister dans le calcul simultané des équations proposées, sans apporter aucun changement à leurs coefficients primitifs.

(14) L'objet du cinquième livre est de montrer comment les principes de l'analyse algébrique exposés dans les livres précédents s'appliquent aux fonctions transcendantes. Nous avons principalement en vue celles de ces fonctions que les géomètres ont considérées jusqu'ici, par exemple celles que l'on trouve dans les ouvrages d'Euler, ou que plusieurs géomètres ont successivement employées dans des recherches de dynamique ou de physique mathématique;

et spécialement celles que nous avons nous-même introduites dans la théorie de la chaleur.

Nous considérons les équations déterminées formées d'expressions transcendantes dont la valeur change par degrés insensibles, quelle que soit d'ailleurs la nature de la fonction; ou du moins nous considérons les parties des fonctions transcendantes quelconques qui varient ainsi par degrés insensibles. Ainsi on ne suppose point que dans les parties de fonctions auxquelles ces recherches s'appliquent les valeurs passent du positif au négatif sans devenir nulles dans l'intervalle : mais lorsque cette condition n'a pas lieu, rien n'empêche d'examiner séparément chacune des parties où la continuité subsiste.

Le caractère propre des fonctions algébriques entières est de se réduire toujours à une valeur constante par des différentiations continues, et nous avons jusqu'ici admis cette condition. Il faut remarquer maintenant que les conséquences principales auxquelles nous avons été conduits ne dépendent point de cette même condition. Nous l'avons d'abord supposée pour rendre les démonstrations plus simples ; mais en examinant avec soin ces démonstrations, on reconnaîtra qu'elles ont un objet beaucoup plus étendu, et qu'il n'est nullement nécessaire que la différentiation indéfinie réduise les fonctions à des valeurs constantes.

Par exemple, on a démontré dans le premier livre que si la substitution d'une limite a dans la suite des fonctions dérivées de tous les ordres donne des résultats qui soient les mêmes, terme pour terme, que ceux qui proviennent de la substitution d'une autre limite b dans les mêmes fonctions, l'équation principale $fx = 0$ ne peut avoir aucune racine dans l'intervalle des deux limites. Ce lemme est important, et nous en avons souvent fait usage dans diverses recherches d'analyse algébrique. Or il est certain que cette proposition ne s'applique point de la même manière aux fonctions algébriques et aux expressions transcendantes. Par exemple si la fonction principale est $\sin x$, et si les deux limites a et b sont respectivement a et $a + 2\pi$, les deux suites de résultats seront les mêmes, terme pour terme. Or il est manifeste qu'on ne peut point en conclure que l'équation sin. $x = 0$ n'a pas de racines dans cet intervalle de a à $a + 2\pi$: mais la démonstration que nous avons donnée du lemme dont il s'agit prouve dans ce cas qu'une équation dérivée d'un ordre quelconque, telle que $f^{(n)}x = 0$, ne peut pas avoir entre les deux limites a et b plus de racines que n'en a dans le même intervalle l'équation $f^{(n+i)}x = 0$ d'un ordre plus élevé, quel que soit le nombre i. Or cette proposition est indépendante de la nature de la fonction différentielle, et l'on doit se borner à cette conclusion, parce que l'intervalle des limites est trop grand pour que les premières substitutions puissent indiquer les limites de chaque racine.

(15) Nous allons maintenant énoncer quatre propositions générales qui servent à déterminer les limites et les valeurs des racines, lorsqu'on applique les principes de l'analyse algébrique aux fonctions transcendantes.

$\mathrm{I^{re}}$. On a expliqué dans le premier livre les relations qu'ont entre eux les nombres entiers appelés indices qui correspondent aux fonctions dérivées. Si l'on connaissait l'indice i pour une certaine fonction $f^{(n)}x$ comprise dans la suite des dérivées de fx, a et b désignant les deux limites auxquelles cet indice se rapporte, on en conclurait que l'équation $f^{(n)}x = 0$ ne peut pas avoir plus de i racines dans l'intervalle de ces limites; c'est-à-dire que si l'on avait à résoudre l'équation $f^{(n)}x = 0$, il faudrait chercher un nombre i de ces racines entre a et b. Considérant ensuite l'équation dérivée placée à gauche de $f^{(n)}x$, savoir $f^{(n+1)}x$, et désignant par i' le nouvel indice correspondant à $f^{(n+1)}x$, on en conclurait que si l'on avait à résoudre l'équation $f^{(n+1)}x = 0$, il faudrait chercher un nombre i' de ces racines dans le même intervalle des limites a et b. Or les indices i et i' peuvent être d'abord inconnus, lorsque la fonction fx est transcendante, mais ces deux indices ont une relation nécessaire. Le nombre i' est i, ou $i - 1$, ou $i + 1$, et l'on connaîtra toujours lequel de ces trois cas a lieu. Il suffit de comparer les résultats de la substitution de a dans $f^{(n)}x$ et $f^{(n+1)}x$ aux résultats de la substitution de b dans les mêmes fonctions. On les écrira donc comme il suit

I.

9

$$f^{(n+1)}a, \quad f^{(n)}a,$$
$$f^{(n+1)}b, \quad f^{(n)}b,$$

et l'on examinera si la combinaison provenant des deux termes consécutifs $f^{(n+1)}a, f^{(n)}a$ est une variation de signe, ou si elle est une permanence. Ensuite on examinera si la combinaison des deux termes consécutifs $f^{(n+1)}b, f^{(n)}b$ est une variation de signe, ou si elle est une permanence. Lorsque la combinaison provenant des substitutions est une variation dans la première suite et une variation dans la seconde, ou lorsque cette combinaison est une permanence dans la première suite, et une permanence dans la seconde, le nouvel indice i' est le même que le précédent i. Mais si la première suite donne une permanence qui corresponde à une variation dans la seconde, on a $i' = i - 1$. Enfin si une variation dans la première suite répond à une permanence dans la seconde, on a $i' = i + 1$. Ces conséquences résultent de la règle que nous avons donnée dans le premier livre pour former les indices correspondants aux dérivées successives, et elles ne dépendent point de la nature de la fonction $f^{(n)}x$. En effet ces conséquences sont fondées sur cette proposition générale que le nombre substitué augmentant par degrés insensibles, la suite des signes perd une variation lorsque le nombre substitué devient égal à une racine. Or la vérité de cette remarque n'est pas bornée aux fonctions algébriques; c'est une propriété de tout point d'intersection, quelle que soit la figure de la courbe qui coupe l'axe des x.

On voit donc que si l'indice correspondant à une fonction dérivée est connu, on peut facilement déterminer les indices qui, pour le même intervalle des deux limites a et b, répondent aux fonctions précédente ou suivante. Par exemple si les résultats de la substitution de a dans la suite entière des fonctions dérivées sont les mêmes que les résultats de la substitution de b dans ces fonctions, la valeur de l'indice i ne subit aucun changement, en sorte que l'équation $f^{(n)}x = 0$ ne peut avoir entre les limites a et b plus de racines qu'une autre équation dérivée $f^{(n+j)} = 0$ n'en peut avoir entre ces mêmes limites, quel que soit le nombre j. Si la fonction principale fx était algébrique, on serait assuré que la différentiation indéfinie donne une constante $f^{(m)}x$, m étant le degré de la proposée. On arriverait ainsi à un premier indice, qui est évidemment nul; et comme tous les indices sont les mêmes, il s'ensuit que l'équation principale $f(x) = o$ ne pourrait avoir aucune racine dans ce même intervalle : c'est le lemme de l'article 34 du premier livre. Si l'équation principale $fx = o$ n'est pas algébrique, il est manifeste qu'on ne doit pas tirer la même conclusion, mais on connaîtra la relation qui subsiste entre un indice i correspondant à une quelconque des dérivées désignée par $f^{(r)}x$, et l'indice i' correspondant à la dérivée de l'ordre moins élevé d'une unité, savoir $f^{(r-1)}x$. Par conséquent on déterminera par le même moyen la relation de l'indice i de la fonction $f^{(r)}x$ avec l'indice j de la fonction principale $f(x)$, et si l'on connaissait i on en conclurait la valeur de j. Or nous démontrerons que l'on peut toujours assigner un certain intervalle Δ pour lequel l'indice correspondant à une fonction $f^{(r)}x$ est nul. Donc à partir de cette fonction jusqu'à la fonction principale fx, on déterminera les indices des autres fonctions pour ce même intervalle, et l'on connaîtra ainsi combien on y doit chercher de racines de la proposée $fx = o$.

IIᵉ. fx désignant une fonction transcendante *déterminée*, et A une valeur donnée de la variable x, on peut toujours assigner un intervalle Δ tel qu'on soit assuré qu'une équation dérivée quelconque $f^{(r)}x = o$ ne peut avoir aucune racine dans l'intervalle de A à $A+\Delta$, en sorte que l'indice i propre à cet intervalle est certainement zéro. En effet la proposée $fx = o$ est, selon notre hypothèse, une équation déterminée, c'est-à-dire que l'expression $f(x)$ détermine entièrement la valeur de la fonction $f(x)$ pour toute valeur de la variable x, soit qu'elle donne cette valeur exactement par un nombre fini d'opérations, soit qu'elle en donne des valeurs approchées qui en diffèrent aussi peu qu'on le veut, comme cela a lieu par exemple lorsque $f(x)$ est donnée en série convergente. Si l'expression $f(x)$ ne déterminait pas la valeur de la fonction pour toute valeur de la variable, il n'y aurait pas lieu de proposer de résoudre l'équation $f(x) = o$. Il est nécessaire que l'expression $f(x)$, quelle qu'en soit la nature, puisse servir à connaître si, pour une valeur quelconque A de la variable x, la valeur de la fonction $f(x)$ est plus grande ou moins grande qu'un nombre proposé B. Ainsi l'expression $f(x)$ donne la fonction $f(A)$, ou exactement, ou par une série convergente, ou par tout autre procédé qui tiendrait lieu de cette série, en sorte que l'on puisse rapprocher indéfiniment les limites de la valeur de $f(A)$. Il en est de même d'une fonction dérivée de $f(x)$ d'un ordre quelconque : car la fonction principale étant entièrement déterminée, la fluxion d'un ordre quelconque est aussi déterminée. Cela étant, il s'ensuit rigoureusement qu'en désignant par A une valeur quelconque et donnée de la variable x, on peut toujours assigner un intervalle Δ tel que pour une dérivée d'un ordre quelconque $f^{(i)}x$, l'équation $f^{(i)}x = 0$ ne peut avoir aucune racine dans l'intervalle de A à A $+ \Delta$, c'est-à-dire que toutes les valeurs de $f^{(i)}x$ dans cet intervalle ont un même signe. En effet quelle que soit l'expression de $f(x)$, par exemple si cette fonction est donnée en une série, la convergence de la série suppose une condition d'inégalité, qui par conséquent subsiste dans toute l'étendue d'un certain intervalle. On connaît dans cet intervalle deux fonctions différentes qui servent de limites à la valeur de $f^{(i)}x$, et l'on peut déterminer l'accroissement Δ en sorte que l'une et l'autre limites donnent pour $f^{(i)}x$, dans l'intervalle A $+ \Delta$, des résultats qui ont un même signe. On en conclut qu'on ne doit chercher aucune racine de l'équation $f^{(i)}x = 0$ entre A et A $+ \Delta$: c'est un intervalle pour lequel l'indice i est certainement nul.

On détermine ensuite, conformément à la proposition Ire, la valeur de l'indice qui, pour ce même intervalle, répond à l'équation principale. On parvient ainsi, quoique la fonction proposée $f(x)$ ne soit point algébrique, à connaître combien on doit chercher de racines de l'équation $f(x) = 0$ dans l'intervalle dont il s'agit, et il n'y a aucun des intervalles suivants auxquels le même procédé ne s'applique. On connaîtra donc les intervalles où les racines doivent être cherchées, et l'on déterminera par les règles expliquées dans les premiers livres la nature et les limites des racines.

Nous avons rapporté dans ce cinquième livre divers exemples

propres à éclairer cette application des principes de l'analyse algébrique. Elle est fondée sur la notion générale des variations et des permanences de signe : ce serait retrancher une partie considérable de l'art analytique que de ne point introduire cette notion dans la théorie des équations transcendantes.

(16) IIIe. Une fonction transcendante ou algébrique φx étant proposée, si l'on fait l'énumération de toutes les valeurs réelles ou imaginaires de x, savoir $\alpha, \mathcal{6}, \gamma, \delta$, etc. qui rendent nulle la fonction φx, et si l'on désigne par $f(x)$ le produit $\left(1 - \frac{x}{\alpha}\right), \left(1 - \frac{x}{\mathcal{6}}\right),$ $\left(1 - \frac{x}{\gamma}\right), \ldots$ de tous les facteurs simples qui correspondent aux racines de l'équation $\varphi x = 0$, ce produit pourra différer de la fonction φx, en sorte que cette fonction, au lieu d'être équivalente à $f x$, sera le produit d'un premier facteur $f(x)$ par un second $F(x)$. Cela pourra arriver si le second facteur $F(x)$ ne cesse point d'être une grandeur finie, quelque valeur réelle ou imaginaire que l'on donne à x, ou si ce second facteur $F(x)$ ne devient nul que par la substitution de valeurs de x qui rendent infini le premier facteur $f(x)$.

Et réciproquement si l'équation $F(x) = 0$ a des racines, et si elles ne rendent point infini le facteur $f(x)$, on est assuré que le produit de tous les facteurs du premier degré correspondant aux racines de $\varphi x = 0$ équivaut à cette fonction φx(*).

(*) En effet 1° s'il existait un facteur Fx qui ne pût devenir nul pour aucune valeur réelle ou imaginaire de x, par exemple si Fx était une constante A et si fx était $\sin.x$, toutes les racines de $A.\sin.x = 0$ seraient celles de $\sin.x = 0$, et le produit de tous les facteurs simples correspondant aux racines de $A.\sin.x = 0$ serait seulement $\sin.x$, et non $A.\sin.x$. Il en serait de même si le facteur Fx n'était pas une constante A. Mais s'il pouvait exister un facteur Fx qui ne cesserait point d'avoir une valeur finie, quelque valeur réelle ou imaginaire que l'on attribuât à x, toutes les racines de l'équation $\sin.x.Fx = 0$ seraient celles de $\sin.x = 0$, puisqu'on ne pourrait rendre nul le produit $\sin.x.Fx$ qu'en rendant $\sin.x$ nul. Donc le produit de tous les facteurs correspondants aux racines de $\varphi x = 0$ serait $\sin.x$, et non $\sin.x.Fx$. On voit donc que dans ce second cas il serait possible que le produit de tous les facteurs simples ne donnât pas φx.

IVe. Étant proposée une équation algébrique ou transcendante $\varphi x = 0$ formée d'un nombre fini ou infini de facteurs réels ou imaginaires

$$\left(1 - \frac{x}{\alpha}\right), \quad \left(1 - \frac{x}{\epsilon}\right), \quad \left(1 - \frac{x}{\gamma}\right), \quad \left(1 - \frac{x}{\delta}\right), \text{ etc.},$$

on trouve le nombre des racines imaginaires, les limites des racines réelles, les valeurs de ces racines, par la méthode de résolution qui a été exposée dans les premiers livres, et qui sera la même soit que la différentiation répétée réduise φx à une valeur constante, soit que la différentiation puisse être indéfiniment continuée. L'équation $\varphi x = 0$ a précisément autant de racines imaginaires qu'il y a de valeurs réelles de x qui, substituées dans une fonction dérivée intermédiaire d'un ordre quelconque, rendent cette fonction nulle, et donnent deux résultats de même signe pour la fonction dérivée qui la précède et pour celle qui la suit. Par conséquent si l'on parvient à prouver qu'il n'y a aucune valeur réelle de x qui, en faisant évanouir une fonction dérivée intermédiaire, donne le même signe à celle qui la précède, et à celle qui la suit, on est assuré que la proposée ne peut avoir aucune racine imaginaire. Par exemple en examinant l'origine de l'équation transcendante

---

2° Si l'équation $Fx = 0$ a des racines, ou réelles ou imaginaires, ce qui exclut le cas où Fx serait une constante A, ou serait un facteur dont la valeur est toujours finie, et si les racines de $Fx = 0$ rendent fx infini, le produit $fx . Fx$ devient $\frac{0}{0}$, et peut avoir une valeur très-différente de φx. Mais si les racines de $Fx = 0$ donnent pour fx une valeur finie, le produit $fx . Fx$ deviendrait nul lorsque $Fx = 0$: donc l'énumération complète des racines de l'équation $\varphi x = 0$, ou $fx . Fx = 0$, comprendrait les racines de $Fx = 0$. Or nous avons représenté par fx le produit de tous les facteurs simples qui répondent aux racines de $\varphi x = 0$: il serait donc contraire à l'hypothèse d'admettre qu'il y a un autre facteur Fx, tel que les racines de $Fx = 0$ sont aussi des facteurs de $\varphi x = 0$. Cela supposerait que l'on n'a pas fait une énumération complète des racines de l'équation $\varphi x = 0$, puisqu'on a exprimé seulement par fx le produit des facteurs simples qui correspondent aux racines de cette équation.

$$(1) \qquad 0 = 1 - \frac{x}{1} + \frac{x^2}{(1.2)^2} - \frac{x^3}{(1.2.3)^2} + \frac{x^4}{(1.2.3.4)^2} - \text{etc.},$$

nous avons prouvé qu'elle est formé du produit d'un nombre infini de facteurs; et en considérant une certaine relation récurrente qui subsiste entre les coefficients des fonctions dérivées des divers ordres, on reconnaît qu'il est impossible qu'une valeur réelle de x, substituée dans trois fonctions dérivées consécutives, réduise la fonction intermédiaire à zéro, et donne deux résultats de même signe pour la fonction précédente et pour la fonction suivante. On en conclut avec certitude que l'équation (1) ne peut point avoir de racines imaginaires.

La règle que nous avons donnée dans le premier livre pour reconnaître facilement si les deux racines que l'on doit chercher dans un intervalle donné sont réelles, ou si elles manquent dans cet intervalle, s'applique directement à toute équation algébrique ou transcendante ainsi formée d'un nombre fini ou infini de facteurs réels ou imaginaires. Il en est de même des théorèmes que nous avons donnés dans les premiers livres pour régler l'approximation linéaire, en déterminant deux limites l'une toujours plus grande et l'autre toujours moindre que la racine. La mesure de la convergence est du même ordre que si l'équation était algébrique. Ainsi le nombre des chiffres exacts que l'on détermine à chaque opération croît suivant la même loi, quelle que soit la nature de la fonction algébrique ou transcendante : le caractère de l'approximation linéaire n'est point propre aux seules fonctions algébriques; il est déterminé par le mode des substitutions successives, et convient à toutes les fonctions.

On vient d'énoncer dans cette analyse du cinquième livre les propositions qui servent à généraliser la méthode de résolution des équations déterminées. Si l'on bornait cette méthode aux fonctions algébriques, on ne s'en formerait qu'une idée très-incomplète. Il est évident qu'elle convient à tous les genres de fonctions. Les divers exemples auxquels nous avons appliqué ces principes rendent cette conclusion encore plus manifeste.

(17) L'objet du sixième livre est de démontrer les rapports des séries récurrentes avec la théorie des équations. Ces rapports sont beaucoup plus étendus qu'on ne l'a pensé jusqu'ici. Nous avons reconnu qu'ils comprennent toutes les racines, soit réelles, soit imaginaires, et que l'on peut en général déterminer par cette méthode tous les coefficients de tous les facteurs d'un degré quelconque. On pourrait trouver dans les ouvrages de Newton la première vue qui a conduit à cet usage des séries récurrentes, mais Daniel Bernoulli doit être considéré comme le principal inventeur.

Nous rappellerons d'abord la propriété qui sert de fondement à cette méthode. Dans les séries qui ont été nommées récurrentes chaque terme est dérivé de ceux qui le précèdent, au moyen d'une relation constante et très-simple. En général pour former un terme d'une série récurrente, on désigne un certain nombre de termes qui le précèdent immédiatement; on multiplie ces termes respectivement par des nombres constants, positifs ou négatifs; on ajoute les produits, et la somme est le terme cherché. La série est de l'ordre m lorsque, pour former un terme, on prend les m termes qui le précèdent immédiatement. On a appelé échelle de relation la suite des m nombres constants. Pour former une série de cet ordre, il suffit de connaître les m premiers termes de la série, et l'échelle de relation. Il est évident que l'on en peut déduire tous les termes qui suivent, et prolonger la série indéfiniment. Ces définitions étant posées, voici en quoi consiste la règle de Daniel Bernoulli.

Soit proposée une équation algébrique

$$x^m + a\,x^{m-1} + b\,x^{m-2} + c\,x^{m-3}\ldots\ldots + g\,x + h = 0,$$

dans laquelle les coefficients $a, b, c \ldots\ldots g, h$ sont des nombres connus. On écrira un nombre m de valeurs numériques prises à volonté pour les m premiers termes d'une série récurrente; par exemple on peut supposer que ces premiers termes sont tous égaux à l'unité. On prendra pour l'échelle de relation les coefficients $a, b, c \ldots g, h$ de l'équation, et l'on prolongera indéfiniment la série, en calculant chaque nouveau terme au moyen des m termes qui le précèdent immédiatement. On formera donc ainsi une série récurrente dont les premiers termes sont arbitraires, mais qui a dans tout le reste de la suite une relation nécessaire avec l'équation proposée.

Cela étant, si l'on divise chaque terme de la série récurrente par celui qui le précède, on forme une suite de quotients : or l'auteur de la règle démontre que cette suite de quotients converge de plus en plus vers une racine de l'équation. Chaque quotient est une valeur approchée de cette racine, et ces valeurs deviennent de plus en plus exactes. Elles ne diffèrent plus que par les derniers chiffres décimaux, et l'on parvient ainsi, par les seules opérations élémentaires du calcul, à connaître la racine aussi exactement qu'on peut le désirer.

Euler a expliqué en détail la règle que l'on vient d'énoncer ; c'est l'objet du chapitre dix-septième de l'Introduction à l'Analyse infinitésimale. Celle des racines qui est ainsi déterminée par la série récurrente est la plus grande de toutes, c'est-à-dire celle qui contient le plus d'unités, abstraction faite du signe.

Il faut concevoir que l'on a élevé au carré chacune des racines, et que les carrés sont rangés par ordre de grandeur : on marquerait ainsi l'ordre des racines depuis la plus grande jusqu'à la plus petite. Si l'équation a des racines imaginaires, on détermine encore l'ordre suivant lequel les racines doivent être rangées. Pour cela on conçoit que deux des racines imaginaires conjuguées ont été multipliées l'une par l'autre : le produit est toujours réel, et c'est ce produit qui, étant comparé au carré de chaque racine réelle, marque la place que doit occuper dans l'ordre des racines le couple des deux racines imaginaires conjuguées.

La série récurrente fait connaître la première racine, lorsqu'elle est réelle ; elle fait aussi connaître la plus petite racine lorsqu'elle est réelle. Quant aux racines imaginaires, si elles sont subordonnées à la plus grande racine, c'est-à-dire si le produit des deux conjuguées est moindre que le carré de la première racine, on détermine par le procédé qui vient d'être énoncé cette première racine ; elle est encore la limite dont s'approche continuellement la suite con-

I. 10

vergente des quotients continus. Mais si un couple de racines imaginaires occupe le premier rang, la série récurrente ne donne aucun
résultat. En prenant le quotient de chaque terme par celui qui le
précède, la suite de ces quotients continus n'est pas convergente :
elle donne des valeurs vagues et inégales, qui ne s'approchent d'aucune limite déterminée.

Dans les notes jointes au Traité de la Résolution des équations
numériques, Lagrange rappelle la règle découverte par Daniel Bernoulli, et les remarques d'Euler concernant l'exception des racines imaginaires. L'auteur de ce Traité ajoute que l'on pourrait
déterminer par le même procédé une racine quelconque, comme
l'inventeur l'a proposé, si l'on connaissait d'avance les limites qui
séparent cette racine de toutes les autres, et il montre que la marche
de l'opération est analogue à celle de la règle d'approximation de
Newton. Mais comme cette application exigerait que l'on eût une
méthode certaine pour déterminer les limites des racines, il considère avec raison cet usage des séries récurrentes comme très-im-
parfait, soit parce que la règle est en défaut dans le cas des racines
imaginaires, soit parce qu'il est nécessaire de déterminer d'avance
les limites de chaque racine.

(18) Les détails que je viens d'exposer font connaître d'une manière positive la nature de la question que l'on avait à traiter, et
son état actuel. L'extrême simplicité de cette méthode, et l'utilité
de ses applications qu'Euler a mise dans tout son jour, m'ont porté
à rechercher avec soin si elle peut s'étendre à toutes les racines, soit
réelles, soit imaginaires, et quels sont les rapports les plus généraux des séries récurrentes avec la théorie des équations. Voici les
questions que cette analyse présentait, et que j'ai toutes résolues.

Premièrement : quelle est la mesure exacte de la convergence de
l'approximation ?

Secondement : peut-on employer un procédé analogue pour découvrir la seconde racine, la troisième, et en général toutes les
racines réelles de la proposée, sans recourir à aucune autre méthode
pour déterminer les limites de ces racines ?

Troisièmement : lorsque les racines cherchées sont imaginaires, ce même emploi des séries récurrentes peut-il encore avoir lieu, et comment en déduira-t-on les valeurs de plus en plus approchées de la partie réelle de chaque racine et de la partie imaginaire ?

Je vais rapporter maintenant la solution des trois questions précédentes : cet exposé suffira pour faire connaître clairement l'objet et les résultats du sixième livre.

Lorsqu'on applique la série de Daniel Bernoulli à une équation dont la première racine est réelle, la suite des quotients converge vers la valeur de cette racine, et les erreurs finales des approximations diminuent comme les termes d'une progression géométrique dont la racine est une fraction. Cette fraction est le rapport de la seconde racine à la première, comme on le reconnaît au premier examen. Si la première racine et la seconde ont des signes différents, condition qu'il est toujours facile d'obtenir, les valeurs approchées sont alternativement trop grandes et trop petites. Ainsi les chiffres communs à deux valeurs consécutives appartiennent nécessairement à la racine cherchée. Cette propriété ne se rencontre point dans les approximations newtoniennes.

Les applications très-remarquables qu'Euler a faites de la méthode des séries récurrentes prouvent qu'elle est utile dans un grand nombre de cas; mais la marche du calcul ne nous paraît pas en général assez rapide. Ce n'est donc point sous ce rapport que nous considérons ici les propriétés des séries récurrentes. Le caractère principal que nous avons en vue, et qui distingue cette méthode de toutes les autres, est qu'elle n'exige aucune connaissance antérieure, et il résulte de nos recherches que le même procédé détermine les parties, soit réelles, soit imaginaires de toutes les racines. Cette conséquence paraît en quelque sorte indiquée dans l'ouvrage de Daniel Bernoulli, et surtout dans celui d'Euler; mais elle exigeait la solution complète de la seconde et de la troisième question. Voici en quoi consiste cette solution.

Concevons que l'on ait formé la série récurrente primitive qui dérive immédiatement des coefficients de la proposée, et de pre-

10.

miers termes pris à volonté. Désignons par s, t, u, v, x, etc. les racines de l'équation rangées par ordre de grandeur. Soient A, B, C, D, E, etc. les termes de la série récurrente. Si la racine qui occupe le premier rang est réelle, on en approchera de plus en plus, et indéfiniment, en divisant chaque terme par celui qui le précède : c'est en cela que consiste la règle déja connue; mais on ne trouve ainsi que la première racine. Pour déterminer les racines suivantes on prendra quatre termes consécutifs A, B, C, D; on formera le produit A D des deux termes extrêmes, on en retranchera le produit B C des deux termes moyens; on écrira le reste A D — B C au-dessous de la première série, et l'on opérera de la même manière pour quatre autres termes consécutifs B, C, D, E; C, D, E, F; ainsi de suite. On aura donc un seconde suite α, β, γ, δ, ε,... dérivée de la première. Or nous démontrons 1° que la seconde série est récurrente; 2° que le quotient continu $\frac{\beta}{\alpha}$, $\frac{\gamma}{\beta}$, $\frac{\delta}{\gamma}$,... etc. a pour limite la somme $s + t$ des deux premières racines de la proposée : et comme la première est connue par une opération précédente, on connaît aussi la valeur t de la seconde racine.

Si au lieu de choisir quatre termes consécutifs de la première série, on prend seulement trois termes consécutifs A, B, C; si du produit A C des extrêmes on retranche le carré B' du terme moyen, en écrivant tous les restes au-dessous de la série primitive : on formera une seconde série, et l'on démontre 1° que cette seconde série est récurrente; 2° que la suite des quotients continus que donne cette série est convergente, et a pour limite le produit st des deux premières racines de la proposée.

On déterminerait pareillement les trois premières racines s, t, u de l'équation. Pour cela on formerait la série primitive, et l'on en déduirait par les règles que nous avons énoncées trois autres séries récurrentes. La première ferait connaître, par la suite convergente de ses quotients, la somme $s + t + u$ des trois premières racines; la seconde déterminerait la somme $st + su + tu$ des produits deux à deux; la troisième série déterminerait le produit stu.

Il en est de même de toutes les racines de l'équation proposée :

on les déterminerait par ordre, en quelque nombre qu'elles fussent. En général, pour déterminer par ordre toutes les racines, on forme en premier lieu la suite des quotients continus dont la limite est la valeur de s. On déduit ensuite de la première série récurrente celles qui sont propres à faire connaître la somme $s + t$, puis la somme $s + t + u$, puis la somme des quatre premières racines; ainsi de suite.

Il nous reste à énoncer la solution de la troisième question concernant les racines imaginaires. On peut former d'après ce qui vient d'être dit :

1° la série récurrente d'où l'on déduit les valeurs approchées de la première racine s;

2° une seconde suite de quotients qui donne la valeur du produit st;

3° une troisième suite qui donne la valeur du produit stu des trois premières racines; ainsi de suite.

Cela posé, si la première racine est imaginaire, c'est-à-dire si le produit des deux imaginaires conjuguées surpasse le carré de chaque racine réelle, la première série ne donnera aucun résultat; la suite des quotients continus sera divergente et vague, comme Euler l'a remarqué. Or nous démontrons que, dans ce même cas, la seconde suite de quotients est convergente, et que la limite de ces quotients continus est le produit réel st des deux racines imaginaires.

Si la troisième racine u est réelle, la troisième suite de quotients est convergente.

Le contraire aurait lieu si la troisième racine était imaginaire; mais dans ce cas la quatrième suite de quotients, qui répond à $stuv$, est nécessairement convergente.

Les mêmes conséquences s'appliquent aux séries que l'on formerait d'après les règles précédentes pour déterminer les sommes $s + t$, $s + t + u$, etc. En général toutes les fois qu'on applique ces règles au calcul des quantités successives s, st, stu, etc., ou $s + t, s + t + u$, etc., il ne peut pas arriver deux fois de suite que la suite des quotients soit divergente. Deux suites consécutives peuvent donner

toutes les deux des résultats convergents, mais elles ne peuvent pas
toutes les deux être divergentes : il y en a nécessairement une des
deux pour laquelle la suite des quotients a une limite fixe, qui est
la valeur cherchée.

Il résulte de ces théorèmes que, pour connaître dans tous les cas
les racines de la proposée, il suffit de former les séries qui se rapportent aux produits successifs des racines, et celles qui se rapportent aux sommes successives des racines. On aura ainsi les valeurs
de plus en plus approchées de toutes les racines réelles, et, ce qui
est remarquable, on connaîtra pour chaque racine imaginaire la
partie réelle de cette racine et le coefficient de l'imaginaire. Voilà
l'usage le plus étendu que l'on puisse faire de la méthode de séries
récurrentes. Ces séries ont donc en effet des propriétés très-géné-
rales, relatives à la théorie des équations, et c'est l'étude de ces
rapports qui est le véritable objet de notre sixième livre.

(19) On sait depuis long-temps qu'une fonction algébrique invariable de toutes les racines d'une équation, c'est-à-dire une expression dans laquelle elles entrent toutes de la même manière, est
donnée par une équation du premier degré au moyen des coefficients de l'équation. Cette proposition remarquable a sa première
origine dans les théorèmes de François Viete, l'un des premiers
fondateurs de l'analyse des équations. Albert Girard a déduit des
théorèmes de Viete l'expression de la somme des puissances entières
des racines. On trouve ensuite ces formules dans les ouvrages de
Newton. Les nouveaux théorèmes que l'on vient d'énoncer font connaître que les fonctions qui ne contiennent qu'un certain nombre
de racines ont des propriétés d'un ordre différent, mais qui ne sont
pas moins générales. Ainsi, dans une équation d'un degré plus élevé
que le troisième, la somme de trois racines n'est point donnée par
une équation du premier degré, mais par une limite dont on approche de plus en plus. Cette limite est le quotient continu de deux
termes consécutifs d'une série qu'il est très-facile de former. Il n'y
a aucun facteur provenant d'un nombre quelconque des facteurs
simples de l'équation proposée rangés par ordre, dont on ne puisse

déterminer ainsi tous les coefficients. L'examen de ces propriétés générales nous fait mieux connaître la nature des nombres irrationnels exprimés par les racines des équations algébriques. Ces racines sont les limites de certaines suites, qui dérivent selon une loi très-simple des coefficients de la proposée. Ce procédé, fondé sur l'usage des séries récurrentes, est principalement remarquable parce qu'il tient lieu de toute autre méthode pour la distinction des racines et de leurs limites, et parce qu'il s'applique à la recherche des coefficients des racines imaginaires. Au reste nous ne pensons point que l'on parvienne assez promptement par cette voie à la connaissance des racines. Les exemples cités par Euler sont ingénieusement choisis, mais ce mode d'approximation exige en général trop de calcul. Nous ne considérons donc cette question que sous les rapports théoriques. Les propriétés que nous venons d'énoncer sont incomparablement plus générales que celles qui ont été connues des inventeurs, et des auteurs qui ont traité depuis la même question : elles intéressent surtout la théorie. Nous avons eu pour but dans cette recherche de compléter un des principaux éléments de l'analyse algébrique.

(20) Dans le septième et dernier livre, on expose les principes de l'analyse des inégalités. Cette partie de notre ouvrage concerne un nouveau genre de questions qui offrent des applications variées à la géométrie, à l'analyse algébrique, à la mécanique et à la théorie des probabilités. Nous allons indiquer le caractère principal de ces recherches, et nous citerons quelques exemples propres à en faire connaître l'objet.

Une question est en général déterminée lorsque le nombre des équations qui expriment toutes les conditions proposées est égal au nombre des inconnues. Dans la théorie dont il s'agit les conditions ne sont pas exprimées par des équations ; c'est-à-dire qu'au lieu d'égaler à une constante ou à zéro une certaine fonction des inconnues, on indique au moyen des signes $>$ ou $<$ que cette fonction est plus grande ou moindre que la constante. C'est ce qui constitue une inégalité.

On suppose, par exemple, que quatre indéterminées doivent être assujéties a un certain nombre d'inégalités du premier degré, et qu'il faut trouver toutes les valeurs possibles de ces inconnues. Le nombre des inégalités pourrait être moindre que celui des inconnues, ou lui être égal, et même il peut être beaucoup plus grand : il est, en général, indéfini. Il s'agit de trouver les valeurs des quatre inconnues, qui étant substituées simultanément, satisfont à toutes les conditions proposées, soit que ces conditions consistent seulement dans certaines inégalités, soit quelles comprennent aussi des équations. Une question de cette espèce admet une infinité de solutions ; elle est indéterminée : il faut donner une règle générale qui serve à trouver facilement toutes les solutions possibles. Il est évident que des problèmes de ce genre doivent se présenter fréquemment dans les applications des théories mathématiques.

Dans plusieurs cas on peut arriver à la solution par des remarques particulières propres à la question que l'on veut résoudre : mais si le nombre des conditions est assez grand, et si elles se rapportent à trois ou à plus de trois variables, la suite des raisonnements devient si composée qu'il serait presque toujours impossible à l'esprit le plus exercé de la saisir tout entière. Il faudrait d'ailleurs recourir à des considérations différentes, selon la nature de la question, comme cela arrive à l'égard de plusieurs problèmes simples que l'on résoud sans le secours de l'analyse. Il était donc nécessaire de ramener à un procédé général et uniforme le calcul des conditions d'inégalité. On supplée ainsi, par une combinaison régulière et constante des signes, aux raisonnements les plus difficiles et les plus étendus, ce qui est le propre des méthodes algébriques. Nous citerons en premier lieu un exemple très-simple de ce genre de questions.

On suppose qu'un plan triangulaire horizontal est porté par trois appuis verticaux placés aux sommets des angles. La force de chaque appui est donnée et exprimée par 1, c'est-à-dire que si l'on plaçait sur cet appui un poids moindre que l'unité, ce poids serait supporté, mais que l'appui serait aussitôt rompu, si le poids surpassait l'unité.

On propose de placer un poids donné, par exemple 2, sur la table triangulaire, en sorte qu'aucun des trois appuis ne soit rompu. La question serait déterminée si le poids donné était 3; elle n'a point de solution possible si ce poids surpasse 3; elle est indéterminée, s'il est moindre que 3. Désignant par deux inconnues les coordonnées du point où l'on doit placer le poids proposé, par trois autres inconnues les pressions exercées sur les appuis; et supposant, pour simplifier le calcul, que le triangle est isocèle rectangle, on voit que la question renferme cinq quantités inconnues, et une qui est connue, savoir le poids proposé. Or les principes de la statique donnent immédiatement trois équations, et l'on y joindra pour chaque sommet deux inégalités, qui expriment que la pression est positive et moindre que 1, ou plutôt ne peut pas surpasser 1. Il est évident que toutes les conditions de la question seront alors exprimées : il ne s'agit plus que d'appliquer les règles générales du calcul des inégalités linéaires ; on en déduira toutes les valeurs possibles des coordonnées inconnues, et l'on déterminera ainsi tous les points du triangle où le poids donné peut être placé.

Si l'on forme cette solution, on trouve que les points dont il s'agit se réunissent dans l'intérieur de la table, et composent un hexagone lorsque le poids donné est compris entre 1 et 2. Cette figure devient le triangle lui-même si le poids est moindre que l'unité; elle est un triangle plus petit si le poids est compris entre 2 et 3; elle se réduit à un seul point si le poids est égal à 3; enfin lorsqu'il surpasse 3 la figure n'existe plus, parce que les lignes qui doivent la former cessent de se rencontrer.

Voici la construction qui sert à tracer ces lignes. Désignant par 1 le côté du triangle isocèle-rectangle, on divise l'unité par le poids donné qu'il s'agit de placer, et l'on porte la longueur mesurée par le quotient 1° sur chaque côté de l'angle droit, à partir du sommet de cet angle, ce qui donne deux points 1 et 2; 2° sur un des côtés de l'angle droit, à partir du sommet de l'angle aigu, ce qui donne un troisième point 3; 3° sur l'autre côté de l'angle droit, à partir du sommet de l'angle aigu, ce qui donne un quatrième point 4.

I.   11

On élève par le point 1 une ligne perpendiculaire sur le côté où se trouve ce point, et par le point 2 une seconde ligne perpendiculaire sur l'autre côté; enfin on mène une troisième ligne droite par les points 3 et 4. Ces trois lignes ainsi tracées terminent sur la surface du triangle l'espace où le poids donné peut être placé sans qu'aucun des appuis soit rompu.

Il serait facile de résoudre sans calcul une question aussi simple; mais si le nombre des appuis est plus grand que trois, si leur force est inégale, si la table horizontale porte déja en certains points des masses données, ou si l'on doit y placer non un seul poids, mais plusieurs, on ne peut se dispenser de recourir au calcul des inégalités. L'avantage de ce calcul consiste en ce qu'il suffit dans tous les cas d'exprimer les conditions de la question, ce qui est facile, et de combiner ensuite ces expressions au moyen de règles générales qui sont toujours les mêmes. On forme ainsi la solution, à laquelle on n'aurait pu parvenir que par une suite de raisonnements très-compliqués.

Les questions de ce genre sont toutes indéterminées, parce qu'elles admettent une infinité de solutions; mais elles diffèrent entre elles quant à l'étendue. Dans les unes, les conditions exigées restreignent beaucoup cette étendue; pour d'autres, l'énumération de toutes les solutions possibles est moins limitée. Il est nécessaire, dans certaines recherches, de considérer les questions sous ce rapport.

Un examen attentif prouve que l'étendue propre à chaque question est une quantité que l'on peut toujours évaluer en nombres : c'est en cela que la théorie dont on expose les principes se lie à celle des probabilités, et il y a en effet divers problèmes dépendants de cette dernière science qui se résolvent par le calcul des inégalités. Or on ne peut mesurer l'étendue ou capacité d'une question sans comprendre dans l'énumération toutes les solutions possibles, en sorte qu'on doit ici faire usage du calcul intégral; et en effet le nombre qui mesure l'étendue d'une question quelconque est toujours exprimé par une intégrale définie multiple, dont les limites sont données. Il est toujours possible et très-facile d'effectuer ces intégrations successives, quel qu'en soit le nombre; et si l'on écrit les limites des intégrales en se servant de la notation que j'ai proposée dans la Théorie analytique de la chaleur, la quantité que l'on veut déterminer est exprimée sous la forme la plus générale et la plus simple.

Il est évident que les conditions proposées pourraient être telles que la question n'admît aucune solution possible. Dans ce cas le calcul développe l'opposition réciproque des conditions, et montre l'impossibilité d'y satisfaire. Ainsi la méthode a pour objet de reconnaître si la question peut être résolue; de trouver dans ce cas toutes les solutions qu'elle admet; enfin de mesurer par un nombre l'étendue propre à la question.

Il arrive souvent aussi, dans ce genre de recherches, que l'objet principal est de trouver les limites des solutions : alors la question n'est pas indéterminée; et il en est de même de celle qui consiste à en mesurer l'étendue: mais ces questions dépendent de la même analyse.

Nous avons rapporté un premier exemple d'une question de statique que l'on résoud par le calcul des inégalités. Voici une seconde question du même genre, mais qui diffère de la première en ce que la quantité inconnue est une limite, et par conséquent a une seule valeur.

On suppose qu'une surface plane et horizontale, de figure carrée, est portée sur quatre appuis verticaux, placés aux sommets des angles; chacun des appuis peut supporter un poids moindre que l'unité, mais il romprait aussitôt s'il était chargé d'un poids plus grand que cette unité. On marque un point quelconque sur la table horizontale, et l'on demande quel est le plus grand poids que l'on puisse placer en ce point donné sans qu'aucun des appuis soit rompu. Ce plus grand poids, ou la force de la table en ce lieu, dépend évidemment de la position du point. Concevons qu'on y élève une ordonnée verticale pour représenter le plus grand poids qui répond à ce lieu, et qui détermine ce plus grand poids pour chaque point de la table horizontale; il s'agit de tracer la surface courbe qui passe par toutes les extrémités supérieures des ordonnées.

Cette recherche appartient à la théorie analytique de l'élasticité : il faudrait considérer les appuis comme compressibles, et exprimer aussi par le calcul les changements que subit le plan élastique dans toutes ses parties. Cette question, quelque composée qu'elle paraisse, peut être résolue aujourd'hui ; car les méthodes qui servent à intégrer les équations différentielles propres à la Théorie de la chaleur ont donné à l'analyse une étendue nouvelle, qui permet de soumettre au calcul les effets de l'élasticité. Mais nous considérons ici la question sous un autre point de vue. On suppose que la table élastique ayant reçu la figure qui convient à l'équilibre, devient parfaitement rigide, ce qui ne peut point détruire l'équilibre subsistant. Il faut donc que les conditions nécessaires à l'équilibre soient satisfaites, soit que la table soit flexible, comme tous les corps le sont en effet, soit qu'on la suppose rigide. Ce sont ces dernières conditions que l'on veut exprimer par l'analyse des inégalités, et l'on n'a ici aucune hypothèse physique à former.

On se propose de découvrir la nature et les dimensions de la surface dont les coordonnées expriment le plus grand poids que la table puisse supporter en chaque lieu donné. Or la solution déduite de notre calcul prouve que la surface dont il s'agit n'est point assujettie à une loi continue : elle est formée de plusieurs surfaces hyperboliques, différemment situées. La question est résolue par la construction suivante. On divise le carré en huit parties égales, au moyen des deux diagonales et de deux droites transversales, dont chacune joint le milieu d'un côté au milieu du côté opposé. Chacune de ces huit parties est un triangle rectangle que l'on divise en deux segments, dont l'un a trois fois plus de surface que l'autre. Cette division s'opère en menant une ligne droite de l'angle droit du triangle à l'un des angles du carré. On considère comme base de chacun de ces segments celui de ses trois côtés qui est parallèle à un côté du carré. Pour trouver le plus grand poids qui puisse être placé en un point donné du plus grand segment, il faut, par ce point, mener une parallèle à la base du segment, jusqu'à la rencontre de celle des deux diagonales dont le point est le plus éloigné, et mesurer sur cette parallèle la longueur interceptée entre le point de rencontre et le point donné. L'unité, divisée par cette longueur interceptée, est la valeur cherchée du plus grand poids.

Si ce point donné est situé dans le petit segment, il faut, par ce point, mener une parallèle à la base du segment, jusqu'à la rencontre de celui des côtés du carré dont le point donné est le plus distant, et mesurer la partie de cette parallèle qui est interceptée entre le point de rencontre et le point donné. L'unité, divisée par la moitié de la longueur interceptée, exprime la valeur cherchée du plus grand poids. En appliquant l'une ou l'autre règle à chacun des seize compartiments du carré, on connaîtra le plus grand poids qui puisse être placé en chaque point de la table rectangulaire.

On voit que la valeur de l'ordonnée verticale qui mesure le plus grand poids n'est pas assujettie à une loi continue. Cette loi change tout-à-coup lorsqu'on passe du grand segment au petit segment. Il serait facile de trouver cette solution sans calcul, et nous l'avions remarquée depuis long-temps. Mais si la figure du plan est différente ; si le nombre des appuis est plus grand que quatre ; si la table supporte déja en certains points des masses données ; il est nécessaire de recourir aux règles qui servent à la combinaison des inégalités.

(21) Parmi les applications que nous avons rapportées dans ce septième livre, les unes ont, comme les deux précédentes, pour principal objet de faire connaître la nature de ce nouveau genre de problèmes, et la forme générale du calcul. D'autres concernent des questions plus générales, dont la solution est nécessaire au progrès des théories analytiques. L'une se rapporte à l'usage des équations de condition, si important pour la formation des tables astronomiques. Il s'agit de trouver les valeurs des inconnues telles que la plus grande erreur, abstraction faite du signe, soit la moindre possible ; ou telles que l'erreur moyenne, c'est-à-dire

la somme des erreurs, abstraction faite du signe, divisée par leur nombre, soit la moindre possible.

Une seconde application est celle que nous avons donnée dans le quatrième livre; elle a pour objet de former les termes successifs de la valeur de chacune des inconnues qui doivent satisfaire à des équations littérales données. Nous avons fait voir que la résolution de ces équations dépend de l'analyse des inégalités linéaires.

Quel que soit le nombre des inconnues, il suffit d'exprimer les conditions propres à la question, et d'appliquer aux inégalités écrites les règles générales de ce calcul. On supplée ainsi par un procédé algorithmique à des raisonnements très-composés, qu'il faudrait changer selon la nature de la question, et qu'il serait pour ainsi dire impossible de former, si le nombre des inconnues surpassait trois. Toutefois on ne peut pas toujours éviter que le nombre des opérations ne devienne très-grand, mais on réduit beaucoup ce nombre, en considérant les propriétés des fonctions extrêmes. Nous appelons ainsi celles qui deviennent ou plus grandes ou plus petites que toutes les autres.

Nous indiquerons maintenant le principe de la solution d'une des questions les plus remarquables, celle qui se rapporte aux erreurs des observations.

On considère des fonctions linéaires de plusieurs inconnues x, y, z, etc. Les coefficients numériques qui entrent dans les fonctions sont des quantités données. Si le nombre des fonctions n'était pas plus grand que celui des inconnues, on pourrait trouver pour x, y, z, etc. un système de valeurs numériques tel que la substitution simultanée de ces valeurs dans les fonctions donnerait pour chacune un résultat nul. Mais on ne peut pas en général satisfaire à cette condition lorsque le nombre des fonctions surpasse celui des inconnues. Supposons maintenant que l'on attribue à x, y, z, etc. des valeurs numériques X, Y, Z, etc., et qu'en les substituant dans une fonction, on calcule la valeur positive ou négative du résultat de la substitution. On considère comme une erreur, ou écart, le résultat positif ou négatif qui diffère de zéro; et, faisant abstraction du signe, on prend pour mesure de l'erreur le nombre d'unités positives ou négatives que le résultat exprime.

Cela posé, il faut donner à x, y, z, etc. des valeurs X, Y, Z, etc. telles que le plus grand écart, provenant de la substitution dans les diverses fonctions proposées, soit moindre que le plus grand écart que l'on trouverait en substituant dans les fonctions tout autre système de valeurs différent de celui-ci, X, Y, Z, etc. On pourrait aussi chercher un système X, Y, Z, etc. de valeurs simultanées de x, y, z, etc. tel que la somme des erreurs, abstraction faite du signe, soit moindre que la somme des erreurs provenant de la substitution de tout système différent de X, Y, Z, etc.

La construction suivante représente clairement la méthode qui doit être suivie pour trouver sans calcul inutile les quantités X, Y, Z, etc. qui donnent au plus grand écart sa moindre valeur. Cette construction, que nous avons donnée depuis long-temps, est le point capital de la question : elle en résoud seule toutes les difficultés. Non-seulement elle rend la solution sensible et la fixe dans la mémoire, mais elle sert à la découvrir ; et quoique propre au cas de deux variables x et y, elle suffit pour faire bien connaître le procédé général. On suppose d'ailleurs que le nombre des fonctions proposées est quelconque.

x et y sont dans le plan horizontal les coordonnées d'un point. L'ordonnée verticale z mesure la valeur de la fonction linéaire. A chaque fonction correspond un plan. La distance z d'un point du plan au plan horizontal est exprimée en x et y. Dans chaque fonction linéaire on changera les signes de x et y, ce qui double le nombre des fonctions proposées, et par conséquent le nombre des plans que l'on considère. Cela posé, on se représente que tous les plans sont tracés, et l'on ne porte son attention que sur les parties des plans qui sont placées au-dessus du plan horizontal. Ces parties supérieures des plans donnés sont indéfiniment prolongées. Il faut principalement remarquer que le système de tous ces plans forme un vase qui leur sert de limite ou d'enveloppe. La figure de ce vase extrême est celle d'un polyèdre dont la convexité est tournée

vers le plan horizontal. Le point inférieur du vase ou polyèdre a
pour ordonnées les valeurs X, Y, Z, qui sont l'objet de la question ;
c'est-à-dire que Z est la moindre valeur possible du plus grand
écart, et que X et Y sont les valeurs de x et y propres à donner
ce minimum, abstraction faite du signe.

Pour atteindre promptement le point inférieur du vase on élève
en un point quelconque du plan horizontal, par exemple à l'origine des x et y, une ordonnée verticale jusqu'à la rencontre du
plan le plus élevé, c'est-à-dire que parmi tous les points d'intersection que l'on trouve sur cette verticale on choisit le plus distant
du plan des x et y. Soit m_1 ce point d'intersection : on connaît le
plan sur lequel il est placé. On descend sur ce même plan, et dans
un plan vertical, depuis le point m_1 jusqu'à un point m_2 d'une arête
du polyèdre ; et en suivant cette arête on descend de nouveau
depuis le point m_2 jusqu'à un sommet m_3 commun à trois plans
extrêmes. A partir du point m_3 on continue de descendre suivant
une seconde arête jusqu'à un autre sommet m_4 ; et l'on continue
l'application du même procédé, en suivant toujours celle des deux
arêtes qui conduit à un sommet moins élevé. On arrive ainsi au
point le plus bas du polyèdre. Or cette construction représente exactement la série des opérations numériques que la règle analytique
prescrit. Elle rend très-sensible la marche de la méthode, qui consiste à passer successivement d'une fonction extrême à une autre,
en diminuant de plus en plus la valeur du plus grand écart.

Le calcul des inégalités fait connaître que le même procédé convient à un nombre quelconque d'inconnues, parce que les fonctions
extrêmes ont dans tous les cas des propriétés analogues à celles
des faces du polyèdre qui sert de limites aux plans inclinés. En
général les propriétés des faces, des arêtes, des sommets et des
limites de tous les ordres, subsistent dans l'analyse générale, quel
que soit le nombre des inconnues.

(22) Les analyses que l'on vient de rapporter présentent l'ensemble de nos recherches. Cette exposition était nécessaire pour
que l'on pût se former une idée générale de la théorie des équa-

tions, et porter un jugement exact des méthodes qui étaient déja connues. On voit que la notion la plus claire, et qui eût été la plus propre à diriger toutes les recherches, est aussi la plus simple : c'est celle que Viete avait proposée dès l'origine de l'analyse moderne. Il pensait que la résolution des équations algébriques doit dépendre d'une méthode universelle, qu'il appelait *exégétique*, et qui consiste à considérer simultanément tous les coefficients de la proposée pour en déduire par des opérations successives toutes les parties de chaque racine. Viete n'a point formé la méthode universelle dont il proposait la recherche; il l'a seulement entrevue, et il en a indiqué le caractère par divers exemples : on ne pouvait point la découvrir sans connaître quelques éléments de l'analyse différentielle. La justesse de cette vue générale n'a point échappé à Newton; il l'a même confirmée en donnant une première partie de la méthode exégétique, celle qui fait connaître les premiers termes des séries. Mais il n'a point découvert le moyen de reconnaître les racines imaginaires des équations numériques, et de trouver deux limites pour chaque racine réelle. On peut résoudre aujourd'hui toutes les difficultés que ces recherches présentaient, et suppléer aux imperfections des premières tentatives : c'est le but que l'on s'est proposé dans cet ouvrage. Il contient l'exposition d'une méthode qui sert à déterminer facilement les racines de toutes les équations.

On peut maintenant se former une idée complète de l'objet et des résultats de nos recherches. Les points principaux sont premièrement la démonstration du théorème général qui fait connaître combien on doit chercher de racines dans un intervalle donné, et de la proposition relative au nombre des racines imaginaires. La règle de Descartes est un corollaire de ces théorèmes, et je pense qu'on ne peut pas les considérer sous un point de vue plus simple et plus étendu.

2º La règle qui sert à reconnaître avec certitude si les deux racines cherchées sont réelles ou si elles manquent dans l'intervalle.

3º La résolution de toutes les questions que présente l'approximation newtonienne. Ce procédé, l'un des plus simples et des plus féconds de toute l'analyse, serait incomplet et vague si ces questions n'eussent été résolues.

4° L'examen de la méthode qui suppose que l'on calcule d'abord la moindre valeur de la différence de deux racines. Il résulte de la discussion que ce calcul est inutile. Il faut appliquer immédiatement les procédés des fractions continues, et la nature des racines devient manifeste.

5° L'exposé des principes qui servent à résoudre les équations littérales, et l'extension de cette méthode au cas de plusieurs inconnues.

6° L'extension singulière de la méthode des séries récurrentes. Nous avons prouvé que cette méthode suffit pour faire connaître toutes les racines, les facteurs de tous les degrés, et les coefficients des expressions imaginaires. Cette règle était bornée aux deux racines extrêmes et aux racines réelles; nous avons montré qu'elle donne toutes les racines réelles ou imaginaires.

On voit par cette énumération que nous n'avons omis aucune des recherches qui peuvent éclairer la théorie des équations; on a recherché dans chaque question les principes les plus généraux, et qui pouvaient conduire par la voie la plus briève à la connaissance effective des racines. On doit regarder aujourd'hui cette question célèbre comme complètement résolue. Nous pensons que la science du calcul conservera toujours cet élément principal.

LIVRE PREMIER.

MÉTHODE

(1) L'ÉQUATION proposée est

$$x^m + a_1 x^{m-1} + a_2 x^{m-2} + a_3 x^{m-3} + \ldots + a_{m-1} x + a_m = 0.$$

Nous désignons par X, ou $f(x)$, le premier membre de cette équation. L'exposant m est entier; les coefficients a_1, a_2, $a_3 \ldots a_{m-1}$, a_m sont des nombres donnés. Il s'agit de connaître combien il y a de nombres réels α, θ, γ, etc. qui, substitués dans X à la place de x, réduisent cette fonction $f(x)$ à zéro, et d'assigner pour chacune de ces racines réelles α, θ, γ, etc. deux limites entre lesquelles elle est seule comprise. Pour résoudre ces questions, nous considérons les fonctions X, X′, X″, X‴, ... X$^{(m)}$, dont chacune se déduit de la précédente en différentiant par rapport à x et divisant par dx. Le nombre de ces fonctions est $m + 1$, et la fonction X$^{(m)}$ ne contient pas x; elle est une quantité constante positive. Nous écrivons cette suite de fonctions dans cet ordre,

$$X^{(m)}, X^{(m-1)}, X^{(m-2)}, \ldots X'', X', X.$$

Concevons maintenant que l'on donne à x une valeur déterminée

12.

a, positive ou négative, et que l'ayant substituée au lieu de x dans la suite des fonctions, on écrive le signe de chaque résultat : on formera ainsi une suite de signes, dont le premier, qui répond à $X^{(m)}$, est toujours $+$. Nous supposons que le nombre substitué a augmente par degrés infiniment petits depuis une valeur négative qui contient un nombre infini d'unités, et que l'on désigne par $-\frac{1}{0}$, jusqu'à une valeur positive $\frac{1}{0}$ qui croît aussi sans limite ; et nous examinons les changements que subit la suite des résultats, à mesure que le nombre substitué a augmente. Cette suite de signes a des propriétés très-remarquables, dont l'examen attentif conduit à la détermination des limites des racines.

Lorsque le nombre substitué a est $-\frac{1}{0}$, chaque fonction est réduite à son premier terme : le signe du résultat de la substitution de $-\frac{1}{0}$ est évidemment $+$ pour la première fonction, $-$ pour la seconde, $+$ pour la troisième, ainsi de suite alternativement. Lorsque le nombre substitué est devenu égal à $+\frac{1}{0}$, la suite des signes ne comprend que des signes $+$. Ainsi dans le premier cas, a étant $-\frac{1}{0}$, chaque signe de la suite est suivi d'un signe différent ; cette suite ne comprend que des *changements de signe*, dont le nombre est m : et dans le second cas, a étant $\frac{1}{0}$, chaque signe est suivi d'un signe semblable ; la suite ne comprend que des *permanences de signes*. Nous allons prouver que le nombre m des changements de signe qui existaient dans la première suite diminue continuellement à mesure que le nombre substitué a augmente, et que cette suite perd un changement de signes toutes les fois que le nombre a devient égal à une racine réelle.

(2) Il est d'abord évident que la suite des signes demeure telle qu'elle était auparavant tant que le nombre substitué a ne rend pas nulle une ou plusieurs des fonctions $X^{(m)}$, $X^{(m-1)}$, ... X'', X', X : car la valeur d'une fonction telle que X, ou X', ou X'', etc. ne peut point changer de signe, si elle ne devient auparavant égale à zéro. Il faut donc examiner ce qui survient dans la suite des signes, lorsque le nombre substitué atteint une valeur qui rend nulle une des fonctions $X^{(m)}$, $X^{(m-1)}$, $X^{(m-2)}$ .... X'', X', X. Supposons en pre-

mier lieu que la seule fonction qui devient nulle soit la dernière X, ou $f(x)$. On a donc $f(a) = o$. Quant à la fonction $f'(a)$, elle a une valeur ou positive ou négative.

Nous considérons trois états successifs et infinement voisins du nombre substitué a, savoir

$$x = a - da,$$
$$x = a,$$
$$x = a + da;$$

et nous comparons les résultats des substitutions, savoir

$$f(a - da),$$
$$f(a),$$
$$f(a + da).$$

Puisque le terme $f(a)$ s'évanouit, ces résultats sont

$$- da f'(a),$$
$$o$$
$$+ da f'(a).$$

Si l'on écrit sur trois lignes horizontales correspondantes les signes des trois suites que l'on forme en substituant $a - da$, a, $a + da$, ces suites différeront seulement par les signes qui les terminent. En effet nous supposons que la valeur a de x rend nulle la seule fonction $f(x)$; et l'on peut toujours faire varier a d'une quantité si petite da, ou $-da$, en sorte que la substitution de $a - da$, ou de $a + da$, ne fasse évanouir aucune des autres fonctions. Donc ces autres fonctions conservent le signe qu'elles avaient lorsque la valeur de x était a. Si le signe de $f'(a)$ est $+$, les trois suites comparées seront terminées ainsi :

$$\ldots + -$$
$$\ldots + o \qquad (1)$$
$$\ldots + +,$$

c'est-à-dire que la fluxion $f'(a)$ étant positive, $f(x)$ augmente de valeur et est successivement négative, nulle et positive. On voit, à l'inspection de la table (1), que le changement de signes $+ -$ est devenu une permanence de signes $+ +$.

Si le signe de $f'(a)$ est négatif, les trois suites sont ainsi terminées,

$$\ldots - +$$
$$\ldots - o \qquad (2)$$
$$\ldots - - ,$$

c'est-à-dire que la fluxion $f'(a)$ étant négative, la valeur de $f(x)$ est décroissante, en sorte qu'elle est successivement positive, nulle et négative. La table (2) fait connaître que le changement de signes $- +$ est remplacé par une permanence $- -$. Donc soit que le signe de $f'(a)$ soit positif ou négatif, il arrive dans l'un et l'autre cas qu'un changement de signes est remplacé par une permanence. Donc la suite des signes des résultats que l'on trouve en substituant pour x une valeur a continuellement croissante, perd un changement de signes toutes les fois que la valeur substituée atteint et dépasse infiniment peu une des racines réelles de l'équation proposée.

Nous supposerons maintenant que le nombre substitué a atteint une valeur qui rend nulle une seule des fonctions intermédiaires de la suite $X^{(m)}, X^{(m-1)}, X^{(m-2)} \ldots X'', X', X$, et ne rend point nulle la dernière fonction X. Soit $X^{(n)}$, ou $f^{(n)}(x)$, la fonction qui s'évanouit, en sorte que l'on a $f^{(n)}(a) = o$. Nous désignons par n l'indice de différentiation, et par $n + 1$ ou $n - 1$ cet indice dans la fonction qui précède ou qui suit. On comparera, comme on l'a fait plus haut, les résultats des trois substitutions de $a - da, a, a + da$ dans la suite des fonctions; et l'on remarquera d'abord que da étant une quantité infiniment petite, les suites de signes ne diffèrent que par les signes des résultats qui proviennent des substitutions dans $f^{(n)}(x)$. Les trois résultats sont

$$f^{(n)}(a - da)$$
$$f^{(n)}(a)$$
$$f^{(n)}(a + da),$$

ou

$$- da\, f^{(n+1)}(a)$$
$$o$$
$$da\, f^{(n+1)}(a):$$

or le signe de $f^{(n+1)}(a)$ peut être $+$ ou $-$, et il en est de même du signe de $f^{(n-1)}a$, ce qui forme quatre combinaisons différentes.

Dans la première le résultat $f^{(n+1)}(a)$ est positif ainsi que $f^{(n-1)}(a)$: il faut donc comparer ces trois parties des suites de signe, savoir

$$+ - +$$
$$+ \ o \ + \qquad (3)$$
$$+ + +.$$

Dans un second cas le signe de $f^{(n+1)}(a)$ est $-$, et celui de $f^{(n-1)}(a)$ est $+$: les parties correspondantes qu'il faut comparer sont donc

$$- + +$$
$$- \ o \ + \qquad (4)$$
$$- - +.$$

La table (3) fait connaître que la suite supérieure a perdu deux de ses changements de signes, savoir $+ -$ et $- +$, qui sont remplacés par $+ +$ et $+ +$. Il n'en est pas de même de la table (4): elle montre que la suite n'a perdu aucun changement de signes; car un de ses changements $- +$ est remplacé par une permanence $- -$. Mais en même temps la permanence $+ +$ est remplacée par le changement $- +$.

Nous avons supposé que la fonction $f^{(n-1)}(x)$ a le signe $+$. Si au contraire elle devient négative lorsqu'on substitue a au lieu de x, on aura les deux tables suivantes ;

$$+ - -$$
$$+ \ o \ - \qquad (5)$$
$$+ + -$$

et

$$— + —$$
$$— o — \qquad (6)$$
$$— — —.$$

L'une (5) montre que dans ce cas la suite supérieure n'a perdu aucun changement de signes; l'autre (6) répond à un cas différent, où la suite des signes a perdu deux changements, savoir — + et + —, remplacés par — — et — —.

Il suit de cet examen que si le nombre substitué a atteint une valeur qui rend nulle une seule des fonctions intermédiaires, et ne fait point évanouir la fonction proposée X, la suite des signes perd à la fois deux changements, ou n'en perd aucun. Il n'arrive jamais qu'elle en perde un seul, ou qu'elle en acquière.

Lorsque le nombre substitué atteint et dépasse une racine réelle de la proposée, nous avons vu que la suite perd nécessairement un changement de signe; et l'on vient de démontrer que si la fonction rendue nulle par la substitution n'est point la dernière X, mais une des fonctions intermédiaires, la suite des signes perd deux changements à la fois, ou qu'elle n'en perd aucun. Donc le nombre substitué a croissant par degrés infiniment petits depuis $-\frac{1}{0}$ jusqu'à $+\frac{1}{0}$, la suite des signes perd au moins autant de changements qu'il existe de racines réelles. Le nombre de changements de signe de la suite ne peut jamais augmenter; il diminue nécessairement d'une seule unité, lorsque la seule fonction qui s'évanouit est la dernière X, et il peut ou diminuer de deux unités, ou demeurer le même qu'auparavant, lorsque la fonction qui s'évanouit seule est une des fonctions intermédiaires.

(3) Nous avons supposé jusqu'ici que la substitution de a fait evanouir une seule des fonctions qui forment la suite, et c'est ce qui arrive en général. Le contraire ne peut arriver qu'accidentellement, lorsqu'il existe de certaines relations entre les coefficients de la proposée. Un changement infiniment petit dans la valeur des coefficients détruirait cette relation, et une même valeur de x ne

ferait plus évanouir en même temps deux ou plusieurs des fonctions. C'est pour cette raison que l'on peut toujours, dans les recherches de ce genre, faire abstraction de ces cas singuliers. Mais
il est préférable ici de les considérer séparément, parce qu'il s'agit
de donner la démonstration rigoureuse d'une proposition fondamentale.

Supposons donc qu'une même valeur a, substituée au lieu de x
dans la suite des fonctions rende, nulles plusieurs fonctions consécutives, et comparons, comme nous l'avons fait jusqu'ici, les trois
résultats des substitutions de $a - da$, a, $a + da$. Nous désignons
par $f^{(n)}(x)$ la fonction qui s'évanouit lorsqu'on y substitue a au lieu
de x, et nous supposons que plusieurs fonctions suivantes $f^{(n-1)}(x)$,
$f^{(n-2)}(x)$, etc. sont aussi rendues nulles par la même substitution.
Soit i le nombre des fonctions consécutives $f^{(n)}(a)$, $f^{(n-1)}(a)$, $f^{(n-2)}(a)$,
$f^{(n-3)}(a)$, etc. qui s'évanouissent. Quant à la fonction précédente
$f^{(n+1)}(a)$, elle ne donne point un résultat nul : elle prend le signe
$+$ ou le signe $-$; et il en est de même de la fonction $f^{(n-i)}(x)$ qui
suit la dernière fonction évanouissante. Il s'agit de comparer la
suite intermédiaire qui est donnée par la substitution de a, à la suite
inférieure que l'on forme en substituant $a + da$, et à la suite supérieure qui répond à $a - da$. On ne considère d'abord que les
parties de ces suites qui se rapportent aux fonctions évanouissantes
et à la fonction qui les précède. On aura $f^{(n)}(a + da) = f^{(n)}(a) +$
$da f^{(n+1)}(a)$, ou seulement $f^{(n)}(a + da) = da f^{(n+1)} a$, parce $f^{(n)}(a)$
est nulle par hypothèse;

$$f^{(n-1)}(a + da) = f^{(n-1)}(a) + da f^{(n)}(a) + \frac{da^2}{2} f^{(n+1)}(a) = \frac{da^2}{2} f^{(n+1)}(a),$$

puisque $f^{(n)} a$ et $f^{(n-1)}(a)$ deviennent nulles. En général on aura
cette suite d'expressions,

$$f^{(n)}(a + da) = da f^{(n+1)}(a)$$

$$f^{(n-1)}(a + da) = \frac{da^2}{2} f^{(n+1)}(a)$$

$$f^{(n-2)}(a + da) = \frac{da^3}{2.3} f^{(n+1)}(a)$$

$$f^{(n-3)}(a + da) = \frac{da^4}{2.3.4} f^{(n+1)}(a)$$

etc.,

et par conséquent

$$f^{(n)}(a - da) = - da f^{(n+1)}(a)$$

$$f^{(n-1)}(a - da) = \frac{da^2}{2} f^{(n+1)}(a)$$

$$f^{(n-2)}(a - da) = - \frac{da^3}{2.3} f^{(n+1)}(a)$$

$$f^{(n-3)}(a - da) = \frac{da^4}{2.3.4} f^{(n+1)}(a)$$

etc.

Il suit de là qu'en désignant par

$$f^{(n+1)}(a), \; 0, \, 0, \, 0, \, 0, \, 0, \text{ etc.}$$

la partie de la suite intermédiaire que donnent les fonctions

$$f^{(n+1)}(x), \, f^{(n)}(x), \, f^{(n-1)}(x), \, f^{(n-2)}(x), \, f^{(n-3)}(x), \, f^{(n-4)}(x), \text{ etc.}$$

lorsqu'on suppose $x = a$, on trouvera dans la règle que nous allons énoncer les signes de la partie correspondante de la suite inférieure que donne la substitution de $a + da$, et les signes de la partie correspondante de la suite supérieure donnée par la substitution de $a - da$.

Il faut pour la suite inférieure écrire au-dessous de chaque zéro de la suite intermédiaire le signe même de $f^{(n+1)}(a)$; et pour former la suite supérieure, il faut au-dessus du premier zéro à gauche écrire le signe de $f^{(n+1)}(a)$, au-dessus du zéro suivant écrire le signe contraire à celui de $f^{(n+1)}(a)$, et continuer ainsi à écrire alternativement le signe de $f^{(n+1)}(a)$, ou le signe contraire, au-dessus des signes zéro de la suite intermédiaire.

Cela posé, si l'on procède à la formation des suites en allant de gauche à droite, il est évident que l'application de la règle précédente introduit dans la suite supérieure des changements de signes qui deviennent autant de permanences dans la suite inférieure. i étant le nombre des fonctions évanouissantes, on trouve que la suite supérieure contient un pareil nombre i de changements de signes remplacés dans la suite inférieure par autant de permanences. Il faut remarquer aussi que dans ces deux suites les signes correspondants sont alternativement différents ou semblables. Ils sont différents pour les fonctions dont le rang est indiqué par $f^{(n)}$, $f^{(n-2)}$, $f^{(n-4)}$, $f^{(n-6)}$, etc.; et ils sont les mêmes pour les fonctions dont le rang est indiqué par $f^{(n-1)}$, $f^{(n-3)}$, $f^{(n-5)}$, etc. Enfin les fonctions qui deviennent nulles, et dont le nombre est i, sont suivies d'une fonction non évanouissante $f^{(n-i)}(x)$: la substitution de a dans cette fonction donne le même signe pour les trois suites, et ce signe peut être $+$ ou $-$.

Il est facile de connaître maintenant combien la suite supérieure a perdu de changements de signe, remplacés par autant de permanences dans la suite inférieure. En effet si i est un nombre pair, le signe de la dernière fonction évanouissante $f^{(n-i+1)}(a)$ est le même dans les suites inférieure et supérieure : il donne par conséquent dans l'une et l'autre la même combinaison de signes avec la fonction extrême non évanouissante, qui est $f^{(n-i)}(a)$. Donc la suite inférieure a perdu dans ce cas un nombre i de changements de signe remplacés par des permanences.

Mais si le nombre i est impair, ce cas se subdivise en deux autres; parce que le signe de la dernière fonction évanouissante $f^{(n-i+1)}(a)$ n'étant pas le même pour les suites supérieure et inférieure, il en résulte que ces signes différents forment deux combinaisons contraires avec le signe de $f^{(n-i)}(a)$ commun aux deux suites. Si celle de ces combinaisons qui se trouve dans la suite supérieure est un changement de signes, elle répond à une permanence dans la suite inférieure : donc le nombre de changements de signes que la suite supérieure a perdus n'est pas i : il est $i+1$. Mais si la combinaison

13.

de signes qui termine la suite supérieure est une permanence, elle devient un changement de signe dans la seconde suite; dans ce cas le nombre des changements de signe perdu par la suite supérieure n'est pas i, mais $i-1$.

On conclut de ces remarques que le nombre des fonctions évanouissantes étant i, le nombre des changements de signe perdus par la suite supérieure est égal à i lorsque i est pair; et que si le nombre i est impair, la suite supérieure perd dans un premier cas un nombre $i+1$ de changements de signe, et dans un deuxième cas un nombre $i-1$. Donc en désignant par h le nombre total des changements de signe de la suite supérieure, et par k le nombre total de changements de signe de la suite inférieure, on voit 1° que le nombre k ne peut jamais être plus grand que h; 2° que la différence $h-k$ est égale à i lorsque i est pair; 3° que si le nombre i des fonctions évanouissantes est impair, la différence $h-k$ est $i+1$ ou $i-1$. Cette différence est donc toujours un nombre pair.

Lorsque la valeur de i est seulement 1, la différence $h-k$ est 2 ou 0 : c'est le cas général que nous avions examiné d'abord, en supposant qu'une seule fonction intermédiaire s'évanouît : mais si plusieurs fonctions intermédiaires consécutives s'évanouissent en même temps, la différence $h-k$ est 2, ou 4, ou 6, etc.

(4) Nous avons aussi à considérer le cas où les fonctions évanouissantes consécutives sont placées à l'extrémité de la suite des fonctions vers la droite, en sorte qu'elles comprennent le premier membre X de l'équation proposée. Or il suit de notre démonstration précédente que, désignant par j le nombre de ces fonctions extrêmes qui s'évanouissent, la suite supérieure perd un nombre de changements de signe précisément égal à j. On sait que dans ce cas, qui est celui des racines égales, la fonction X contient le facteur $(x-a)^j$. Donc la suite des signes a perdu un nombre j de ses changements de signes lorsque le nombre substitué est devenu égal à la valeur a de la racine multiple. Cette diminution du nombre de changements de signe de la suite a lieu toutes les fois que le nombre substitué a, en passant par degrés de la valeur $-\frac{1}{0}$ à la

valeur $\frac{1}{0}$, atteint et dépasse infiniment peu chacune des racines réelles; et la suite perd pour cette cause autant de changements de signe que l'équation proposée a de racines réelles égales ou inégales.

(5) On peut enfin supposer que la substitution du même nombre a fait évanouir plusieurs fonctions consécutives dans diverses parties de la suite, savoir un nombre i dans une première partie, un nombre i' dans une seconde partie, ainsi du reste; et un nombre j de fonctions extrêmes qui comprennent la fonction proposée X.

Désignant par H le nombre total de changements de signe que la suite contenait lorsque le nombre substitué avait une valeur moindre que a dont elle diffère d'une quantité infiniment petite, et par K le nombre de changements de signe que la suite conserve lorsque la valeur de x est devenue plus grande que a dont elle diffère d'une quantité infiniment petite, on voit que pour trouver la différence H — K, il suffit d'appliquer à chacune des parties de la suite où se trouvent les fonctions évanouissantes les conséquences que nous venons de démontrer. Si le nombre i est pair, il faut compter pour cette partie de la suite un nombre i de changements de signes remplacés par des permanences. Mais si le nombre i est impair, il peut arriver que la suite perde un nombre $i + 1$ ou $i — 1$ de changements de signes. Il en est de même des nombres i', i'', etc. Quant aux fonctions extrêmes qui s'évanouissent, et dont le nombre est j, elles indiquent dans tous les cas que la suite a perdu un nombre de changements de signe précisément égal à j.

On voit que la démonstration précédente se réduit toujours à comparer les expressions analytiques des résultats que l'on trouve en substituant $a — da$, a, $a + da$ dans la suite des fonctions : cette comparaison rend manifestes toutes les conséquences que nous avons exposés concernant la diminution progressive du nombre des changements de signes de la suite.

(6) Ces démonstrations nous font connaître comment la suite des résultats des substitutions perd successivement les m changements de signe qu'elle avait lorsque la valeur substituée était — $\frac{1}{0}$.

1° Le nombre des changements de signe de la suite diminue continuellement; cette suite ne peut point en acquérir de nouveaux, ni reprendre aucuns de ceux qui ont disparu.

2° Lorsque la substitution fait évanouir la dernière fonction $f(x)$, la suite perd pour cette cause autant de changements de signes que l'équation $f(x) = 0$ a de racines réelles égales au nombre substitué.

3° Si cette valeur substituée rend nulles une ou plusieurs des fonctions intermédiaires, et ne rend point nulle la dernière fonction $f(x)$, il peut arriver que la suite ne perde aucun changement de signe, ou qu'elle en perde un nombre pair. Il est impossible que dans ce cas il disparaisse un nombre impair de changements.

Cela posé, si l'équation a toutes ses racines réelles en nombre m, la suite perdra un nombre de changements de signes précisément égal à m, et par conséquent elle ne peut dans ce cas perdre aucun de ses changements de signes par la substitution d'une valeur qui ferait évanouir une ou plusieurs des fonctions intermédiaires sans rendre nulle la dernière fonction $f(x)$.

Si l'équation a un nombre $m - 2$ de racines réelles et deux racines imaginaires, il arrivera une fois seulement que la suite perdra deux changements de signe, par la substitution d'une valeur qui rend nulle une fonction intermédiaire sans faire évanouir la fonction extrême $f(x)$; et les $m - 2$ autres changements de signe disparaîtront successivement à mesure que le nombre substitué deviendra égal à chacune des $m - 2$ racines réelles.

Dans tous les cas chacune des racines réelles, égales ou inégales, correspond nécessairement à un changement de signe perdu. Par conséquent le nombre de changements de signe qui disparaissent sans que la dernière fonction $f(x)$ devienne nulle, est toujours égal au nombre des racines imaginaires de la proposée.

(7) On parvient ainsi à démontrer la proposition que nous allons énoncer, et que nous regardons comme un des éléments fondamentaux de l'analyse algébrique.

Étant proposée l'équation numérique $f(x) = 0$ dont le degré est

m, on considère les fonctions $f(x)$, $f'(x)$, $f''(x)$, ... $f^{(m)}(x)$, dont chacune se déduit de la précédente en différentiant par rapport à x et divisant par dx. Après avoir écrit cette suite de fonctions suivant cet ordre $f^{(m)}(x)$, $f^{(m-1)}(x)$, $f^{(m-2)}(x)$, ... $f''(x)$, $f'(x)$, $f(x)$, on substitue au lieu de x une valeur déterminée a, et l'on marque combien la suite des signes des résultats $f^{(m)}(a)$, $f^{(m-1)}(a)$, ... $f''(a)$, $f'(a)$, $f(a)$ présente de combinaisons de deux signes différents consécutifs, tels que $+ -$, ou $- +$. Le nombre h de ces *changements de signes* comptés dans la suite qui provient de la substitution de a varie lorsqu'on substitue dans les mêmes fonctions des nombres différents de a : la comparaison des résultats offre les propriétés suivantes. 1º Si l'on conçoit que la quantité substituée a augmente par degrés insensibles depuis $-\frac{1}{0}$ jusqu'à $+\frac{1}{0}$, le nombre h des changements de signes comptés dans la suite diminue à mesure que la quantité substituée augmente. La suite des signes, qui contient un nombre m de changements lorsqu'on substitue $-\frac{1}{0}$, perd successivement tous ses changements de signe à mesure que l'on substitue des valeurs plus grandes. Le nombre h de changements de signe qui répond à la substitution de a ne peut jamais surpasser le nombre k de changements qui répond à la substitution d'une valeur b plus grande que a.

2º La suite perd un de ses changements de signes toutes les fois que la valeur substituée a devient égale à une des racines réelles de la proposée. Il disparaît ainsi autant de changements de signes que l'équation a de racines réelles égales ou inégales.

3º Autant l'équation $fx = 0$ a de couples de racines imaginaires, autant il arrive de fois que la suite perd deux de ses changements de signe qui disparaissent ensemble.

(8) Cette proposition indique immédiatement combien une équation proposée $f(x) = 0$ peut avoir de racines réelles comprises entre deux limites données a et b. En effet substituant la moindre limite a dans la suite des fonctions, on comptera le nombre h de changements de signe de cette suite; substituant aussi la limite b, on comptera le nombre k des changements de signe de la suite que donne

cette seconde substitution; et la différence $h - k$ fera connaître combien on doit chercher de racines entre les deux limites proposées. Nous avons démontré que cette différence $h - k$ ne peut pas être négative; elle peut être nulle, ou égale à 1, 2, 3, 4, etc.

Si elle est nulle, il est impossible que l'équation $X = o$ ait aucune racine réelle entre les limites a et b. En effet s'il existait dans cet intervalle une racine réelle telle que α, qui rendît nulle la fonction X, il serait nécessaire que la quantité substituée au lieu de x passant par degrés infiniment petits de la valeur a à la valeur b fît disparaître au moins un changement de signes; et comme ceux de ces changements qui ont disparu ne peuvent point être rétablis, la suite donnée par la substitution de b aurait moins de changements de signes que celle qui provient de la substitution de a, ce qui est contre l'hypothèse.

Si la différence $h - k$ est 1, l'équation a une racine réelle entre a et b : car un seul changement de signe ne peut disparaître que par la substitution d'une valeur qui rend nulle la fonction X. Et il ne peut y avoir plus d'une racine réelle entre les mêmes limites a et b : car dans ce cas la suite aurait perdu plus d'un changement de signe.

Si la différence $h - k$ est 2, l'équation $X = o$ peut avoir deux racines réelles entre les limites a et b : mais il peut arriver aussi qu'il n'y ait aucune racine réelle dans cet intervalle. Cela aurait lieu s'il existait un certain nombre μ, plus grand que a et moindre que b, qui, étant substitué dans la suite des fonctions, fît disparaître à la fois deux changements de signe sans rendre nulle la fonction X. Il est d'ailleurs certain que dans ce cas l'équation ne peut avoir plus de deux racines réelles dans l'intervalle des limites a et b : car, si cela était, la suite aurait perdu plus de deux changements de signe, ce qui est contre l'hypothèse.

Dans tous les cas, l'équation $X = o$ ne peut pas avoir plus de racines réelles entre les limites a et b qu'il n'y a d'unités dans la différence $h - k$ des nombres de changements de signe comptés dans les deux suites (a) et (b). Nous désignons ainsi les suites des résultats de la substitution de a ou de b.

Si ce reste $h - k$ est un nombre impair, il y a au moins une racine réelle entre les limites a et b.

Si le reste $h - k$ est nombre pair, l'équation $X = 0$ peut n'avoir aucune racine réelle entre a et b. En général si le nombre des racines réelles comprises entre a et b n'est pas égal au reste $h - k$, il ne peut en différer que d'un nombre pair Δ, et dans ce cas l'équation $X = 0$ a au moins autant de racines imaginaires qu'il y a d'unités dans la différence Δ.

(9) Le théorème connu sous le nom de règle de Descartes, et dont le sens général est depuis long-temps fixé, est un corollaire de la proposition précédente. Il suffit de choisir pour les deux limites a et b les quantités $-\frac{1}{0}$ et 0, ou 0 et $+\frac{1}{0}$. En effet si l'on substitue la valeur 0 au lieu de x dans les fonctions $X^{(m)}, X^{(m-1)} \ldots X'', X', X$, les signes de la suite des résultats sont évidemment les mêmes que les signes des coefficients $1, a_1, a_2, \ldots a_m$ de la proposée. Donc pour connaître au moyen de la proposition précédente combien il peut y avoir de racines entre $-\frac{1}{0}$ et 0, ou entre 0 et $\frac{1}{0}$, il faut marquer combien la suite des signes des coefficients, c'est-à-dire celle que donne la substitution de 0 dans la série des fonctions, contient de changements de signe, afin de la comparer à la suite que donne la substitution de $-\frac{1}{0}$, et à celle que donne la substitution de $+\frac{1}{0}$. Or la suite $(-\frac{1}{0})$ contient un nombre m de changements de signes, et la suite $(+\frac{1}{0})$ n'en contient aucun. Donc l'équation proposée ne peut pas avoir plus de racines réelles négatives qu'il n'y a de permanences de signes dans la suite des coefficients, et cette équation ne peut pas avoir plus de racines réelles positives que la suite des coefficients n'a de changements de signe.

(10) L'application de la proposition générale fait connaître clairement les intervalles dans lesquels les racines doivent être cherchées. Si deux limites a et b sont telles que les suites (a) et (b) aient le même nombre de changements de signe, il est impossible qu'il

se trouve aucune racine entre ces limites. Par conséquent toute méthode de résolution qui conduirait à substituer au lieu de x des nombres compris entre de telles limites serait par cela même très-imparfaite, puisqu'elle exigerait un grand nombre d'opérations superflues. Il est évident qu'on ne doit chercher de racines que dans quelques intervalles, savoir ceux où le théorème précédent indique qu'elles peuvent exister.

Avant de procéder à l'application de ce théorème, il est nécessaire de s'arrêter à une remarque importante concernant les substitutions qui rendent nulles une ou plusieurs des fonctions intermédiaires.

(11) Lorsqu'on a trouvé deux suites de résultats en substituant les limites proposées a et b dans les fonctions $f^{(m)}(x), f^{(m-1)}(x), \ldots$ $f''(x), f'(x), f(x)$, il arrive fréquemment qu'un ou plusieurs de ces résultats sont nuls. Il s'agit de connaître quels signes on doit attribuer aux quantités qui s'évanouissent, et comment il faut compter le nombre de changements de signe.

Nous considérons dans ce cas deux valeurs infiniment peu différentes du nombre a qui est substitué, et ces valeurs sont ainsi indiquées : $a - da$, $a + da$, ou $< a$, $> a$. Chacune de ces valeurs donnera maintenant le signe $+$ ou le signe $-$, et non un résultat nul.

Par exemple, si la suite qui provient de la substitution de a est

$$+ + \text{o o o o} - \text{o o o} - + \text{o} + \text{o o o o o} -,$$

on trouvera

$$+ + + + + + - - - - - + + + + + + + + -$$

pour la suite que donne la substitution de la quantité désignée par $> a$. Pour former cette seconde suite on procède de gauche à droite, et lorsqu'on trouve dans la première suite un signe qui n'est point o, on écrit ce même signe *au-dessous* dans la seconde suite. Mais lorsqu'on arrive à un signe o de la première suite, on le remplace dans la seconde par un signe *semblable* à celui que l'on vient d'écrire à gauche dans cette seconde suite.

Pour former la suite qui répond à la quantité $< a$, on procède aussi de gauche à droite, et lorsqu'on trouve un signe qui n'est point o dans la suite donnée par la substitution de a, on repète ce même signe *au-dessus*. Mais lorsqu'on arrive à un signe o de la suite donnée, on le remplace dans la suite supérieure par un signe *contraire* à celui qu'on vient d'écrire à gauche dans cette suite supérieure. Nous avons démontré dans l'article 3 les deux règles que l'on vient de rappeler. Si, dans l'exemple cité, on rapproche les trois suites, on a la table suivante :

$(< a) \cdots + - + - + - + - + - + - + - + - + - + - -$

$(a) \quad \cdots + o\ o\ o\ o\ - o\ o\ o\ - + o\ + o\ o\ o\ o\ o\ -$

$(> a) \cdots + + + + + - - - - - + + + + + + + + + -.$

Ayant ainsi remplacé la suite (a) par deux autres, on se servira de la suite $(> a)$ lorsqu'on aura à comparer la limite a à une limite plus grande b. Mais si l'on doit comparer la limite a à une limite b' moindre que a, on remplacera la suite (a) par la suite $(< a)$. On appliquera cette *règle du double signe* toutes les fois que la substitution d'une limite quelconque donnera un ou plusieurs résultats nuls, en sorte que dans aucun cas les suites comparées ne contiendront de signes zéro.

Il arrive le plus souvent que les deux suites $(< a)$ et $(> a)$ ne contiennent pas le même nombre de changements de signe. Le nombre h des changements de signe de la suite supérieure $(< a)$ ne peut pas être moindre que le nombre k des changements de signe de la suite inférieure, et si h surpasse k, ce qui arrive nécessairement lorsque deux ou plus de deux termes consécutifs s'évanouissent, la différence $h - k$ est un nombre pair Δ. Dans ce cas l'équation proposée $f(x) = o$ a un pareil nombre de racines imaginaires, indépendamment des racines qui pourraient manquer en d'autres intervalles.

Dans l'exemple précédent la suite inférieure a quatorze changements de signes de moins que la suite supérieure : l'équation $f(x) = o$ aurait donc, pour cette seule cause, quatorze racines ima-

14.

ginaires. Ces racines manquent à l'équation dans l'intervalle infiniment petit compris entre $a - da$ et $a + da$.

(12) Les propositions qui ont été démontrées jusqu'ici donnent un moyen facile de distinguer les seuls intervalles dans lesquels les racines doivent être cherchées. Nous citerons divers exemples de l'application de ces théorèmes. Le premier exemple est celui de l'équation

$$x^5 - 3x^4 - 24x^3 + 95x^2 - 46x - 101 = 0.$$

On a pour la suite des fonctions

$$X \ldots x^5 - 3x^4 - 24x^3 + 95x^2 - 46x - 101$$
$$X' \ldots 5x^4 - 12x^3 - 72x^2 + 190x - 46$$
$$X'' \ldots 20x^3 - 36x^2 - 144x + 190$$
$$X''' \ldots 60x^2 - 72x - 144$$
$$X^{iv} \ldots 120x - 72$$
$$X^v \ldots 120.$$

Si l'on substitue au lieu de x les nombres $\ldots - 10, -1, 0, 1,$ $10, \ldots$, et si l'on écrit les signes des fonctions

	X^v	X^{iv}	X''	X''	X'	$X,$
on trouve						
$(-10) \ldots$	+	−	+	−	+	−
$(-1) \ldots$	+	−	+	−	+	+
$(0) \ldots$	+	−	−	+	−	−
$(1) \ldots$	+	+	−	+	+	−
$(10) \ldots$	+	+	+	+	+	+.

En comparant la suite des signes qui provient de la substitution ou de −10 à celle qui provient de la substitution de +10, on voit que la première suite (−10) a cinq changements de signes et que la suite (10) n'a aucun changement de signes : donc l'équation ne peut avoir de racine que dans cet intervalle de −10 à +10. En comparant les deux suites (−10) et (−1), on conclut qu'une

des racines réelles existe dans cet intervalle ; car la seconde suite
n'a que quatre changements de signe, et la première en a cinq.
Les deux suites (— 1) et (0) étant comparées de la même manière,
on voit qu'il existe une seconde racine réelle dans cet intervalle ;
car le nombre des changements de signe de la première suite surpasse d'une unité le nombre des changements de signe de la seconde.
L'intervalle suivant de 0 à 1 ne peut contenir aucune racine ; car
la suite (0) a trois changements de signe, et la suite (1) en a un
pareil nombre. Quant à l'intervalle compris entre 1 et 10, on trouve
dans la première suite (1) trois changements de signe, et la seconde
(10) n'en a aucun. Donc on doit chercher trois racines entre 1
et 10 : l'une de ces racines est réelle, et l'on ignore jusqu'ici si les
deux autres sont réelles, ou si elles manquent dans l'intervalle.

Les seuls intervalles dans lesquels on doit chercher les racines
sont donc celui de — 10 à — 1, celui de — 1 à 0, et celui de 1
à 10. Dans chacun des deux premiers il se trouve une racine réelle
entièrement séparée des autres; et dans le troisième, savoir entre 1
et 10, il existe aussi une racine réelle, mais il reste à découvrir
si les deux autres racines indiquées dans cet intervalle sont réelles
ou imaginaires: nous résoudrons bientôt cette question. Il serait
entièrement inutile de chercher des racines de la proposée dans
d'autres intervalles que ceux qui viennent d'être désignés.

(13) Soit l'équation proposée

$$x^4 - 4x^3 - 3x + 23 = 0.$$

La suite des fonctions est

$$X \ldots x^4 - 4x^3 - 3x + 23$$
$$X' \ldots 4x^3 - 12x^2 - 3$$
$$X'' \ldots 12x^2 - 24x$$
$$X''' \ldots 24x - 24$$
$$X^{iv} \ldots 24.$$

Si l'on substitue les nombres 0, 1, 10, et si l'on marque les signes des résultats dans les fonctions

$$X^{iv} \ X''' \ X'' \ X' \ X,$$

on trouve

$$
\begin{array}{llccccc}
(<0) \ldots . & + & - & + & - & + \\
(\ 0\ ) \ldots . & + & - & 0 & - & + \\
(>0) \ldots . & + & - & - & - & + \\
(<1) \ldots . & + & - & - & - & + \\
(\ 1\ ) \ldots . & + & 0 & - & - & + \\
(>1) \ldots . & + & + & - & - & + \\
(10) \ldots . & + & + & + & + & + .
\end{array}
$$

Dans cet exemple la substitution de o au lieu de x fait évanouir la fonction X″ : il faut donc employer la règle du double signe. Elle montre que dans la suite supérieure (<0) on doit écrire le signe + au-dessus du signe o, et que dans la suite inférieure on doit écrire le signe —. Si actuellement on compare les deux suites (<0) et (>0), on trouve quatre changements de signe dans la première, et seulement deux dans la seconde. Donc l'équation a deux racines imaginaires qui manquent dans l'intervalle infiniment petit de <0 à >0.

La substitution du nombre 1 fait évanouir la fonction intermédiaire X‴, et en appliquant de nouveau la règle du double signe, on voit que le signe o de la suite intermédiaire (1) doit être remplacé par — dans la suite supérieure (<1), et par + dans la suite inférieure (>1). Si maintenant on compare les deux suites (<1) et (>1), on y trouve le même nombre de changements de signe : donc il ne manque point de racine dans l'intervalle de <1 à >1. Cette substitution du nombre 1, qui rend nulle une des fonctions intermédiaires, conserve le nombre de changements de signes. Il n'en est pas de même de la substitution de o, qui, faisant disparaître deux changements de signe, montre que l'équation manque de deux racines, dans l'intervalle de <0 à >0.

Pour comparer la suite des signes que donne la substitution de o à celle que donne la substitution de 1, il faut employer les suites

($>$o) et ($<$ 1) : mais pour comparer la suite que donne la substitution de 1 à celle que donne la substitution de 10, il faut employer les suites ($>$1) et (10). La comparaison des suites ($>$o) et ($<$ 1) montre qu'il ne peut y avoir aucune racine entre o et 1 ; car les deux suites ont le même nombre de changements de signe. La comparaison des suites ($>$1) et (10) montre que l'on doit chercher deux racines dans l'intervalle de 1 à 10 ; car la seconde suite n'a aucun changement de signe et la première en a deux. L'équation proposée a donc deux racines imaginaires, et les deux autres racines ne peuvent exister que dans l'intervalle de 1 à 10. Il restera à découvrir si elles sont réelles ou si elles manquent dans cet intervalle, ce que nous examinerons ultérieurement.

(14) L'équation

$$x^3 + 2x^2 - 3x + 2 = 0$$

donne les résultats suivants :

$$X = x^3 + 2x^2 - 3x + 2$$
$$X' = 3x^2 + 4x - 3$$
$$X'' = 6x + 4$$
$$X''' = 6,$$

et

	X'''	X''	X'	X
(— 10)....	+	—	+	—
(— 1)....	+	—	—	+
(o)	+	+	—	+
(1)	+	+	+	+.

La comparaison des suites (— 10) et (— 1) montre que l'équation a une racine réelle entre — 10 et — 1, et qu'il ne peut y en avoir plus d'une dans cet intervalle. Car la première suite a trois changements de signes et la seconde en a deux seulement.

On voit aussi en comparant les suites (— 1) et (o) que l'on ne doit chercher aucune racine entre — 1 et o ; car les deux suites ont le même nombre de changements de signe, savoir deux.

Quant à l'intervalle suivant de o à 1, on doit y chercher deux racines, parce que la suite que donne la substitution de o au lieu de x a deux changements de signes, et que la suite qui répond à 1 n'a plus aucun changement. Il reste à connaître si ces deux racines indiquées entre o et 1 sont réelles, ou si elles manquent dans l'intervalle.

(15) Si l'équation proposée est

$$x^5 + x^4 + x^2 - 25x - 36 = 0,$$

on aura cette suite de fonctions,

$$X = x^5 + x^4 + x^2 - 25x - 36$$
$$X' = 5x^4 + 4x^3 + 2x - 25$$
$$X'' = 20x^3 + 12x^2 + 2$$
$$X''' = 60x^2 + 24x$$
$$X^{iv} = 120x + 24$$
$$X^v = 120;$$

et substituant les nombres

$$-1, \; -10, \; - \text{etc.}$$
$$o$$
$$1, \quad 10, \quad \text{etc.}$$

on trouve

	X^v	X^{iv}	X'''	X''	X'	X
$(-10)\ldots$	+	—	+	—	+	—
$(-1)\ldots$	+	—	+	—	—	—
$(<0)\ldots$	+	+	—	+	—	—
$(0)\ldots$	+	+	o	+	—	—
$(>0)\ldots$	+	+	+	+	—	—
$(1)\ldots$	+	+	+	+	—	—
$(10)\ldots$	+	+	+	+	+	+.

On conclut de la comparaison de ces résultats

1.° Que toutes les racines doivent être cherchées dans l'intervalle de — 10 à + 10, puisque l'une des suites a cinq changements de signe, et que l'autre n'en a aucun ;

2° que deux de ces racines doivent être cherchées entre — 10 et — 1, parce que la première suite a cinq changements de signe et que la seconde en a trois seulement, mais qu'il reste à découvrir si ces deux racines existent en effet, ou si elles sont imaginaires ;

3° que la suite (< 0) ayant deux changements de plus que la suite (> 0), l'équation a deux racines imaginaires qui manquent en cet intervalle infiniment petit ;

4° qu'il ne peut y avoir aucune racine entre — 1 et 0, parce que les suites $(— 1)$ et (< 0) ont l'une et l'autre trois changements de signes ;

5° qu'il ne peut y avoir aucune racine entre 0 et 1, parce que les suites (> 0) et (1) ont l'une et l'autre un changement de signe ;

6° que l'équation a une racine réelle entre 1 et 10, parce que la seconde suite a un changement de moins que la première : cette racine est entièrement séparée.

(16) Lorsqu'on applique la proposition énoncée à la fin de l'article 11 aux équations binomes de la forme

$$x^m + a_m = 0,$$

ou à celles qui manquent de plusieurs termes consécutifs, comme

$$x^m + a_i x^{m-i} + a_m = 0,$$

on connaît immédiatement, par l'emploi de la règle du double signe, le nombre des racines imaginaires qui proviennent de l'omission des termes. Si les équations sont binomes, la substitution de 0 au lieu de x dans la suite des fonctions

$$X^{(m)} \, X^{(m-1)} \, X^{(m-2)} \, X^{(m-3)} \ldots X' \; X$$

donne les résultats suivants :

$$\begin{cases} (<0)\ldots & + & - & + & - & \ldots & + \, a_m \\ (\,0\,)\ldots & + & 0 & 0 & 0 & \ldots \, 0 & + \, a_m \\ (>0)\ldots & + & + & + & + & \ldots & + \, a_m. \end{cases}$$

Lorsque le nombre m est pair, et le coefficient a_m positif, la suite (<0) n'a que des changements de signes, et la suite (>0) n'en a aucun : ainsi toutes les racines sont imaginaires. Leur nombre est m. Mais si le degré m étant pair, le coefficient a_m est négatif, l'équation manque d'un nombre $m - 2$ de racines dans l'intervalle infiniment petit de <0 à >0. Elle a une racine réelle entre $-\frac{1}{0}$ et 0, et une autre racine réelle entre 0 et $\frac{1}{0}$.

Si le degré m est impair, on conclut à l'inspection des suites que l'équation a un nombre $m - 1$ de racines imaginaires, et une seule racine réelle dont le signe est contraire à celui de a_m.

Quant aux équations telles que

$$x^m + a_i x^{m-i} + a_m = 0$$

qui manquent de plusieurs termes consécutifs, on reconnaît par la même règle qu'elles ont nécessairement, à raison de cette omission, des racines imaginaires, et l'on en détermine le nombre comme il suit. Lorsque, entre deux termes subsistants, il manque dans l'équation un nombre $1 + n$ de termes consécutifs, le nombre des racines imaginaires qui proviennent de cette seule cause est n ou $n + 2$; savoir n lorsque les deux termes subsistants entre lesquels manquent les termes consécutifs ont le même signe, et $n + 2$ lorsque ces deux termes sont de signes différents.

Par exemple on voit immédiatement que l'équation

$$x^5 + x + 1 = 0$$

a quatre racines imaginaires, parce qu'il manque trois termes consécutifs entre les termes x^5 et x qui ont le même signe.

Les conséquences que nous venons d'énoncer sont trop faciles à déduire de la proposition citée dans l'article 11 pour qu'il soit nécessaire de les développer; et d'ailleurs elles sont pour la plupart connues, et on les démontre aisément par d'autres principes.

(17) En appliquant la même analyse à l'équation

$$x^7 - 2x^5 - 3x^3 + 4x^2 - 5x + 6 = 0,$$

on trouve

$$
\begin{aligned}
X   &= x^7 - 2x^5 - 3x^3 + 4x^2 - 5x + 6 \\
X'   &= 7x^6 - 10x^4 - 9x^2 + 8x - 5 \\
X'' &= 42x^5 - 40x^3 - 18x + 8 \\
X''' &= 210x^4 - 120x^2 - 18 \\
X^{iv} &= 840x^3 - 240x \\
X^{v} &= 2520x^2 - 240 \\
X^{vi} &= 5040x \\
X^{vii} &= 5040,
\end{aligned}
$$

et l'on forme cette table

	X^{vii}	X^{vi}	X^{v}	X^{iv}	X'''	X''	X'	X
$(-10)\ldots$	+	—	+	—	+	—	+	—
$(-1)\ldots$	+	—	+	—	+	+	—	+
$(<0)\ldots$	+	—	—	+	—	+	—	+
$(0)\ldots$	+	0	—	0	—	+	—	+
$(>0)\ldots$	+	+	—	—	—	+	—	+
$(1)\ldots$	+	+	+	+	+	—	—	+
$(10)\ldots$	+	+	+	+	+	+	+	+.

1° En comparant les deux suites (-10) et (-1), on voit que la seconde a seulement un changement de signe de moins que la première. Donc l'équation a une seule racine réelle entre les limites -10 et -1.

2° La substitution de 0 au lieu de x donne plusieurs résultats nuls. On formera donc les deux suites (<0) et (>0); et l'on voit

15.

en comparant ces suites que l'une a six changements de signe et l'autre quatre. Donc l'équation a deux racines imaginaires qui manquent en cet intervalle.

3° Les suites (— 1) et (< o) étant comparées, on connaît que l'équation ne peut avoir aucune racine réelle entre — 1 et o.

4° Les suites (> o) et (1) étant comparées, on connaît qu'il ne peut pas y avoir plus de deux racines réelles entre o et 1. Il restera à distinguer si ces racines existent en effet, ou si elles manquent dans cet intervalle.

5° On conclut à l'inspection des deux suites (1) et (10) que l'on doit chercher deux racines entre les limites 1 et 10.

Ainsi les seuls intervalles dans lesquels on ait à chercher les racines de la proposée sont celui de — 10 à — 1, où il existe certainement une seule racine réelle; celui de o à 1, où l'on ne peut trouver plus de deux racines réelles; et celui de 1 à 10 où l'on doit aussi chercher deux racines. On est assuré d'ailleurs que l'équation a deux racines imaginaires; elles manquent dans l'intervalle infiniment petit de < o à > o.

(18) Nous citerons encore deux exemples du procédé qu'il faut suivre pour distinguer facilement les intervalles où les racines doivent être cherchées.

Le premier est celui de l'équation

$$x^5 + 3x^4 + 2x^3 - 3x^2 - 2x - 2 = 0.$$

On a

$$X \ldots x^5 + 3x^4 + 2x^3 - 3x^2 - 2x - 2$$
$$X' \ldots 5x^4 + 12x^3 + 6x^2 - 6x - 2$$
$$X'' \ldots 20x^3 + 36x^2 + 12x - 6$$
$$X''' \ldots 60x^2 + 72x + 12$$
$$X^{IV} \ldots 120x + 72$$
$$X^V \ldots 120;$$

et substituant les nombres — 1, o, 1, 10, on trouve

$$\text{X}^{\text{v}} \ \ \text{X}^{\text{iv}} \ \ \text{X}''' \ \ \text{X}'' \ \ \text{X}' \ \ \text{X}$$

$$
\begin{cases}
(< -1) \ldots + \ - \ + \ - \ + \ - \\
(-1) \ldots + \ - \ \text{o} \ - \ + \ - \\
(> -1) \ldots + \ - \ - \ - \ + \ -
\end{cases}
$$

$$
\begin{aligned}
(\text{o}) \ \ldots + \ + \ + \ - \ - \ - \\
(1) \ \ldots + \ + \ + \ + \ + \ - \\
(10) \ \ldots + \ + \ + \ + \ + \ +
\end{aligned}
$$

On voit à l'inspection de ces suites

1° que la proposée ne peut avoir aucune racine au-dessous de — 1, puisque la suite (< -1) a cinq changements de signe;

2° qu'il manque deux racines dans l'intervalle dont les limites sont < -1 et > -1, puisque la limite < -1 répond à cinq changements de signe, et qu'il y a seulement trois changements de signe dans la suite (> -1);

3° que l'on doit chercher deux racines entre — 1 et o, car la suite (> -1) a trois changements de signe, et la suite o en a seulement un;

4° qu'il ne peut y avoir aucune racine entre o et 1, car les deux suites (o) et (1) ont le même nombre de changements de signes, savoir un;

5° que l'équation a une seule racine réelle entre 1 et 10, car la suite (10) a un seul changement de moins que la suite (1).

(19) Le second exemple est celui de l'équation

$$x^5 - 10x^3 + 6x + 1 = 0.$$

On a

$$
\begin{aligned}
\text{X} &= x^5 - 10x^3 + 6x + 1 \\
\text{X}' &= 5x^4 - 30x^2 + 6 \\
\text{X}'' &= 20x^3 - 60x \\
\text{X}''' &= 60x^2 - 60 \\
\text{X}^{\text{iv}} &= 120x \\
\text{X}^{\text{v}} &= 120,
\end{aligned}
$$

et l'on forme la table suivante :

	X^v	X^{iv}	X'''	X''	X'	X
(-10) ····	+	—	+	—	+	—
(<-1) ····	+	—	+	+	—	+
(-1) ····	+	—	o	+	—	+
(>-1) ····	+	—	—	+	—	+
(<0) ····	+	—	—	+	+	+
(0) ····	+	o	—	o	+	+
(>0) ····	+	+	—	—	+	+
(<1) ····	+	+	—	—	—	—
(1) ····	+	+	o	—	—	—
(>1) ····	+	+	+	—	—	—
(10) ····	+	+	+	+	+	+.

On conclut

des suites (-10) et (<-1), qu'il y a une seule racine réelle entre — 10 et 1 ;

des suites (>-1) et (<0), que l'on doit chercher deux racines entre — 1 et 0 ;

des suites (>0) et (<1), que l'équation a une racine réelle et seule entre o et 1 ;

des suites (>1) et (10), que l'on doit chercher deux racines entre 1 et 10.

(20) Il serait inutile de multiplier ces applications : nous les avons choisies telles qu'elles offrissent un assez grand nombre de cas différents.

Il est évident que ce procédé fait connaître sans aucune incertitude les lieux des racines, c'est-à-dire les limites entre lesquelles on doit les chercher : mais il ne détermine pas toujours la nature de ces racines. On voit au contraire que si l'application du théorème indique un nombre pair de racines dans un intervalle donné, il peut arriver que toutes ces racines soient imaginaires. Nous avons donc une seconde question à résoudre, celle qui a pour objet de découvrir la nature des racines indiquées. Nous donnerons par la suite une solution complète de cette seconde question : elle est fort différente de la première que nous avons traitée jusqu'ici, et qui avait pour objet de désigner les seuls intervalles où l'on doit chercher les racines.

Il faut se représenter que l'on a divisé en une multitude d'intervalles la différence de deux valeurs attribuées à x, et dont l'une est au-dessous de o à une très-grande distance, et l'autre au-dessus de o à une très-grande distance. Chacun de ces intervalles partiels a deux limites a et b. Or ces intervalles sont de deux sortes.

1° Ceux dans lesquels on ne doit chercher aucune des racines de l'équation. On reconnaît ces intervalles au caractère suivant : qu'en substituant leurs limites a et b dans la suite des fonctions $f^{(n)}x$, $f^{(m-1)}x, \ldots f''(x), f'(x), f(x)$, ce qui donne deux séries de résultats, la seconde suite a autant de changements de signe que la première.

2° Les intervalles dans lesquels on doit procéder à la recherche des racines. On reconnaît ces intervalles au caractère suivant : qu'en substituant les limites a et b dans la série des fonctions, la suite donnée par la substitution de la plus grande limite b a moins de changements de signe que la suite donnée par la substitution de a.

Les premiers intervalles sont exclus, et leur étendue totale est incomparablement plus grande que celle des autres. A l'égard des seconds intervalles, ils sont eux-mêmes de deux espèces différentes : savoir ceux où les racines existent en effet, et ceux où les racines manquent. Il nous reste à expliquer clairement cette distinction, et à donner des règles certaines et d'une application facile pour distinguer ces deux espèces d'intervalles.

(21) La question se présente, par exemple, dans l'analyse de l'équation $x^5 - 3x^4 - 24x^3 + 95x^2 - 46x - 101 = 0$, citée art. 12. Le théorème général indique que l'on doit chercher trois racines entre les limites 1 et 10. On pourrait diviser cet intervalle en deux parties, en substituant dans la série des fonctions un nombre c plus grand que 1 et moindre que 10; et l'on appliquerait les règles précédentes aux

intervalles partiels 1 et c, et c et 10. Or en continuant ainsi de substituer des nombres intermédiaires, et de diviser les intervalles, on parviendrait à séparer les trois racines, si elles sont toutes réelles, et l'on connaîtrait pour chacune d'elles un intervalle où elle est seule comprise, ce qui est le but de la recherche. Mais si deux des racines cherchées sont imaginaires, la subdivision de l'intervalle n'aura aucun terme, et l'on ignorera toujours si la séparation des racines est impossible, parce qu'elles sont imaginaires, ou si elle est seulement retardée, parce que leur différence est extrêmement petite.

On ne peut point résoudre cette difficulté en se bornant à substituer des valeurs intermédiaires, et à comparer les signes des résultats : la question exige une règle spéciale. C'est pour cette raison que la méthode proposée par Rolle, sous le nom de *Méthode des cascades*, ne peut servir à la détermination des limites des racines : car elle manque d'un caractère pour la distinction des racines imaginaires.

La règle d'approximation que l'on doit à Newton ne résoud point cette question ; elle la suppose résolue. Cette méthode newtonienne est un des éléments les plus précieux de l'analyse parce qu'elle s'étend à toutes les branches du calcul ; mais elle n'a point pour objet de distinguer les racines imaginaires. C'est pour y parvenir que Lagrange et Waring ont proposé de rechercher la plus petite différence des racines de l'équation, ou une quantité moindre que cette plus petite différence. Considérée sous le rapport théorique, la solution est exacte. En effet si l'on était parvenu à connaître que la différence des racines réelles qui diffèrent le moins est plus petite qu'une certaine quantité Δ, il suffirait de substituer pour la variable x des nombres consécutifs dont la différence serait Δ, ou moindre que Δ. On serait assuré de distinguer ainsi toutes les racines ; et si l'on n'en trouvait pas autant qu'il y a d'unités dans le degré m de la proposée, celles que l'on ne séparerait point par ces substitutions seraient en nombre pair, égal au nombre des racines imaginaires de la proposée. Mais il est facile de juger qu'on ne peut point admettre une telle méthode de résolution. En effet 1° le calcul qui ferait connaître cette valeur de la limite Δ est impraticable pour les équations d'un degré un peu élevé ; 2° on effectuerait des substitutions dans des intervalles où le théorème général, art. 7, prouve qu'il ne peut y avoir aucune racine. Il faudrait donc appliquer d'abord ce théorème, et ne faire des substitutions que dans les intervalles où les racines doivent être cherchées. Cette opération diminuerait la longueur du calcul, mais elle ne dispenserait pas de trouver la valeur de Δ, ce qui est la difficulté principale. Il était donc nécessaire de traiter par d'autres principes cette question très-importante qui a pour objet de reconnaître avec certitude la nature des racines. Je suis parvenu depuis long-temps à la résoudre par des procédés dont l'application est prompte et facile. La solution que nous allons exposer dans les articles suivants a été donnée autrefois dans les cours de l'École Polytechnique de France ; elle est la plus claire et la plus simple de toutes celles que j'ai pu découvrir pour cet objet. Il s'agit ici d'un élément essentiel, et que l'on a pu regarder comme le point le plus difficile de toute la théorie : nous avons dû nous attacher à l'éclaircir entièrement. Il ne suffisait pas de donner le principe analytique dont nous avons déduit autrefois la solution : il est préférable de rendre les conséquences très-sensibles par l'emploi des constructions. Rien n'est plus propre à montrer distinctement la nature de la question. Nous rapporterons ensuite plusieurs exemples de la règle générale qui sert à la résoudre.

(22) On suppose qu'après avoir substitué deux nombres a et b, dont b est le plus grand, dans la suite des fonctions

$$ f^{(m)}(x), f^{(m-1)}(x) \ldots f'''(x), f''(x), f'(x), f(x), $$

il arrive que la suite (a) des signes des résultats, c'est-à-dire celle qui provient de la substitution de a, diffère de la suite (b) en ce que la seconde contient deux changements de signes de moins que la première. Par exemple la suite (a) est terminée par les trois

I. 16

signes

$$+ \quad - \quad +,$$

et la suite (b) par ceux-ci

$$+ \quad + \quad +.$$

Nous supposons aussi que dans toutes les parties de ces deux suites qui sont placées à la gauche des trois signes que l'on vient d'écrire, chaque signe de la suite (a) est le même que le signe correspondant de la suite (b). On voit que le nombre substitué passant de la valeur a à la valeur b, la suite des signes perd deux changements. Il suit donc du théorème précédent, article 7, que l'équation $f'(x) = 0$ ne peut pas avoir plus de deux racines entre a et b ; mais on ignore si les deux racines indiquées sont réelles, ou si elles manquent dans cet intervalle : c'est la question qu'il faut résoudre. Or si dans chacune des deux suites (a) et (b) on omettait le dernier signe, la première contiendrait seulement un changement de signes de plus que la seconde. Donc l'équation $f'(x) = 0$ ne peut avoir qu'une racine entre a et b, et l'on est assuré que cette racine est réelle.

De plus, en omettant les deux derniers signes de chacune des suites (a) et (b), on trouve, par hypothèse, que la première suite n'a pas plus de changements de signe que la seconde. Donc l'équation $f''(x) = 0$ n'a aucune racine entre a et b ; c'est-à-dire qu'il ne peut y avoir dans cet intervalle aucun nombre qui, mis au lieu de x, rende nulle la fluxion du second ordre $f''(x)$.

(23) Il est facile de représenter par les propriétés des figures les relations qu'ont entre elles les fonctions $f''(x), f'(x), f(x)$. L'ordonnée y de la courbe $m\,p\,n$ (fig. 4 et 5) exprime la valeur que reçoit la fonction $f(x)$ lorsqu'on donne à la variable x une valeur quelconque mesurée par l'abscisse $o\,x$. Les limites a et b sont les abscisses $o\,a, o\,b$. L'arc $m\,p\,n$ qui répond à cet intervalle $a\,b$ n'a aucun point d'inflexion, car la valeur de l'abscisse correspondante à chaque point d'inflexion est celle qui rend nulle la fluxion du second ordre

$f''(x)$, ou $\frac{d^2y}{dx^2}$. Ainsi l'arc mpn est exempt de sinuosités, et comme la valeur de $f''(x)$ est positive aux deux extrémités de l'arc, on voit que cet arc a la forme que la figure indique. Il est concave dans toute son étendue : sa concavité regarde le haut de la planche. En un certain point p de cet arc la tangente est parallèle à l'axe des abscisses. Ce point répond à la valeur de x qui rend nulle la fluxion du premier ordre $f'(x)$; et l'équation $f'(x) = 0$ ayant une seule racine entre les limites a et b, il n'existe qu'un seul point p où l'inclinaison soit nulle. Si l'on ajoute à ces conditions que les ordonnées extrêmes $f(a)$ et $f(b)$ sont positives, on voit que la partie de la ligne courbe que l'on considère est celle que représente la figure 4 ou la figure 5. Dans la première il existe deux points d'intersection α et ε, et les abscisses $o\alpha$, $o\varepsilon$ expriment les valeurs des deux racines réelles. Dans la seconde figure, l'arc n'atteint pas l'axe des abscisses; il n'y a aucun point d'intersection, en sorte que les deux racines que l'on cherche sont imaginaires. La question consiste à distinguer celle des deux constructions qui représente la fonction proposée dans l'intervalle des limites a et b. Cette question serait facilement résolue, si l'on connaissait la valeur exacte γ de l'abscisse $o\gamma$ qui répond au point p où la tangente est parallèle à l'axe; car il suffirait de substituer cette valeur γ dans la fonction $f(x)$, et d'examiner le signe du résultat. Si ce signe est différent de celui qui est commun aux deux résultats $f(a)$ et $f(b)$, il existe deux points α et ε d'intersection. Mais si le signe de $f(\gamma)$ est le même que celui de $f(a)$ et $f(b)$, les deux points d'intersection manquent, et les racines sont imaginaires.

On pourrait substituer dans $f(x)$ au lieu de x une valeur approchée de la racine γ de l'équation $f'(x) = 0$. Si le résultat de cette substitution a un signe différent de celui de $f(a)$ et $f(b)$, on est assuré que les deux racines sont réelles, et elles se trouvent séparées. Mais si le signe du résultat est le même que celui de $f(a)$ et $f(b)$, la nature des racines demeure incertaine : car on ignore si en substituant dans $f(x)$ une valeur encore plus approchée de γ, on ne

16.

trouverait point un signe différent de celui de $f(a)$ et $f(b)$. Cette
difficulté se présenterait nécessairement toutes les fois que les racines
seraient imaginaires, et elle subsisterait toujours quoique l'intervalle des deux limites pût être rendu extrêmement petit.

(24) Pour résoudre cette ambiguïté nous considérons que la
seconde construction (fig. 5) diffère de la première (fig. 4) par un
caractère propre que le calcul peut exprimer. En effet concevons
que dans la construction représentée par la fig. 5 on mène par les
points m et n deux tangentes jusqu'à la rencontre de l'axe en a' et
b' ; qu'en ces points a' et b' on élève des ordonnées $a'm'$, $b'n'$; qu'aux
points m' et n' on mène deux nouvelles tangentes jusqu'à la rencontre de l'axe. Il est évident qu'après une ou plusieurs opérations
semblables, il arrivera nécessairement qu'on ne pourra point tracer
ces tangentes successives sans qu'elles finissent par sortir de l'intervalle ab ; et la distance du point a à l'intersection de la tangente
et de l'axe, c'est-à-dire la sous-tangente, deviendra certainement
plus grande que l'intervalle ab. Si au contraire l'arc mn a deux
points d'intersection entre a et b, comme le représente la figure 4,
la condition qu'on vient d'énoncer n'aura jamais lieu ; chacune des
sous-tangentes aa', $a'a''$, etc. sera toujours moindre que l'intervalle
ab, $a'b'$, etc. Il en sera de même des sous-tangentes successives bb',
$b'b''$, etc., comparées aux intervalles ba, $b'a'$, etc. Dans cette même
construction de la figure 4, si l'on prend les valeurs de deux sous-
tangentes aa', bb', et si on les ajoute sans avoir égard aux signes,
c'est-à-dire en attribuant le signe $+$ à chacune de ces quantités,
la somme sera toujours moindre que l'intervalle ab des deux limites. Il en sera de même de toutes les sous-tangentes suivantes : la
somme des deux sous-tangentes portées aux deux extrémités d'un
intervalle quelconque $a'b'$, $a''b''$, etc. sera moindre que cet intervalle. C'est un caractère distinctif du cas où l'arc mpn a ses deux
points d'intersection.

Nous avons supposé que le point m' (fig. 4 et fig. 5) répond précisément à l'extrémité a' de la sous-tangente aa'. Les conséquences

seraient les mêmes si ce point m' répondait à un point voisin de
a', et compris entre les points a' et a.

(25) On appliquera aisément le calcul à l'énoncé de la proposition précédente, en se servant de l'expression connue de la sous-
tangente $b\,b'$. Le rapport $\frac{dy}{dx}$ est égal à celui des deux lignes $n\,b$ et
$b\,b'$, d'où l'on conclut

$$b\,b' = n\,b : \frac{dy}{dx} = f(b) : \frac{dx f'(b)}{dx}, \ \text{ou} \ b\,b' = \frac{f(b)}{f'(b)}.$$

On aura donc la valeur numérique de la sous-tangente $b\,b'$ en formant le quotient des deux résultats $f(b)$ et $f'(b)$. On trouvera de
même, abstraction faite du signe, la valeur de la sous-tangente
$a\,a'$ en divisant $f(a)$ par $f'(a)$. En général l'expression de l'abscisse
$o\,b'$, qui répond à l'intersection b' de la tangente $n\,b'$ et de l'axe,
est $x - \frac{f(x)}{f'(x)}$. En substituant dans cette expression a pour x, et
ensuite b pour x, le second résultat $b - \frac{f(b)}{f'(b)}$ sera toujours plus
grand que le premier $a - \frac{f(a)}{f'(a)}$, si la ligne courbe est celle que représente la figure 4. Cette condition ne peut cesser de subsister que
si la position de l'arc est celle que représente la figure 5; et dans
ce cas il arrive nécessairement, lorsqu'on trace les tangentes successives, que la condition cesse d'avoir lieu. Le caractère propre
aux racines réelles est donc ainsi exprimé :

$$a - \frac{f(a)}{f'(a)} < b - \frac{f(b)}{f'(b)}, \ \text{ou} \ \frac{f(b)}{f'(b)} + \frac{f(a)}{-f'(a)} < b - a.$$

Il s'ensuit que les deux limites a et b étant proposées, et les résultats
$f'(a), f(a), f'(b), f(b)$ étant connus, il faudra premièrement, pour
reconnaître la nature des deux racines indiquées, diviser $f(a)$ par
$f'(a)$, et $f(b)$ par $f'(b)$. Si l'un des deux quotients, pris abstraction
faite du signe, ou si la somme de ces deux quotients, surpasse ou
égale la différence $b - a$ des deux limites, on est assuré que les
deux racines ne sont point réelles.

Mais si la différence $b - a$ des deux limites est plus grande que la somme des deux quotients, on est averti que la distance des deux limites entre lesquelles on cherche les racines n'est pas devenue assez petite pour qu'on puisse reconnaître la nature de ces racines au moyen d'une seule opération. Il faut diviser l'intervalle ab des deux limites, en substituant dans $f(x)$ un nombre intermédiaire c plus grand que a et moindre que b, et marquer le signe du résultat. Lorsque le signe de $f(c)$ n'est pas le même que le signe commun de $f(a)$ et $f(b)$, on connaît que les deux racines sont réelles : l'une est entre a et c, et l'autre entre c et b. L'intervalle $b - a$ est ainsi divisé en deux parties dont chacune contient une racine réelle entièrement séparée.

Il arrive le plus souvent qu'un premier examen suffit pour indiquer la nature des racines cherchées. On trouve que la somme des quotients $\dfrac{f(a)}{-f'(a)}$, $\dfrac{f(b)}{f'(b)}$ surpasse la différence $b - a$, ou que la substitution d'un nombre intermédiaire c donne un résultat $f(c)$ dont le signe diffère de celui qui est commun à $f(a)$ et $f(b)$. Si aucune de ces deux conditions n'a lieu, il faut conclure que les limites a et b ne sont point assez approchées pour qu'une seule opération détermine la nature des racines. Dans ce cas la substitution du nombre intermédiaire c donne pour le signe de $f(c)$ le signe commun de $f(a)$ et $f(b)$. Il n'en est pas de même des résultats $f'(a)$, $f'(b)$ et $f'(c)$: les deux premiers sont de signes différents, par hypothèse. Donc un de ces deux résultats $f'(a)$ et $f'(b)$ a le même signe que $f'(c)$; l'autre a un signe contraire. Désignons par d celle des limites a et b qui, étant substituée dans $f'(x)$, donne un résultat de signe contraire à celui de $f'(c)$. On voit que l'équation $f'(x) = 0$ aura une racine réelle entre les nouvelles limites c et d; et les deux racines, dont la nature est encore incertaine, doivent être cherchées dans l'intervalle de c à d. On appliquera donc à ce second intervalle de c à d la règle qu'on avait appliquée à l'intervalle de a à b, et l'on recherchera la nature de ces racines par un procédé entièrement semblable à celui que nous venons de décrire.

(26) Il est nécessaire de remarquer que si les deux racines cherchées étaient réelles, mais égales, on n'en reconnaîtrait pas la nature par la règle précédente. Mais on distingue facilement ce cas intermédiaire et singulier, puisqu'il suffit de comparer les fonctions $f(x)$ et $f'(x)$, afin de savoir si elles ont un commun diviseur $\varphi(x)$, et si ce commun diviseur a une racine réelle comprise entre a et b. Lorsqu'un tel diviseur $\varphi(x)$ n'existe pas, ou si l'équation $\varphi(x)=0$ n'a point une racine réelle entre a et b, on parviendra toujours par le procédé que nous avons décrit, et en continuant l'examen autant que la forme de la courbe peut l'exiger, à reconnaître que les racines cherchées sont imaginaires, ou à les séparer si elles sont réelles. Dans ce dernier cas, l'intervalle ab des deux limites proposées sera divisé en deux autres, dans chacun desquels se trouve une seule racine.

(27) Les figures 4 et 5 se rapportent au cas où le signe commun de $f(a)$ et $f(b)$ est $+$. Si les deux suites de signes (a) et (b) que l'on doit comparer, et qui ne diffèrent que par l'avant-dernier signe $-$, sont ainsi terminées,

$$- \quad + \quad -$$

et

$$- \quad - \quad -,$$

la construction est celle des figures 4' et 5'. L'arc mpn n'a aucune sinuosité, mais seulement un point p où l'inclinaison est nulle. Cet arc est convexe dans toute son étendue, parce que le signe de la fluxion du second ordre est $-$. Il existe deux points d'intersection α et ε si la position de l'arc est celle que représente la fig. 4', et ces deux points d'intersection manquent à la fois dans l'intervalle si la position de l'arc est celle que représente la figure 5'. La règle qu'il faut suivre pour reconnaître si les deux racines cherchées sont réelles ou imaginaires est exactement la même que celle que nous venons d'exposer.

(28) Nous résumerons comme il suit, l'énoncé de cette règle.

Si après avoir substitué deux limites a et b dans la suite des fonctions $f^{(m)}(x)$, $f^{(m-1)}(x)$...$f''(x)$, $f'(x)$, $f(x)$, et comparé les signes des résultats de la suite (a) à ceux des résultats de la suite (b), on remarque que la seconde suite (b) a deux changements de signes de moins que la suite (a), et qu'en omettant les deux derniers signes de chaque suite, la seconde a autant de changements de signes que la première, il faut pour juger si les deux racines indiquées sont réelles, comparer les résultats $f'(a)$, $f(a)$, et $f'(b)$, $f(b)$, abstraction faite de leurs signes, c'est-à-dire en attribuant à toutes ces quantités le signe $+$. Si l'un des deux quotients $\dfrac{f(a)}{f'(a)}$, $\dfrac{f(b)}{f'(b)}$, ou si la somme de ces quotients, surpasse ou égale $b - a$, on est assuré que les deux racines cherchées sont imaginaires.

Si la condition précédente n'a pas lieu, en sorte que la somme des deux quotients soit moindre que la différence $b - a$, on examinera si les fonctions $f(x)$ et $f'(x)$ ont un facteur commun $\varphi(x)$, et si l'équation $\varphi(x) = 0$ a une racine réelle entre a et b. Si ce diviseur commun $\varphi(x)$ existe, et si de plus l'équation $\varphi(x) = 0$ a une racine réelle c comprise entre a et b, l'équation a deux racines réelles égales à c.

Mais si les deux fonctions $f(x)$ et $f'(x)$ n'ont pas de diviseur commun, ou si ce diviseur $\varphi(x)$ existant, l'équation $\varphi(x) = 0$ n'a pas une racine réelle entre a et b, ce que l'on connaît facilement par les principes ci-dessus exposés, il faudra examiner si les deux racines de l'équation $f(x) = 0$ indiquées entre a et b peuvent être séparées par la substitution d'un nombre intermédiaire c plus grand que a et moindre que b. On substituera donc un tel nombre c dans $f(x)$. Si le signe de $f(c)$ n'est pas le même que celui de $f(a)$ et $f(b)$, les deux racines cherchées sont réelles; l'une est entre a et c, et l'autre entre c et b. Si au contraire le signe de $f(c)$ est le même que celui de $f(a)$ et $f(b)$, on en conclura que les deux limites a et b n'étaient pas assez approchées pour que l'on pût connaître par un premier examen la nature des racines. Choisissant donc celle des deux limites a et b dont la substitution dans $f'(x)$ donne un résultat de signe contraire à celui de $f'(c)$, et désignant par d cette limite, on opérera pour l'intervalle compris entre c et d de même qu'on vient d'opérer pour l'intervalle compris entre a et b. En continuant ainsi l'emploi de ce procédé, dont la pratique est très-simple, on parviendra par une voie certaine à reconnaître qu'il n'y a point de racines dans l'intervalle proposé, ou à séparer ces racines si elles existent.

(29) Nous appliquerons cette règle à divers exemples, et premièrement à l'équation

$$x^3 + 2x^2 - 3x + 2 = 0$$

citée dans l'article 14. On a vu que cette équation a une racine réelle comprise entre -10 et -1, et qui se trouve entièrement séparée. La comparaison des suites qui répondent aux limites 0 et 1 indique que l'on doit chercher les deux autres racines dans cet intervalle; mais on ignore si ces racines existent en effet, ou si elles sont imaginaires.

Pour faire usage de la règle précédente, on compare les deux suites

$$f'''(x), f''(x), f'(x), f(x)$$

$$(0)\dots + \quad + \quad - \quad +$$
$$ {\scriptstyle 3} \quad {\scriptstyle 2}$$

$$(1)\dots + \quad + \quad + \quad +.$$
$$ {\scriptstyle 4} \quad {\scriptstyle 2}$$

On écrit au-dessous des deux derniers signes les valeurs numériques des résultats : car il est nécessaire de considérer ces valeurs pour connaître la nature des racines. Les suites présentent le cas que nous avons d'abord examiné, c'est-à-dire que l'équation $f''(x) = 0$ ne peut avoir aucune racine entre 0 et 1, et que l'équation $f'(x) = 0$ a une seule racine réelle dans cet intervalle. Il s'agit de reconnaître si l'équation $f(x) = 0$ a deux racines réelles entre ces limites, ou si les deux racines indiquées sont imaginaires. On écrira conformément à la règle, et abstraction faite des signes, les deux quotients $\frac{f(a)}{f'(a)}$ et $\frac{f(b)}{f'(b)}$, savoir $\frac{2}{3}$ et $\frac{2}{4}$; et l'on examinera si l'un de ces quotients, ou si leur somme, surpasse ou égale la différence 1 des

I.   17

deux limites. Cette condition ayant lieu, on est assuré que les deux racines indiquées sont imaginaires. Ainsi l'équation proposée a une seule racine réelle entre — 10 et — 1. Elle manque de deux racines dans l'intervalle de 0 à 1.

(30) Nous choisirons pour second exemple de l'application de la même règle l'équation

$$x^5 + x^4 + x^2 - 25x - 36 = 0$$

citée dans l'article 15. On a vu que deux racines sont indiquées dans l'intervalle de — 10 à 1 : il s'agit de reconnaître si les deux racines sont réelles, ou si elles manquent entre ces limites. On résout cette question en comparant, selon la règle de l'article 28, les deux suites

$$f''(x), f'(x), f(x)$$

$$(-10)\dots\ +\quad -\quad +\quad -\quad \underset{45955}{+}\quad \underset{89686}{-}$$

$$(-1)\dots\ +\quad -\quad +\quad -\quad \underset{26}{-}\quad \underset{10}{-}$$

Nous avons écrit au-dessous des deux derniers signes de chaque suite les valeurs numériques des résultats. Les deux suites comparées satisfont aux conditions que suppose l'énoncé de la règle. On examinera donc si l'un de ces quotients $\frac{89686}{45955}$ et $\frac{10}{26}$, ou si leur somme, surpasse ou égale la différence 9 des deux limites; et comme cela n'a pas lieu, on en conclut qu'il faut subdiviser l'intervalle de — 10 à — 1. Mais avant de procéder à la substitution d'un nombre intermédiaire, on doit examiner si les fonctions $f(x)$ et $f'(x)$, ou

$$x^5 + x^4 + x^2 - 25x - 36 \text{ et } 5x^4 + 4x^3 + 2x - 25,$$

ont un diviseur commun, et si ce diviseur a une racine réelle entre — 10 et — 1. Ce diviseur n'existant pas, on substitue au lieu de x un nombre compris entre — 10 et — 1, et exprimé par un seul chiffre. Si l'on prend — 2 pour ce nombre intermédiaire, et si l'on cherche les signes de la suite des résultats que donne la substitution de — 2 dans les fonctions

$$f^{v}(x), f^{iv}(x), f'''(x), f''(x), f'(x), f(x),$$

on trouve

$$(-10)\ldots + \quad - \quad + \quad - \quad + \quad -$$
$$(-2)\ldots + \quad - \quad + \quad - \quad + \quad +$$
$$(-1)\ldots + \quad - \quad + \quad - \quad - \quad -.$$

On compte cinq changements de signe dans la suite (— 10), quatre dans la suite (— 2) et trois dans la suite (— 1). Par conséquent la substitution du nombre intermédiaire a séparé les racines indiquées. Elles sont donc réelles : l'une est entre — 10 et — 2, et l'autre entre — 2 et — 1.

Ainsi l'opération qui a pour objet de déterminer la nature et les limites des racines, est achevée. L'équation a deux racines imaginaires et trois racines réelles : l'une est comprise entre — 10 et — 2, la seconde entre — 2 et — 1, et la troisième entre 1 et 10.

(31) Nous avons supposé jusqu'ici que les deux suites comparées sont telles 1° que la seconde a seulement deux changements de signes de moins que la première, et 2° qu'en omettant les deux derniers signes, les deux suites ont le même nombre de changements de signes. Mais la succession des signes dans les deux suites est susceptible d'un très-grand nombre de combinaisons, et le nombre des racines indiquées peut être plus grand que 2. Il nous reste à montrer que, dans tous les cas possibles, l'application de la même règle suffit pour distinguer facilement les racines imaginaires. Cette distinction s'opère par la comparaison des résultats que donne la substitution des limites a et b dans les fonctions

$$f^{(m)}(x), f^{(m-1)}(x), f^{(m-2)}(x), \ldots f''(x), f'(x), f(x).$$

Ces résultats sont

$$f^{(m)}(a), f^{(m-1)}(a), f^{(m-2)}(a), \ldots f''(a), f'(a), f(a),$$
$$f^{(m)}(b), f^{(m-1)}(b), f^{(m-2)}(b), \ldots f''(b), f'(b), f(b).$$

On comptera dans la première suite combien il se trouve de chan-

17.

gements de signes depuis le premier terme $f^{(m)}(a)$ jusqu'au second, au troisième, au quatrième, etc., en procédant de gauche à droite. On marquera au-dessus de chaque terme, tel que $f^{(m-i)}(a)$, le nombre h de changements de signes contenus dans la suite jusqu'au terme $f^{(m-i)}(a)$, en y comprenant ce terme. On désignera de la même manière dans la seconde suite combien il se trouve de changements de signes depuis le premier terme jusqu'à un terme quelconque $f^{(m-i)}(b)$. Soit k le nombre de changements comptés dans la seconde suite jusqu'à ce terme $f^{(m-i)}(b)$. On prendra la différence $h-k$ des deux nombres correspondants marqués dans l'une et l'autre suites, et l'on écrira entre les deux termes cette différence, que nous désignons par δ, et qui ne peut jamais être négative (art. 7). On forme ainsi à l'inspection des deux suites une série d'*indices* placés entre les termes de ces suites.

(32) Par exemple si les signes des résultats dans les suites comparées sont tels que les représente la table suivante,

$$f^{(m)}(x), \overset{(m-1)}{f}(x), \overset{(m-2)}{f}(x), \overset{(m-3)}{f}(x), \overset{(m-4)}{f}(x), \overset{(m-5)}{f}(x), \overset{(m-6)}{f}(x), \ldots \ldots f'''(x), f''(x), f'(x), f(x),$$

	0	1	2	2	2	3	3	4	4	5	6	6	7	8	9
$(a)\ldots$	+	—	+	+	+	—	—	+	+	—	+	+	—	+	—
	0	0	1	1	1	2	1	2	2	3	4	3	4	4	5
$(b)\ldots$	+	—	—	—	—	—	+	+	+	+	+	—	—	+	+
	0	1	1	1	1	1	2	2	2	2	2	3	3	4	4

la série des indices formée selon la règle précédente sera,

$$0\ 0\ 1\ 1\ 1\ 2\ 1\ 2\ 2\ 3\ 4\ 3\ 4\ 4\ 5.$$

Nous désignons en général cette série par

$$0\ \delta\ \delta'\ \delta''\ \delta''' \ldots \ldots \Delta.$$

Le dernier indice Δ montre que l'équation proposée $f(x)=0$ ne peut pas avoir entre les limites a et b plus de racines réelles qu'il n'y a d'unités dans Δ. En général un indice quelconque δ qui correspond à la fonction $f^{(n)}(x)$ fait connaître que l'équation $f^{(n)}(x)=0$ ne peut pas avoir entre les limites a et b un nombre de racines plus grand que δ. Ainsi, dans l'exemple cité, l'équation proposée $f(x) = 0$ ne peut pas avoir entre a et b plus de cinq racines : on est assuré que l'une de ces racines est réelle. Quant à l'équation $f'(x) = 0$, le nombre des racines indiquées est 4 : cette équation ne peut donc avoir entre les mêmes limites a et b plus de quatre racines. Il en est de même à l'égard de l'équation $f''(x) = 0$. Pour l'équation $f'''(x) = 0$ le nombre des racines indiquées est 3 : une de ces racines est certainement réelle.

La valeur d'un indice quelconque étant désignée par δ, celle de l'indice suivant est δ, ou $\delta - 1$, ou $\delta + 1$: cela est une conséquence évidente de la formation de la série. Il est nécessaire d'insister sur cette dernière remarque, parce que nous devons en faire usage dans la suite de cet ouvrage en traitant des fonctions transcendantes.

(33) Lorsque le dernier indice Δ est 0, l'intervalle des limites a et b est, comme nous l'avons dit, un de ceux où l'on ne peut chercher aucune racine de la proposée $f(x) = 0$.

Si ce dernier indice Δ est 1, l'équation $f(x) = 0$ a une seule racine réelle entre a et b. Les indices précédents, qui répondent à $f'(x)$ et $f''(x)$, peuvent être différents de zéro ou de 1 ; mais il est facile de voir qu'en diminuant à volonté l'intervalle de a à b par la substitution de nombres intermédiaires, on peut faire en sorte que l'indice pénultième qui répond à $f'(x)$ soit 0. En effet $f(x)$ et $f'(x)$ n'ont point de diviseur commun $\varphi(x)$ qui puisse devenir nul par la substitution d'un nombre compris entre a et b : car si cela était, l'équation $f(x) = 0$ aurait deux racines réelles égales dans l'intervalle de a à b. Or le dernier indice étant 1, l'équation $f(x) = 0$ ne peut pas avoir plus d'une racine réelle α entre a et b. Donc on peut diminuer et ensuite augmenter la valeur de la racine réelle jusqu'à des limites a' et b', telles que l'équation $f'(x) = 0$ ne puisse avoir aucune racine entre ces mêmes limites. Donc pour les limites a' et b' le dernier indice sera 1, et le pénultième zéro.

Les constructions rendent très-sensible la vérité de cette conséquence. En effet on est assuré que la ligne dont l'équation est $y = f(x)$

coupe l'axe des abscisses (fig. 6) en un certain point α placé entre a et b, puisque l'équation $f(x) = 0$ a, par hypothèse, une racine réelle dans cet intervalle. Or il est évident que, de part et d'autre de ce point α d'intersection, il existe un intervalle $a'b'$ tel que l'arc $\mu \alpha \nu$ situé au-dessus de cet intervalle n'a aucun point où l'inclinaison de la tangente soit nulle. Il n'y aurait qu'une seule exception, celle où, dans le point même d'intersection, l'inclinaison serait nulle. Mais dans ce cas les deux fonctions $f(x)$ et $f'(x)$ s'évanouiraient ensemble pour cette valeur α de x. Par conséquent l'équation $f(x) = 0$ aurait au moins deux racines réelles égales dans l'intervalle de a à b. Donc le dernier indice ne serait pas 1, comme on le suppose; il serait au moins 2, puisque l'équation $f(x) = 0$ ne peut avoir plus de racines réelles inégales ou égales dans l'intervalle des deux limites, qu'il n'y a d'unités dans le dernier indice.

Lorsque l'intervalle des deux limites satisfait à cette condition, qui peut toujours être remplie, savoir que le dernier indice est 1 et que le pénultième est 0, nous disons que la racine réelle comprise dans l'intervalle est entièrement séparée; et nous donnons dans le second livre de cet ouvrage les règles propres à en calculer la valeur par la voie la plus briève.

(34) Si le dernier indice n'est ni 0, ni 1, l'intervalle est un de ceux dans lesquels on doit chercher plusieurs racines. C'est alors seulement qu'il peut devenir nécessaire d'appliquer la règle qui sert à distinguer les racines imaginaires.

Supposons donc que le dernier indice soit 2, ou plus grand que 2 : on procédera comme il suit à la séparation des racines.

Ayant formé, comme nous l'avons dit ci-dessus, la série des indices entre les termes correspondants des deux suites (a) et (b), on parcourra cette série de droite à gauche jusqu'à ce qu'on trouve pour la première fois l'indice 1. Soit $f^{(n)}(x)$ celle des fonctions de la suite

$$f^{(m)}(x),\ f^{(m-1)}(x) \ldots f^{(n)}(x) \ldots f''(x),\ f'(x),\ f(x)$$

qui répond à cet indice. On voit que les racines sont séparées jusqu'à ce terme, c'est-à-dire qu'en s'arrêtant à $f^{(n)}(x)$ on est assuré que l'équation $f^{(n)}(x) = 0$ a une seule racine réelle entre a et b. Il faut maintenant poursuivre cette séparation en sorte que l'indice ι s'approche de plus en plus de l'extrémité de la série à droite, jusqu'à ce que le dernier indice Δ soit l'unité, ce qui est le terme de l'opération.

L'indice ι auquel on s'est d'abord arrêté, et qui répond à la fonction $f^{(n)}(x)$, est nécessairement suivi à droite de l'indice 2. Car nous avons remarqué plus haut que l'indice δ' qui suit l'indice δ ne peut être que δ, ou $\delta - 1$, ou $\delta + 1$: donc l'indice ι dont il s'agit ne pourrait être suivi que de 1, ou 0, ou 2. Or cet indice suivant n'est pas 1, puisqu'on s'est arrêté au terme que l'on trouve égal à 1 pour la première fois. Si l'indice suivant était 0, il faudrait que cet indice 0 augmentât dans la partie ultérieure de la série, puisque sa dernière valeur est par hypothèse 2, ou plus grande que 2. Donc l'indice 0 augmentant, passerait par la valeur 1; donc l'indice auquel on s'est arrêté ne serait pas, comme on le suppose, le premier terme que l'on trouve égal à 1 en procédant de droite à gauche. Ainsi l'indice 1 le plus voisin de l'extrémité à droite est certainement suivi de 2. Or si ce même indice 1 n'est pas précédé de zéro, on peut diminuer l'intervalle des limites a et b, en sorte que cette dernière condition soit remplie. En effet supposons que les indices qui répondent aux fonctions $f^{(n)}(x)$, $f^{(n-1)}(x)$ étant 1 et 2, celui qui répond à la fonction précédente $f^{(n+1)}(x)$ ne soit pas zéro. On formera dans l'intervalle des limites a et b un intervalle moindre compris entre a' et b', et dans lequel l'équation $f^{(n+1)}(x) = 0$ n'ait aucune racine. Nous avons prouvé précédemment, art. 33, qu'il est toujours facile de satisfaire à cette condition. On a donc à considérer dans l'intervalle des limites données a et b un intervalle partiel compris entre les nouvelles limites a' et b', et tel que les indices correspondants aux fonctions $f^{(n+1)}(x)$ et $f^{(n)}(x)$ soient respectivement 0 et 1. Ainsi l'intervalle primitif de a à b se trouve formé de trois autres, savoir celui de a à a', celui de a' à b', et celui de b' à b.

Il est manifeste que dans le premier de ces intervalles terminé par les limites a et a', et dans le troisième entre les limites b et b', l'équation $f^{(n)}(x) = 0$ ne peut avoir aucune racine, puisque la seule racine réelle entre les limites a et b est placée entre les nouvelles limites a' et b'. Donc pour chacun de ces intervalles extrêmes a et a', ou b' et b, l'indice correspondant à la fonction $f^{(n)}(x)$ serait 0. Il s'ensuit que pour chacun de ces intervalles a et a', ou b' et b, la séparation des racines est portée au-delà de la fonction $f^{(n)}(x)$; c'est-à-dire que si dans l'un ou l'autre de ces intervalles partiels, il existe après l'indice 0 un indice égal à 1, il répond à une fonction plus avancée que $f^{(n)}(x)$ vers la droite. Quant à l'intervalle partiel de a' à b', on sait que l'indice qui répond à $f^{(n)}(x)$ est 1; et il peut arriver que le terme 1 ne soit plus le dernier indice égal à 1, en sorte qu'on y trouverait un autre terme égal à 1 et plus avancé vers la droite. Dans ce cas, la séparation des racines est continuée au-delà de la fonction $f^{(n)}(x)$. Mais il peut arriver aussi que l'indice 1 qui répond à $f^{(n)}(x)$ soit encore pour cet intervalle de a' et b' le terme 1 le plus voisin de l'extrémité à droite. Dans ce second cas l'indice 1 dont il s'agit est suivi de 2; par conséquent les indices correspondants aux fonctions

$$f^{(n+1)}(x),\ f^{(n)}(x),\ f^{(n-1)}(x),$$

sont

$$0 \qquad 1 \qquad 2.$$

Il résulte de cet examen qu'en divisant l'intervalle primitif des limites a et b, on fait avancer de plus en plus vers la droite, dans chaque intervalle partiel, l'indice 1 le plus voisin de l'extrémité, à moins que dans certaines parties de l'intervalle on ne vienne à remarquer que le dernier indice égal à 1 étant suivi de 2 est précédé de 0. C'est seulement lorsque cette dernière condition se présente, qu'il convient d'examiner si les racines indiquées sont imaginaires. Dans tous les autres cas, on doit poursuivre la séparation des racines jusqu'à ce que le dernier indice de la série soit 1.

(35) Il ne nous reste par conséquent qu'un seul cas à considérer,

celui pour lequel on trouve que le dernier indice égal à 1 étant suivi de 2 est précédé de 0.

Soit donc un intervalle compris entre deux limites a et b, et qui a les propriétés suivantes.

En comparant la suite (a) des signes qui proviennent de la substitution de la limite a dans les fonctions

$$f^{(m)}(x), f^{(m-1)}(x), f^{(m-2)}(x), \ldots f''(x), f'(x), f(x)$$

à la suite (b) que donne la substitution de l'autre limite b, et formant par cette comparaison la série des indices, on marque dans cette série le terme 1 le plus voisin de l'extrémité à droite, et l'on voit que ce dernier indice égal à 1 est précédé de 0 et suivi de 2. Ces indices consécutifs

$$0 \qquad 1 \qquad 2$$

répondent aux fonctions

$$f^{(n+1)}(x), f^{(n)}(x), f^{(n-1)}(x).$$

Ainsi l'équation $f^{(n+1)}(x) = 0$ ne peut avoir aucune racine entre a et b. L'équation $f^{(n)}(x) = 0$ a dans cet intervalle une racine réelle, et n'en peut avoir qu'une. Quant à l'équation $f^{(n-1)}(x) = 0$, elle ne peut pas avoir entre a et b plus de deux racines réelles. Il s'agit de reconnaître si ces racines existent, ou si elles manquent entre les mêmes limites. Dans le premier cas la racine exacte de l'équation $f^{(n)}(x) = 0$ étant substituée dans $f^{(n-1)}(x)$ et dans $f^{(n+1)}(x)$, donnerait deux résultats de signe contraire, et dans le second cas les résultats des deux substitutions auraient le même signe. La question consiste à distinguer lequel de ces deux cas a lieu. Or nous avons résolu cette question par la règle énoncée dans l'article 28 : il suffira donc d'appliquer cette règle aux trois fonctions $f^{(n+1)}(x)$, $f^{(n)}(x), f^{(n-1)}(x)$, et aux limites a et b. Si l'on reconnaît que les deux racines de l'équation $f^{(n-1)}(x) = 0$ sont réelles, elles seront séparées, et l'intervalle des limites a et b se trouvera divisé en deux autres, pour chacun desquels on aura la série d'indices qui lui est

I.   18

propre. Dans l'une et l'autre série l'indice 1 le plus voisin de l'extrémité à droite sera porté au-delà de la fonction $f^{(n)}(x)$.

Mais si l'on reconnaît que l'équation $f^{(n-1)}(x) = 0$ manque de deux racines dans l'intervalle de a à b, on en conclura qu'il en est de même de toutes les équations suivantes

$$f^{(n-2)}(x) = 0, \, f^{(n-3)}(x) = 0 \ldots f''(x) = 0, \, f'(x) = 0, \, f(x) = 0.$$

En effet l'équation $f^{(n-1)}(x) = 0$ manque de deux racines parce qu'il se trouve entre ces mêmes limites une racine réelle γ de l'équation $f^{(n)}(x) = 0$ qui, substituée dans $f^{(n+1)}(x)$ et $f^{(n-1)}(x)$, donne deux résultats de même signe. Donc la suite des signes des résultats perd deux changements de signe lorsque la valeur de x devient égale à celle qui rend nulle la fonction $f^{(n)}(x)$; donc l'équation proposée $f(x) = 0$ manque aussi de deux racines dans l'intervalle des limites a et b. Il s'ensuit que dans chacun des indices correspondants aux fonctions

$$f^{(n)}(x), \, f^{(n-1)}(x), \, f^{(n-2)}(x), \, f^{(n-3)}(x) \ldots f''(x), \, f'(x), \, f(x),$$

il se trouve une partie de cet indice égale à 2, et correspondante aux deux racines qui manquent en cet intervalle dans les équations

$$f^{(n)}(x) = 0, f^{(n-1)}(x) = 0, f^{(n-2)}(x) = 0, \ldots f''(x) = 0, f'(x) = 0, f(x) = 0.$$

Cette partie de chaque indice qui est égale à 2 doit donc être distinguée de la partie restante, et on peut l'omettre. Il n'y a plus que la partie restante qui indique combien on doit encore chercher de racines dans l'intervalle des limites. Par conséquent on retranchera 2 de chacun des indices qui répondent aux fonctions

$$f^{(n-1)}(x), \, f^{(n-2)}(x), \, f^{(n-3)}(x), \ldots f''(x), \, f'(x), \, f(x),$$

en sorte que celui de $f^{(n-1)}(x)$ deviendra zéro.

En rapprochant les propositions qui viennent d'être démontrées on voit que dans tous les cas, soit que les deux racines de l'équation $f^{(n-1)}(x) = 0$ soient réelles, soit qu'elles manquent dans l'intervalle des limites a et b, l'opération précédente donne de nouvelles séries d'indices dans lesquelles le terme 1 le plus voisin de l'extrémité à droite est plus avancé vers cette extrémité qu'il ne l'était auparavant. On appliquera donc la présente règle à chacune de ces séries, et l'on parviendra nécessairement à des séries d'indices dont le dernier terme sera o, ou dont le dernier terme sera 1.

(36) Les deux exemples suivants offrent des applications de la règle que l'on vient de donner pour la séparation des racines.

On a vu article 12 par l'analyse de l'équation

$$x^5 - 3x^4 - 24x^3 + 95x^2 - 46x - 101 = 0$$

que l'on doit chercher entre les limites 1 et 10 trois racines, dont une est certainement réelle. Il s'agit de reconnaître si les deux autres existent, ou si l'équation a deux racines imaginaires qui manquent dans cet intervalle. On procédera comme il suit à cette distinction.

Les deux suites que l'on doit comparer sont

$$f^v(x), f^{iv}(x), f'''(x), f''(x), f'(x), f(x)$$

	$+$	$+$	$-$	$+$	$+$	$-$
(1)...	120	48	156	30	65	78
	0	0	1	2	2	3
(10)...	$+$	$+$	$+$	$+$	$+$	$+$.
	120	1128	5136	15150	32654	54939

La série des indices, formée selon le procédé de l'article 31, est o o 1 2 2 3. Le dernier indice étant 3, l'intervalle est un de ceux auxquels on doit appliquer la règle de l'article 35. On a écrit au-dessous des signes des résultats les valeurs numériques des fonctions correspondantes.

En parcourant de droite à gauche la série de ces indices depuis le dernier terme 3, on trouve pour la première fois l'indice 1 correspondant à la fonction $f'''(x)$: ce terme 1 est suivi de 2, et précédé de o. Ainsi les trois indices consécutifs font connaître que l'on doit appliquer aux fonctions $f^{iv}(x), f'''(x), f''(x)$ la règle de l'article 28 qui sert à distinguer les racines imaginaires. On écrira donc

18.

les quotients $\frac{30}{156}$, $\frac{15150}{5136}$; et l'on examinera si l'un de ces quotients, ou si leur somme, surpasse ou égale la différence 9 des deux limites. Cette condition n'ayant pas lieu, on en conclut que les limites 1 et 10 ne sont pas encore assez approchées pour que l'on puisse déterminer par une seule opération la nature des racines. On substituera donc un nombre intermédiaire : mais il faut auparavant, conformément à la règle énoncée, examiner si les fonctions $f''(x)$ et $f'''(x)$, qui sont

$$20\,x^3 - 36\,x^2 - 144\,x + 190 \text{ et } 60\,x^2 - 72\,x - 144,$$

ont un diviseur commun. Ce facteur commun n'existant pas, on substituera dans les fonctions un des nombres compris entre 1 et 10, et exprimé par un seul chiffre.

La substitution des nombres 2 et 3 donne les résultats suivants, que nous joignons aux suites (1) et (10).

	$f^v(x),$	$f^{iv}(x),$	$f'''(x),$	$f''(x),$	$f'(x),$	$f(x)$
(1)...	+ 120	+ 48	− 156	+ 30	+ 65	78
	0	0	0	1	0	0
(2)...	+ 120	+ 168	− 48	− 82	+ 30	− 21
	0	0	1	0	1	2
(3)...	+ 120	+ 288	+ 180	− 26	− 43	− 32
	0	0	0	1	1	1
(10)...	+ 120	+ 1128	+ 5136	+ 15150	+ 32654	+ 54939

La comparaison des suites (1) et (2) montre qu'il ne peut y avoir aucune racine réelle entre les limites 1 et 2, car les deux suites ont le même nombre de changements de signe. Cela résulte aussi de la série des indices 0 0 0 1 0 0, puisque le dernier indice est 0. Il s'ensuit que l'on doit chercher les trois racines entre 2 et 10 : si l'on comparait ces deux limites 2 et 10, on trouverait

(2) ... + + — — + —

      0   0   1   1   2   3

(10)... + + + + + +

Le dernier indice est 3. Si, à partir de ce terme et en se portant vers la droite, on s'arrête au premier indice 1, on voit qu'il est suivi de 2, ce qui a lieu nécessairement. Mais il n'est pas précédé de 0, et par conséquent on doit immédiatement diviser l'intervalle de 2 à 10. On a donc substitué un des nombres intermédiaires, savoir 3. La comparaison des deux suites (2) et (3) montre que l'on doit chercher les deux racines entre ces limites. La série des indices est 0 0 1 0 1 2. L'indice égal à 1, et le plus voisin de l'extrémité, étant suivi de 2 et précédé de 0, on connaît par là qu'il faut appliquer à cet intervalle la règle qui sert à distinguer les racines imaginaires. On écrit donc les quotients $\frac{21}{30}$, $\frac{32}{43}$, et leur somme étant plus grande que la différence 1 des deux limites, on est assuré que les deux racines indiquées entre 2 et 3 sont imaginaires. Il reste l'intervalle de 3 à 10, pour lequel la série des indices est 0 0 0 1 1 1. L'équation a donc une seule racine réelle entre ces limites.

Ainsi l'opération qui a pour objet de déterminer la nature des racines de la proposée, et d'en assigner les limites, est terminée.

L'intervalle de — 10 à — 1 comprend une seule racine réelle.

Une seconde racine est entre les limites — 1 et 0.

Il ne peut y avoir aucune racine entre 0 et 1.

Il en est de même de l'intervalle des limites 1 et 2.

L'équation a deux racines imaginaires qui manquent entre 2 et 3.

Elle a une troisième racine réelle entre 3 et 10.

Les seuls intervalles dans lesquels se trouvent les racines réelles et séparées sont celui de — 10 à — 1, celui de — 1 à 0, et celui de 3 à 10.

(37) On propose pour second exemple l'équation

$$x^4 - 4x^3 - 3x + 23 = 0$$

citée article 13.

On a vu que la comparaison des suites (1) et (10) indique deux racines entre ces limites. Il s'agit de connaître si ces deux racines sont réelles, ou si elles manquent dans l'intervalle.

Les suites comparées sont

	X^{iv}	X'''	X''	X'	X
(1) ...	+	$\overline{0}$	—	—	+
		+			
	24	0	12	11	17
	0	0	1	1	2
(10) ...	+	+	+	+	+
	24	276	960	2797	5993

On a écrit au-dessous des signes des résultats les valeurs numériques, et l'on a remplacé le signe o par le double signe, conformément à la remarque de l'article 11. La série des indices est pour cet intervalle o o 1 1 2. Le terme 1 le plus voisin de l'extrémité à droite est le pénultième : il est suivi de 2, mais non précédé de o. Par conséquent il faut diviser l'intervalle des limites 1 et 10. Si l'on substitue le nombre 2, on trouve les résultats suivants

$$(2) \dots \quad + \quad + \quad \overline{\underset{+}{0}} \quad - \quad +.$$

Le troisième terme devient nul, ce qui nécessite l'emploi du double signe. Mais la suite donnée par le signe inférieur n'a pas moins de changements que la suite donnée par le signe supérieur. Donc il ne manque point de racines dans l'intervalle infiniment petit de < 2 à > 2.

Si l'on compare la suite (1) à la suite (2), on voit qu'il ne peut y avoir aucune racine entre 1 et 2, et si l'on compare les suites

	X^{iv}	X'''	X''	X'	X
(> 2) ...	+	+	+	—	+
	24	24	0	19	1
	0	0	0	1	2
(10) ...	+	+	+	+	+
	24	216	960	2797	5993

on trouve que deux racines sont indiquées entre 2 et 10. La série des indices est o o o 1 2. L'indice 1 le plus voisin de l'extrémité à droite est suivi de 2 et précédé de o : par conséquent on doit appliquer la règle qui sert à distinguer les racines imaginaires. Écrivant les quotients $\frac{1}{19}$ et $\frac{5993}{2797}$, on voit que la somme de ces nombres est moindre que la distance 8 des deux limites : donc on doit substituer un des nombres compris entre 2 et 10, et exprimé par un seul chiffre. Mais il faut auparavant s'assurer que l'équation $X = o$ n'a point deux racines égales dans l'intervalle dont il s'agit. Or cela n'a point lieu puisque les fonctions X et X', qui sont

$$x^4 - 4x^3 - 3x + 23 \text{ et } 4x^3 - 12x^2 - 3,$$

n'ont pas de diviseur commun. Substituant le nombre intermédiaire 3, on trouve ces résultats que nous comparons à ceux des suites (2) et (10),

$$(2) \ldots\ldots + \ + \ + \ - \ +$$
$$(3) \ldots\ldots + \ + \ + \ - \ -$$
$$(10) \ldots\ldots + \ + \ + \ + \ +.$$

Donc les racines qui étaient indiquées entre 1 et 10 sont réelles. Elles ont été séparées par la substitution du nombre 3 : l'une est entre 2 et 3, et l'autre entre 3 et 10.

Ainsi l'opération qui avait pour but de découvrir la nature des racines de l'équation

$$x^4 - 4x^3 - 3x + 23 = o,$$

et d'en assigner les limites, est achevée.

En rappelant les conséquences énoncées art. 13, on reconnaît que l'équation a deux racines imaginaires entre les limites infiniment peu distantes au-dessous et au-dessus de zéro;

qu'il ne peut y avoir de racine dans l'intervalle de o à 1, et qu'il en est de même de l'intervalle de 1 à 2;

que l'équation a une racine réelle entre 2 et 3, et une seconde racine réelle entre 3 et 10.

(38) On voit par ce qui précède que la détermination des limites des racines réelles, et la distinction des racines imaginaires, se réduisent à l'application de deux règles principales. L'une est déduite du théorème qui exprime les changements que subit la suite des signes lorsque le nombre substitué augmente par degrés infiniment petits depuis $-\frac{1}{0}$ (articles 7, 8, 10). La seconde règle fait connaître, par un calcul numérique très-simple, si le nombre substitué qui rend nulle une des fonctions intermédiaires donne deux signes semblables ou deux signes différents à la fonction qui précède et à celle qui suit (art. 28, 31, 35). L'opération qui résulte de ces deux règles combinées indique d'abord les seuls intervalles dans lesquels on doit chercher les racines ; ensuite elle partage ces intervalles en plusieurs autres, dont chacun contient une seule racine réelle. Pour montrer l'ensemble de cette opération, nous en résumerons l'énoncé en rappelant les règles qui ont été précédemment expliquées.

L'équation $X = 0$ étant proposée, on formera par des différentiations successives la suite des fonctions $X, X', X'', \ldots X^{(m-1)}, X^{(m)}$, qui seront écrites dans cet ordre

$$X^{(m)}, X^{(m-1)}, X^{(m-2)}, \ldots X'', X', X ;$$

et l'on substituera au lieu de x dans cette suite de fonctions, les nombres

$$- 1, - 10, - 100, - 1000, \text{ etc.}$$
$$0$$
$$1, \quad 10, \quad 100, \quad 1000, \text{ etc.}$$

jusqu'à ce que l'on trouve deux suites de résultats telles que l'une ne contienne que des changements de signes, et que l'autre n'en ait aucun. On connaîtra ainsi les limites décimales des racines, c'est-à-dire le nombre des chiffres qui les expriment, si elles sont réelles, et les divers intervalles dans lesquels ces racines doivent être cherchées.

Pour chacun des intervalles partiels, dont a et b désignent les limites, on comparera comme il suit la suite (a) des signes que donne la substitution de a, à la suite (b) que donne la substitution de la limite plus grande b. Il faut marquer dans chaque suite combien il se trouve de changements de signe depuis le premier terme à gauche jusqu'à un terme quelconque, et former, selon la règle énoncée article 31, la série

$$0 \; \delta \; \delta' \; \delta'' \ldots \Delta$$

des indices propres à l'intervalle. Si le dernier indice Δ est 0, l'intervalle ne peut contenir aucune racine. Si le dernier indice Δ est 1, l'intervalle contient une seule racine réelle. Les autres racines doivent être cherchées dans les intervalles dont le dernier indice est 2, ou plus grand que 2.

Lorsqu'un ou plusieurs des résultats des substitutions sont nuls, on emploie le double signe suivant la règle que nous avons donnée article 11, et l'on connaît par la comparaison de ces signes multiples si la proposée a des racines imaginaires qui manquent entre les limites infiniment voisines des valeurs substituées, et le nombre de ces racines imaginaires.

Considérant un des intervalles dont le dernier indice est 2, ou plus grand que 2, on remontera dans la série des indices depuis l'extrémité à droite en se portant vers la gauche, jusqu'à ce que l'on trouve pour la première fois le terme 1 : il sera toujours suivi à droite de l'indice 2. Quant à l'indice placé à la gauche du terme 1 auquel on s'est arrêté, cet indice précédent peut être 0, ou 1, ou 2. S'il n'est pas 0, l'intervalle des limites a et b est trop grand pour que l'on puisse immédiatement distinguer la nature des racines. Il faut choisir, conformément à la remarque de l'article 34, un nombre intermédiaire c du même ordre décimal que les limites a et b, ou de l'ordre immédiatement suivant, et le substituer dans la suite des fonctions afin de former deux intervalles partiels a et c, et c et b. Par ces substitutions des nombres intermédiaires on rapprochera de plus en plus de l'extrémité à droite l'indice 1 le plus voisin de cette extrémité; et il arrivera nécessairement, ou que le dernier indice Δ d'un intervalle sera zéro ou 1, ou que l'indice 1 le plus voisin de l'extrémité étant toujours suivi de 2 sera précédé de zéro.

I.

19

Lorsque cette dernière condition se présente, on est averti qu'il faut employer la règle qui sert à distinguer les racines imaginaires. Désignant par

$$f^{(n+1)}(x), f^{(n)}(x), f^{(n-1)}(x)$$

les fonctions auxquelles répondent les indices consécutifs

$$0 \qquad 1 \qquad 2,$$

on examinera si les valeurs numériques des résultats

$$f^{(n+1)}(a), f^{(n)}(a), f^{(n-1)}(a)$$

et

$$f^{(n+1)}(b), f^{(n)}(b), f^{(n-1)}(b)$$

sont telles, abstraction faite des signes, que l'un des quotients

$$\frac{f^{(n-1)}(a)}{f^{(n)}(a)}, \quad \frac{f^{(n-1)}(b)}{f^{(n)}(b)},$$

ou leur somme, surpasse ou égale la différence $b-a$ des limites; et l'on procédera à cette comparaison suivant la règle spéciale expliquée dans l'article 28. L'emploi de cette règle fera connaître si les deux racines de l'équation $f^{(n-1)}(x) = 0$, qui étaient indiquées dans l'intervalle dont il s'agit, sont réelles et inégales, ou réelles et égales, ou imaginaires.

Si ces racines sont réelles et inégales, elles se trouveront séparées par l'opération que l'on vient de faire; et l'on continuera de procéder de la même manière à la séparation des racines dans les intervalles dont le dernier indice ne serait ni 0, ni 1.

Si au contraire les deux racines de $f^{(n-1)}(x) = 0$ sont imaginaires, il faut, à partir de l'indice 2 qui répond à $f^{(n-1)}(x)$ jusqu'à l'extrémité de la série à droite, retrancher deux unités de chaque indice, ce qui donnera pour ce même intervalle une autre série d'indices dont les derniers termes seront moindres que dans la série précédente.

Lorsque les deux racines de l'équation $f^{(n-1)}(x) = 0$ seront égales, on examinera selon les procédés connus si ces racines égales font aussi évanouir toutes les fonctions suivantes $f^{(n-2)}(x), f^{(n-3)}(x)$, etc., en y comprenant la dernière $f(x)$: dans ce cas, on connaîtrait les racines égales que l'équation $f(x) = 0$ aurait entre les limites proposées. Mais s'il n'y a point de facteur commun à la fonction $f^{(n-1)}(x)$ et à toutes celles qui sont placées à sa droite, les conséquences relatives à la nature des racines seront exactement les mêmes que si les deux racines de l'équation $f^{(n-1)}(x) = 0$ étaient imaginaires. On retranchera donc deux unités de chacun des indices correspondants aux fonctions $f^{(n-1)}(x), f^{(n-2)}(x), \ldots f'(x), f(x)$, et l'on continuera, s'il est nécessaire, d'appliquer les mêmes règles aux nouvelles séries d'indices jusqu'à ce que les racines soient entièrement séparées. L'opération se termine lorsqu'il ne reste plus que des intervalles dont le dernier indice Δ est 0 ou 1.

(39) Nous proposons, pour premier exemple de l'application de cette règle générale, l'équation

$$x^4 - x^3 + 4x^2 + x - 4 = 0.$$

Les fonctions dans lesquelles on doit substituer sont

$$
\begin{aligned}
&\text{X} \ldots \ldots x^4 - x^3 + 4x^2 + x - 4 \\
&\text{X}' \ldots \ldots 4x^3 - 3x^2 + 8x + 1 \\
&\text{X}'' \ldots \ldots 12x^2 - 6x + 8 \\
&\text{X}''' \ldots \ldots 24x - 6 \\
&\text{X}^{\text{iv}} \ldots \ldots 24.
\end{aligned}
$$

Substituant les nombres

$$-1, \quad -10, \quad -\text{etc.}$$
$$0$$
$$1, \quad 10, \quad \text{etc.}$$

on trouve

	X"	X'''	X"	X'	X
$(-10) \ldots$	+	—	+	—	+
$(-1) \ldots$	+	—	+	—	—
$(0) \ldots$	+	—	+	+	—
$(1) \ldots$	+	+	+	+	+.

19.

Toutes les racines doivent être cherchées entre — 10 et 1, parce que la suite (— 10) n'a que des changements de signe, et que la suite (1) n'a que des permanences de signe.

1° En formant, selon la règle énoncée article 31, la série des indices entre les limites — 10 et — 1, on a

$$(- 10)\ldots\ +\ -\ +\ -\ +$$
$$0\ \ 0\ \ 0\ \ 0\ \ 1$$
$$(- 1)\ldots\ +\ -\ +\ -\ -.$$

Dans cette série 0 0 0 0 1, le dernier indice est 1 : donc l'équation a une seule racine réelle entre les limites — 10 et — 1. Cette racine est séparée de toutes les autres.

2° En comparant les deux suites (— 1) et (0), on voit que cet intervalle est un de ceux où l'on ne doit chercher aucune racine, parce que les deux suites ont le même nombre de changements de signe. Si l'on formait pour ces deux suites la série des indices, on trouverait

$$(-1)\ldots\ +\ -\ +\ -\ -$$
$$0\ \ 0\ \ 0\ \ 1\ \ 0$$
$$(0)\ \ldots\ +\ -\ +\ +\ -;$$

il s'ensuit que l'intervalle ne peut contenir aucune racine.

3° Les deux suites (0) et (1) donnent pour la série des indices

	X''	X'''	X''	X'	X
$(0)\therefore$	$+$	$-$	$+$	$+$	$-$
	24	6	8	1	4
	0	1	2	2	3
$(1)\ldots$	$+$	$+$	$+$	$+$	$+.$
	24	18	14	10	1

Il s'agit de procéder à la séparation de ces racines, et de reconnaître si elles sont toutes les trois réelles, ou si deux sont imaginaires. On parcourra la série des indices de droite à gauche, depuis le dernier terme 3 jusqu'à ce l'on trouve pour la première fois l'indice 1 : on le trouve sous la fonction X'''. Cet indice est suivi de 2, ce qui a lieu nécessairement; et comme il est précédé de 0, on

voit que la condition des trois indices consécutifs o 1 2 est satisfaite. On est averti par cette condition qu'il faut procéder à l'application de la règle (article 28) pour la distinction des racines
imaginaires.

Nous avons placé au-dessous des signes les valeurs numériques qui proviennent des substitutions. Les fonctions auxquelles répondent les trois indices consécutifs o 1 2 sont $f''(x)$,
$f'''(x)$, $f''(x)$. On considérera, suivant la règle énoncée, les quotients
$\frac{8}{6}$ et $\frac{14}{18}$, sans avoir égard aux signes de ces résultats. Si l'un de
ces quotients, ou si leur somme, surpasse la différence 1 des deux
limites, on est assuré que deux des racines indiquées dans l'intervalle sont imaginaires. Or cette condition a lieu, puisque la différence des limites est seulement 1 : donc deux racines de l'équation
proposée manquent entre les limites o et 1. On doit maintenant,
comme la règle le prescrit, retrancher 2 de chaque indice à partir
du dernier des trois indices consécutifs o 1 2. On formera ainsi la
nouvelle série de l'intervalle,

$$X^{\text{iv}} \quad X''' \quad X'' \quad X' \quad X$$

(o) . . .

$$0 \quad 1 \quad 0 \quad 0 \quad 1.$$

(1) . . .

Le dernier indice de la nouvelle série étant 1, il s'ensuit que la
proposée a entre o et 1 une seule racine réelle : elle est entièrement séparée des autres.

L'opération de la distinction des racines est terminée, parce qu'il
n'y a maintenant aucun des intervalles partiels dont le dernier indice ne soit ou o, ou 1. On en conclut qu'une première racine réelle
est comprise — 10 et — 1, qu'une seconde racine réelle est comprise
entre o et 1, et que les deux autres racines sont imaginaires.

(40) Nous déduirons de la même règle la résolution de l'équation

$$x^5 + x^4 + x^3 - 2x^2 + 2x - 1 = 0.$$

Ayant formé les fonctions

$$X\ldots x^5 + x^4 + x^3 - 2x^2 + 2x - 1$$
$$X'\ldots 5x^4 + 4x^3 + 3x^2 - 4x + 2$$
$$X''\ldots 20x^3 + 12x^2 + 6x - 4$$
$$X'''\ldots 60x^2 + 24x + 6$$
$$X^{iv}\ldots 120x + 24$$
$$X^{v}\ldots 120,$$

on trouve

	X^v	X^{iv}	X'''	X''	X'	X
$(-1)\ldots$	$+$	$-$	$+$	$-$	$+$	$-$
		96	42	18	10	2
	0	1	2	2	2	2
$(0)\ldots$	$+$	$+$	$+$	$-$	$+$	$-$
		24	6	4	2	1
	0	0	0	1	2	3
$(1)\ldots$	$+$	$+$	$+$	$+$	$+$	$+.$
		144	90	36	10	2

Nous avons écrit les valeurs numériques au-dessous de leur signe, et la série des indices propre à chaque intervalle : voici les conséquences que donne la comparaison des suites.

1° Toutes les racines doivent être cherchées dans l'intervalle de -1 à $+1$, parce que l'une des suites a cinq changements de signes et que l'autre n'en a aucun.

2° Deux racines sont indiquées entre -1 et 0. Le dernier indice étant 2, il faut, à partir de l'extrémité à droite, remonter vers la gauche dans cette série des indices, jusqu'à ce qu'on trouve 1 pour la première fois. Cet indice 1 correspond à la fonction X^{iv}; il est suivi de 2 et précédé de 0; on appliquera donc la règle de l'article 28 aux fonctions X^v, X^{iv}, X''', qui répondent aux trois indices consécutifs 0 1 2. Il faut considérer les valeurs des quotients $\dfrac{42}{96}$ et $\dfrac{6}{24}$, abstraction faite des signes, et examiner si l'un de ces quotients, ou leur somme, surpasse ou du moins égale la différence 1 des deux limites o et — 1. Cette condition n'ayant point lieu, on en conclut que les limites — 1 et o ne sont point encore assez approchées pour que l'on puisse distinguer par une seule opération si les deux racines indiquées sont réelles ou imaginaires : il faut diviser cet intervalle. Mais avant de procéder à la substitution d'un nombre intermédiaire, on doit, conformément à la règle de l'article 28, s'assurer que l'équation $X''' = o$ n'a pas deux racines égales comprises entre les limites — 1 et o. Si cela avait lieu, les deux fonctions

$$60\,x^2 + 24\,x + 6 \quad \text{et} \quad 120\,x + 24$$

auraient un facteur commun; ce facteur n'existant pas, le cas des racines égales est exclu.

Il reste à substituer un nombre compris — 1 et o, et de l'ordre décimal immédiatement suivant, c'est-à-dire exprimé par un seul chiffre décimal. Substituant — o, 5, on forme cette table :

$(-1)\ldots$	+	—	+	—	+	—
$(-\tfrac{1}{2})\ldots$	+	—	+	—	+	—
		36	9	$\frac{52}{8}$	$\frac{73}{16}$	$\frac{83}{32}$
	o	1	2	2	2	2
$(o)\ldots$	+	+	+	—	+	—
		24	6	4	2	1

Le premier intervalle partiel, qui est celui de — 1 à — ½, ne peut contenir aucune racine, puisque les deux séries sont les mêmes. Pour le second intervalle partiel la série des indices est o 1 2 2 2 2. L'indice 1 le plus voisin de l'extrémité à droite étant suivi de 2 et précédé de o, on doit, selon la règle de l'article 28, considérer les valeurs numériques des quotients $\frac{9}{36}$ et $\frac{6}{24}$, pour connaître si l'un de ces quotients, ou si leur somme, surpasse ou du moins égale la différence ½ des deux limites. Cette condition ayant lieu, on est assuré que les deux racines indiquées dans l'intervalle de — ½ à o sont imaginaires.

Il ne reste plus que l'intervalle de o à + 1, dans lequel trois racines sont indiquées. Il s'agit de découvrir si ces trois racines sont réelles, ou si deux d'entre elles sont imaginaires. Il suffit pour cela d'appliquer la même règle à l'intervalle

	X^v	X^{iv}	X'''	X''	X'	X
(0) ...	+	+	+	−	+	−
		24	6	4	2	1
	0	0	0	1	2	3
(1) ...	+	+	+	+	+	+.
		144	90	36	10	2

On voit que dans la série des indices 0 0 0 1 2 3, l'indice 1 le plus voisin de l'extrémité à droite est précédé de 0. La condition relative aux trois indices consécutifs 0 1 2 subsistant, on écrira les quotients $\frac{2}{4}$ et $\frac{10}{36}$, pour connaître si l'un de ces quotients, ou si leur somme, surpasse ou égale la différence 1 des deux limites. Cette condition n'ayant pas lieu, on en conclut que les limites 0 et 1 ne sont pas assez voisines pour qu'on puisse distinguer la nature des racines par une seule opération.

Il faut donc substituer un nombre compris entre 0 et 1, et exprimé par un seul chiffre décimal. Mais avant de faire cette substitution, il faut s'assurer que l'équation $X' = 0$ n'a point de racines réelles égales comprises entre 0 et 1. Or cela est certain, parce que les polynomes X' et X'', ou

$$5x^4 + 4x^3 + 3x^2 - 4x + 2 \text{ et } 20x^3 + 12x^2 + 6x - 4,$$

n'ont pas de facteur commun.

Si l'on substitue le nombre intermédiaire 0,5 on aura les résultats suivants :

	X^v	X^{iv}	X'''	X''	X'	X
(0)	+	+	+	−	+	−
		24	6	4	2	1
	0	0	0	1	2	2
$(\frac{1}{2})$	+	+	+	+	+	−
		84	33	$\frac{9}{2}$	$\frac{25}{16}$	$\frac{9}{32}$
(1)	+	+	+	+	+	+

Le second intervalle partiel compris entre $\frac{1}{2}$ et 1 contient une seule racine réelle, qui est entièrement séparée. Quant à l'intervalle partiel de 0 à $\frac{1}{2}$, deux autres racines sont indiquées. La série des indices 0 0 0 1 2 2 offrant la condition des trois intervalles consécutifs 0 1 2, on formera les quotients $\frac{2}{4}$ et $\frac{25}{16} : \frac{9}{2}$, pour connaître si l'un de ces quotients, ou si leur somme, surpasse ou égale la différence $\frac{1}{2}$ des deux limites. Cette condition ayant lieu, on connaît avec certitude que les deux racines indiquées dans l'intervalle de 0 à $\frac{1}{2}$ sont imaginaires. En retranchant 2 de chaque indice à partir du terme 2 qui est le dernier des trois indices consécutifs 0 1 2, on aura pour la nouvelle suite des indices 0 0 0 1 0 0. Donc l'équation proposée a une seule racine réelle entre 0,5 et 1 : les quatre autres racines sont imaginaires.

(41) On propose, pour troisième exemple, de résoudre l'équation

$$x^6 - 12x^5 + 60x^4 + 123x^2 + 4567x - 89012 = 0.$$

On écrit ces fonctions

$$X = x^6 - 12x^5 + 60x^4 + 123x^2 + 4567x - 89012$$
$$X' = 6x^5 - 60x^4 + 240x^3 + 246x + 4567$$
$$X'' = 30x^4 - 240x^3 + 720x^2 + 246$$
$$X''' = 120x^3 - 720x^2 + 1440x$$
$$X^{\text{iv}} = 360x^2 - 1440x + 1440$$
$$X^{\text{v}} = 720x - 1440$$
$$X^{\text{vi}} = 720;$$

et substituant les nombres

$$-1, -10, \text{ etc.}$$
$$0$$
$$1, \quad 10, \text{ etc.},$$

on trouve les résultats suivants :

I.

20

	X^{VI}	X^{V}	X^{IV}	X^{III}	X^{II}	X^{I}	X
$(-10)\dots$	$+$	$-$	$+$	$-$	$+$	$-$	$+$
$(-1)\dots$	$+$	$-$	$+$	$-$	$+$	$-$	$-$
$(0)\dots$	$+$	$-$	$+$	$\begin{matrix}0\\+\end{matrix}$	$+$	$+$	$-$
$(1)\dots$	$+$	$-$	$+$	$+$	$+$	$+$	$-$
		720	360				
	0	1	2	2	2	2	3
$(10)\dots$	$+$	$+$	$+$	$+$	$+$	$+$	$+$
		5760	23040				

À l'inspection de cette table on voit que toutes les racines doivent être cherchées entre les limites — 10 et + 10, puisque l'une des suites a six changements, et que l'autre n'en a aucun.

La comparaison des suites (< 0) et (> 0) montre qu'il manque deux racines dans l'intervalle des limites < 0 et > 0.

La suite (— 1) ayant cinq changements de signe, et la suite (—10) ayant six changements de signe, l'équation a une seule racine réelle entre — 10 et — 1.

Les suites (— 1) et (< 0) ont le même nombre de changements de signe ; par conséquent il ne peut y avoir aucune racine entre les limites — 1 et 0. Il en est de même des suites (> 0) et (1) qui ont l'une et l'autre trois changements de signes. Ainsi l'on ne peut chercher aucune racine entre les limites 0 et 1.

Il reste l'intervalle des limites 1 et 10, dans lequel trois racines sont indiquées. La série des indices propres à cet intervalle est

$$0 \quad 1 \quad 2 \quad 2 \quad 2 \quad 2 \quad 3.$$

Le premier indice que l'on trouve égal à 1, en parcourant la série des indices de droite à gauche à partir du dernier 3, est placé entre les indices 0 et 2. On est averti par ces trois indices consécutifs 0 1 2 qu'il faut appliquer immédiatement la règle de l'article 28. On écrira donc les quotients $\frac{360}{720}$ et $\frac{23040}{5760}$, pour connaître si l'un de ces quotients, ou leur somme, surpasse ou égale la différence 9 des deux limites. Cette condition n'ayant pas lieu, on conclut que l'intervalle de 1 à 10 est trop grand pour qu'une seule opération fasse connaître la nature des racines. Mais avant de diviser cet intervalle, il faut examiner si les fonctions X^{iv} et X^{v}, qui répondent aux deux derniers des trois indices consécutifs 0 1 2, n'ont point un facteur commun, et si ce facteur n'est point rendu nul par une valeur de x comprise entre les limites. La comparaison des fonctions

$$360\,x^2 - 1440\,x + 1440 \text{ et } 720\,x - 1440$$

montre qu'elles ont un facteur commun, savoir $\frac{1}{2}x - 1$, et que ce facteur est rendu nul par une valeur 2 comprise entre 1 et 10. Le même facteur $\frac{1}{2}x - 1$ n'est pas commun à toutes les fonctions X''', X'', X', X : il faut en conclure, conformément à la règle de l'art. 35, que l'équation proposée manque de deux racines dans l'intervalle de 1 à 10. Par conséquent on retranchera 2 de tous les indices, depuis le dernier des trois indices consécutifs 0 1 2, et l'on aura pour la nouvelle série des indices de l'intervalle compris entre 1 et 10

$$0 \ 1 \ 0 \ 0 \ 0 \ 0 \ 1.$$

Ainsi la séparation des racines est achevée : l'équation proposée a une racine réelle entre -10 et 1 ; deux racines manquent dans l'intervalle infiniment petit compris entre <0 et >0 ; deux racines manquent également dans l'intervalle compris entre 1 et 10; enfin, dans ce même intervalle, l'équation a une seconde racine réelle entièrement séparée.

(42) Afin de mieux faire connaître la diversité des cas et l'usage de la règle, nous réunissons dans un seul tableau les exemples cités dans les articles précédents.

20.

P. Art.

104. (12) X ...$x^5-3x^4-24x^3+95x^2-46x-101=0$
135. (36) X' ...$5x^4-12x^3-72x^2+190x-46$
    X'' ...$20x^3-36x^2-144x+190$
    X''' ...$60x^2-72x-144$
    X^IV ...$120x-72$
    X^V ...120

	X^V	X^IV	X'''	X''	X'	X	
(−10)	+	—	+	—	+	—	une racine.
(−1)	+	—	+	—	+	+	une racine.
(0)	+	—	—	+	—	—	
(1)	+	+	—	+	—	—	
(2)	+	+	—	—	—	—	
(3)	+	+	—	—	—	—	deux racines indiq. $\frac{21}{30}+\frac{32}{43}>1.$ imag.
(10)	+	+	+	+	+	+	une racine.

105. (13) X ...$x^4-4x^3-3x+23=0$
137. (37) X' ...$4x^3-12x^2-3$
    X'' ...$12x^2-24x$
    X''' ...$24x-24$
    X^IV ...24

	X^IV	X'''	X''	X'	X	
(0)...	+	—	0	—	+	deux racines imag. règle du doub. signe
(1)...	+	0	—	—	+	
(2)...	+	+	0	—	+	
(3)...	+	+	+	—	+	une racine.
(10)...	+	+	+	+	+	une racine.

107. (14) X ...$x^3+2x^2-3x+2=0$
125. (29) X' ...$3x^2+4x-3$
    X'' ...$6x+4$
    X''' ...6

	X'''	X''	X'	X	
(−10)...	+	—	+	—	une racine.
(−1)...	+	—	—	+	
(0)...	+	+	—	+	
(1)...	+	+	+	+	deux racines indiq. $\frac{2}{3}+\frac{2}{16}>1.$ imagin.

143. (39) X ...$x^4-x^3+4x^2+x-4=0$
    X' ...$4x^3-3x^2+8x+1$
    X'' ...$12x^2-6x+8$
    X''' ...$24x-6$
    X^IV ...24

	X^IV	X'''	X''	X'	X	
(−10)...	+	—	+	—	+	une racine.
(−1)...	+	—	+	—	+	
(0)...	+	—	+	+	—	
(1)...	+	+	+	+	+	trois racines indiq. $\frac{8}{6}>1.$ deux imagin.

149. (41) X ...$x^6-12x^5+60x^4+123x^2+4567x-89012=0$
    X' ...$6x^5-60x^4+240x^3+246x+4567$
    X'' ...$30x^4-240x^3+720x^2+246$
    X''' ...$120x^3-720x^2+1440x$
    X^IV ...$360x^2-1440x+1440$
    X^V ...$720x-1440$
    X^VI ...720

	X^VI	X^V	X^IV	X'''	X''	X'	X	
(−10)..	+	—	+	—	+	—	+	une racine.
(−1)..	+	—	+	—	+	—	—	
(0)..	+	—	+	0	+	+	—	deux imaginaires. règle du doub. signe
(1)..	+	—	+	+	+	+	—	
(10)..	+	+	+	+	+	+	+	trois racines indiq. deux imaginaires.

X^IV a deux racines égales qui ne sont pas racines de X.

P. Art.

108. (15) $X \ldots x^5 + x^4 + x^2 - 25x - 36 = 0$
126. (30) $X' \ldots 5x^4 + 4x^3 + 2x - 25$
$X'' \ldots 20x^3 + 12x^2 + 2$
$X''' \ldots 60x^2 + 24x$
$X^{IV} \ldots 120x + 24$
$X^V \ldots 120$

	X^V	X^{IV}	X'''	X''	X'	X	
$(-10)\ldots$	+	—	+	—	+	—	une racine.
$(-2)\ldots$	+	—	+	—	+	+	une racine.
$(-1)\ldots$	+	—	+	—	—	—	
$(0)\ldots$	+	+	$\overset{-}{\underset{+}{0}}$	+	—	—	deux imaginaires. règle du doub. signe
$(1)\ldots$	+	+	+	+	—	—	une racine.
$(10)\ldots$	+	+	+	+	+	+	

111. (17) $X \ldots x^7 - 2x^5 - 3x^3 + 4x^2 - 5x + 6 = 0$
$X' \ldots 7x^6 - 10x^4 - 9x^2 + 8x - 5$
$X'' \ldots 42x^5 - 40x^3 - 18x + 8$
$X''' \ldots 210x^4 - 120x^2$
$X^{IV} \ldots 840x^3 - 240x - 18$
$X^V \ldots 2520x^2 - 240$
$X^{VI} \ldots 5040x$
$X^{VII} \ldots 5040$

	X^{VII}	X^{VI}	X^V	X^{IV}	X'''	X''	X'	X	
(-10)	+	—	—	+	—	+	—	+	une racine.
(-1)	+	—	+	—	+	+	—	+	
(0)	+	$\overset{-}{\underset{+}{0}}$	—	$\overset{-}{\underset{+}{0}}$	—	+	—	+	deux imaginaires. règle du doub. signe deux racines indiq.
(1)	+	+	+	+	+	—	—	+	deux racines indiq.
(10)	+	+	+	+	+	+	+	+	

112. (18) $X \ldots x^5 + 3x^4 + 2x^3 - 3x^2 - 2x - 2 = 0$
$X' \ldots 5x^4 + 12x^3 + 6x^2 - 6x - 2$
$X'' \ldots 20x^3 + 36x^2 + 12x - 6$
$X''' \ldots 60x^2 + 72x + 12$
$X^{IV} \ldots 120x + 72$
$X^V \ldots 120$

	X^V	X^{IV}	X'''	X''	X'	X	
$(-1)\ldots$	+	—	$\overset{+}{\underset{-}{0}}$	—	+	—	deux imaginaires. règle du doub. signe
$(0)\ldots$	+	+	+	—	—	—	deux racines indiq.
$(1)\ldots$	+	+	+	+	+	—	une racine.
$(10)\ldots$	+	+	+	+	+	+	

113. (19) $X \ldots x^5 - 10x^3 + 6x + 1 = 0$
$X' \ldots 5x^4 - 30x^2 + 6$
$X'' \ldots 20x^3 - 60x$
$X''' \ldots 60x^2 - 60$
$X^{IV} \ldots 120x$
$X^V \ldots 120$

	X^V	X^{IV}	X'''	X''	X'	X	
$(-10)\ldots$	+	—	+	—	+	—	une racine.
$(-1)\ldots$	+	—	$\overset{+}{\underset{-}{0}}$	+	—	+	deux indiquées.
$(0)\ldots$	+	$\overset{-}{\underset{+}{0}}$	—	$\overset{+}{\underset{-}{0}}$	+	+	une racine.
$(1)\ldots$	+	+	$\overset{-}{\underset{+}{0}}$	—	—	—	une racine.
$(10)\ldots$	+	+	+	+	+	+	

145. (40) $X \ldots x^5 + x^4 + x^3 - 2x^2 + 2x - 1 = 0$
$X' \ldots 5x^4 + 4x^3 + 3x^2 - 4x + 2$
$X'' \ldots 20x^3 + 12x^2 + 6x - 4$
$X''' \ldots 60x^2 + 24x + 6$
$X^{IV} \ldots 120x + 24$
$X^V \ldots 120$

	X^V	X^{IV}	X'''	X''	X'	X	
$(-1)\ldots$	+	—	+	—	+	—	
$(-\frac{1}{2})\ldots$	+	—	+	—	+	—	
		36	9				
$(0)\ldots$	$\overset{0}{+}$	$\overset{1}{+}$	$\overset{2}{+}$	$\overset{2}{-}$	$\overset{2}{-}$	$\overset{2}{-}$	deux racines indiq. $\frac{9}{36} + \frac{6}{24} = \frac{1}{2}$. imag.
		24	6	4	2		
$(\frac{1}{2})\ldots$	$\overset{0}{+}$	$\overset{0}{+}$	$\overset{1}{+}$	$\overset{2}{+}$	$\overset{2}{+}$	—	deux racines indiq. $\frac{2}{4} = \frac{1}{2}$ imaginaires.
		36	10				
$(1)\ldots$	+	+	+	+	+	+	une racine.

(43) Nous avons exposé jusqu'ici la première partie de notre méthode de résolution, celle qui avait pour objet de déterminer les limites et la nature des racines. On écrit les fonctions différentielles des divers ordres, on substitue les nombres les plus simples dans la série de ces fonctions, et l'on marque les signes des résultats. A l'inspection de ces suites on connaît les seuls intervalles où les racines doivent être cherchées. Il reste à découvrir si les racines indiquées dans un intervalle donné sont réelles, ou s'il en manque un nombre égal à 2, ou 4, ou 6., etc.; car il ne peut en manquer qu'un nombre pair. Une seconde règle résout complètement cette question, et par un procédé d'une application facile. Alors la nature et les limites des racines sont déterminées; chacune des racines réelles est placée seule dans un intervalle dont les limites sont connues. Il faut maintenant poursuivre le calcul de chaque racine, afin de connaître tous les chiffres qui l'expriment, si le nombre en est déterminé, ou de trouver autant de chiffres décimaux exacts qu'on peut le juger nécessaire. Cette question est l'objet de la seconde partie de la méthode. Avant de passer à cette autre recherche, nous insisterons sur une des conséquences principales des théorèmes précédents, celle qui concerne les propriétés générales des racines.

Nous avons vu, article 7, qu'en substituant dans la suite des fonctions un nombre a qui croît par degrés insensibles depuis $-\frac{1}{0}$ jusqu'à $+\frac{1}{0}$, la suite des signes perd successivement tous les changements de signe qu'elle contenait. Il est évident que cette diminution du nombre des changements ne peut s'opérer que lorsque la substitution de a fait évanouir une ou plusieurs des fonctions. Ces valeurs de a dont la substitution rend une des fonctions nulle sont de deux sortes : les unes sont telles que la suite des signes ne perd aucun changement, et cela arrive parce que la même substitution qui rend nulle une des fonctions, telle que $f^{(n)}(x)$, donne deux signes différents aux fonctions précédente et suivante, savoir $f^{(n+1)}(x)$ et $f^{(n-1)}(x)$; les autres valeurs de a sont telles que la suite des signes perd un certain nombre de changements. Ces valeurs du nombre substitué sont elles-mêmes de deux espèces : les unes indiquent les racines réelles, et les autres les racines imaginaires. Lorsque la substitution fait évanouir la fonction $f(x)$ qui est le premier membre de l'équation proposée, la valeur substituée est une des racines réelles de l'équation. Lorsque la substitution d'une valeur a ne fait pas évanouir $f(x)$, mais rend nulle une des fonctions intermédiaires $f^{(n)}(x)$, et en même temps donne deux signes semblables aux fonctions précédente et suivante $f^{(n+1)}(x)$ et $f^{(n-1)}(x)$, le nombre substitué a n'est pas une racine réelle de l'équation, mais une valeur *indicatrice de deux racines imaginaires*.

Il y a donc deux espèces d'intervalles, ceux où il existe une seule racine réelle, et ceux où il manque deux racines. Ainsi les racines appelées imaginaires manquent en de certains intervalles, et non entre d'autres limites; c'est-à-dire qu'il y a de certaines limites a et b, telles que si l'on prouve d'une manière quelconque que l'équation n'a point deux racines réelles dans cet intervalle, on est assuré par cela même que l'équation a, pour cette cause, deux racines imaginaires. La valeur *indicatrice de deux racines imaginaires conjuguées* est celle dont la substitution fait évanouir une des fonctions intermédiaires, et donne deux signes semblables aux fonctions précédente et suivante. Si l'équation proposée a toutes ses racines réelles, il n'existe aucune de ces valeurs *indicatrices* que l'on vient de définir. Dans ce cas toute substitution qui rend nulle une des fonctions intermédiaires donne deux signes différents à la fonction qui précède et à celle qui suit. En général l'équation a autant de couples de racines imaginaires qu'il y a de ces valeurs *indicatrices*. Au reste plusieurs de ces mêmes valeurs peuvent être égales, soit entre elles, soit aux racines réelles.

La première partie de notre méthode de résolution numérique a proprement pour objet de marquer 1° les intervalles dont chacun contient une racine réelle, 2° les intervalles dont chacun contient une valeur indicatrice des racines imaginaires. On a désigné les uns et les autres dans le tableau des équations choisies pour exemples.

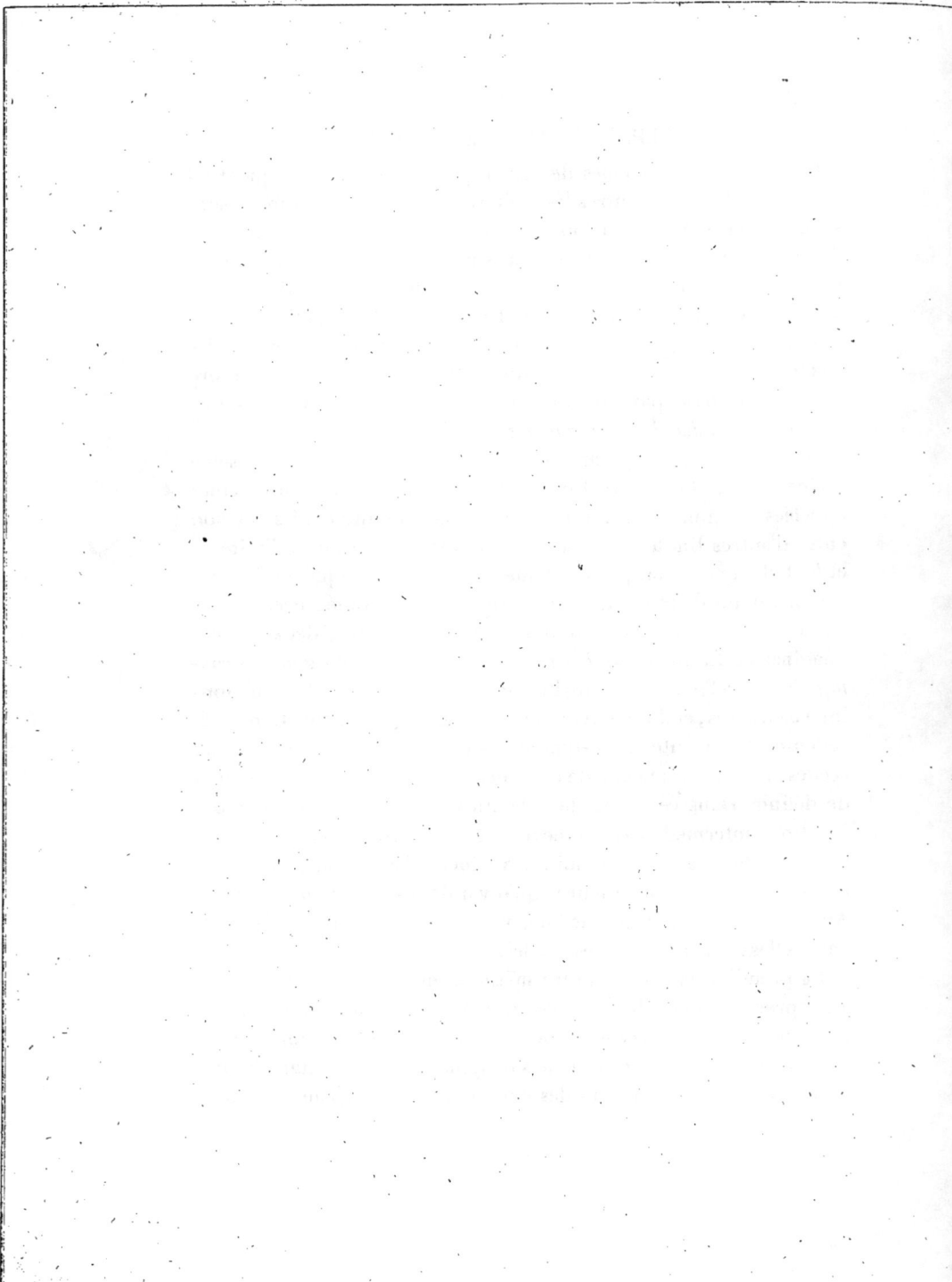

LIVRE DEUXIÈME.

MÉTHODE

POUR CALCULER LES VALEURS DES RACINES DONT LES LIMITES
SONT CONNUES,

ET REMARQUES DIVERSES SUR LA CONVERGENCE DES APPROXIMATIONS
ET SUR LA DISTINCTION DES RACINES.

(1) O_N connaît deux limites a et b entre lesquelles est comprise
une racine réelle d'une équation algébrique

$$f(x) = 0,$$

et l'on est assuré qu'aucune autre racine de l'équation ne se trouve
dans le même intervalle. On propose de déterminer des valeurs de
plus en plus approchées de cette racine, afin de connaître tous les
chiffres qui l'expriment, si le nombre de ces chiffres est limité, ou
de trouver autant de chiffres exacts qu'on le juge nécessaire.

Le procédé d'approximation le plus propre à faciliter le calcul
des racines est celui que l'on doit à Newton, et qui est généralement connu. Il consiste à substituer au lieu de x dans le premier
membre $f(x)$ la quantité $a + x'$, a désignant la première valeur
approchée. On omet dans le résultat les termes qui contiennent les
puissances de x' supérieures à la première, et l'on a pour déterminer x' une équation du premier degré. En ajoutant la valeur de
x' que fournit cette équation à la première valeur approchée a, on
trouve une valeur plus approchée a'; et l'on emploie cette seconde

I.

valeur approchée a' pour découvrir par le même procédé une troisième valeur approchée a''. On peut continuer indéfiniment l'application de cette règle, et l'on obtient des valeurs qui convergent de plus en plus, et très-rapidement, vers la racine cherchée. Cette méthode peut être présentée sous différentes formes : nous la regardons comme un élément fondamental de l'analyse, et il est important d'en conserver tous les avantages. Mais elle est sujette dans l'application à des difficultés singulières, qu'il faut examiner avec beaucoup de soin, et résoudre complètement.

La première condition qu'exige l'emploi de cette règle consiste à trouver une première valeur approchée. Cette question est déja résolue par notre méthode, puisque nous connaissons, pour chaque racine réelle, deux limites a et b entre lesquelles elle est seule comprise. Mais il reste à satisfaire à plusieurs autres conditions sans lesquelles l'opération pourrait être inexacte, et demeurerait toujours confuse. Nous énoncerons d'abord les conditions dont il s'agit; ensuite nous démontrerons les règles qu'il faut suivre pour y satisfaire.

(2) 1° Quoique les limites données a et b ne comprennent qu'une seule racine, elles peuvent, comme on le verra plus bas, n'être pas assez voisines pour qu'il y ait lieu de procéder à l'approximation. Dans ce cas on pourrait rapprocher les limites, en subdivisant l'intervalle; mais il est nécessaire de reconnaître, par un caractère certain, que l'on est parvenu à des limites assez rapprochées.

2° Quelque petite que soit la distance des deux limites, le procédé d'approximation ne peut être appliqué avec certitude qu'à l'une de ces limites, et non à l'autre. Nous prouverons dans un des articles suivants la vérité de cette remarque. Il faut donc distinguer la limite qui doit être choisie.

3° Les résultats successifs que l'on obtient sont des valeurs qui s'approchent continuellement de la racine cherchée : mais nous montrerons bientôt que ces valeurs ne sont pas alternativement plus grandes et plus petites que la racine. Cette propriété, qui appartient à d'autres modes d'approximation, n'a jamais lieu dans l'emploi de la méthode newtonienne : les valeurs approchées et successives a, a', a'', a''', etc. sont toutes plus grandes, ou toutes plus petites que la racine. Il en résulte que l'on ignore combien chaque opération donne de chiffres exacts, et cette incertitude est la cause principale d'imperfection de la règle. On pourrait sans doute faire varier la valeur approchée jusqu'à ce que la substitution dans la fonction donnât un signe différent de celui qu'on avait trouvé d'abord; mais ces substitutions exigeraient beaucoup de calcul, et, en opérant ainsi, on perdrait l'avantage principal de la méthode, qui consiste dans la rapidité de l'approximation. Nous résoudrons cette difficulté en assignant d'autres limites b, b', b'', b''', etc. qui sont moindres que la racine si les précédentes a, a', a'', a''', etc. sont plus grandes, et qui au contraire surpassent la racine si les précédentes sont moindres. Par là on est assuré que les chiffres communs à l'une et l'autre limites appartiennent à la racine cherchée, et l'on ne conserve que ces chiffres exacts. Or nous démontrons que le nombre des chiffres exacts que fournit une seule opération croît rapidement, et qu'il augmente de quantités proportionnelles aux nombres 2, 4, 8, 16, etc. de la progression double. Nous en déduisons une règle certaine pour connaître d'avance, et indépendamment du calcul des secondes limites, jusqu'où l'on peut porter l'approximation des premières.

4° On doit ordonner le calcul en sorte qu'il n'y ait point d'opérations superflues, c'est-à-dire qu'on n'ait à effectuer que les opérations qui concourent à déterminer la racine, et dont aucune ne pourrait être omise.

Nous allons examiner successivement les questions que l'on vient d'énoncer, et en expliquer la solution.

(3) Les deux limites a et b, déterminées par notre méthode, comprennent une racine réelle α de l'équation $f(x) = 0$, et l'on est assuré qu'il n'y a dans cet intervalle aucune autre racine de la même équation, parce que la suite (a) des résultats de la substitution de a dans les fonctions $f^{(m)}(x), f^{(m-1)}(x), \ldots f''(x), f'(x), f(x)$ a seulement un changement de signe de moins que la suite (b) des résul-

21.

tats de la substitution de la limite plus grande b dans les mêmes fonctions. En omettant dans chacune de ces deux suites (a) et (b) les deux derniers résultats, qui sont pour l'une $f'(a)$, $f(a)$, et pour l'autre $f'(b)$, $f(b)$, on comparera les deux limites restantes, et l'on connaîtra si l'équation $f''(x) = 0$ peut avoir quelques racines entre les mêmes limites a et b. Or s'il existe dans cet intervalle de telles racines, c'est-à-dire des valeurs de x qui rendent nulle la fonction $f''(x)$, chacune de ces valeurs diffère de la racine α qui résout l'équation $f(x) = 0$. Il faut seulement excepter le cas singulier où les fonctions $f''(x)$ et $f(x)$ auraient un diviseur commun $\psi(x)$. Il est facile de juger, par l'emploi du procédé connu, si ce facteur $\psi(x)$ existe; et, dans ce cas singulier, on aurait à résoudre séparément l'équation $\psi(x) = 0$. On appliquerait donc à cette équation $\psi(x) = 0$, et non à l'équation plus composée $f(x) = 0$, les règles qui servent à trouver les racines.

Si le facteur $\psi(x)$ dont il s'agit n'existe pas, toute valeur qui rendrait nulle la fonction $f''(x)$ diffère de la racine α de l'équation $f(x) = 0$. On pourra donc rapprocher les deux limites a et b, et les remplacer par deux autres a' et b' assez voisines pour qu'elles comprennent entre elles, comme les précédentes, la racine α de l'équation $f(x) = 0$, sans comprendre aucune des racines de l'équation $f''(x) = 0$. Pour obtenir ces nouvelles limites a' et b', on divisera l'intervalle des deux premières a et b en substituant un nombre intermédiaire c; et l'on connaîtra si la racine cherchée α est entre a et c, ou si elle est entre c et b. Il est évident que l'on pourra facilement continuer la subdivision de l'intervalle jusqu'à ce que l'on trouve deux nombres a' et b' qui comprendront entre eux la racine α, sans qu'il y ait dans ce même intervalle aucune racine de l'équation $f''(x) = 0$.

On peut comparer de la même manière les deux fonctions $f'(x)$ et $f(x)$. Si elles avaient un facteur commun $\varphi(x)$, ce qui est le cas des racines égales, on résoudrait séparément l'équation $\varphi(x) = 0$. Si ce facteur $\varphi(x)$ n'existe pas, ou si l'équation $\varphi(x) = 0$ n'a aucune racine γ comprise entre les limites a et b, on peut rapprocher ces limites par la division de l'intervalle, et obtenir d'autres limites plus voisines a' et b', telles que l'équation $f(x) = 0$ ayant une seule racine dans l'intervalle de a' et b', l'équation $f'(x) = 0$ n'ait aucune racine dans ce même intervalle.

Il s'ensuit que dans la recherche qui a pour objet de calculer la valeur d'une racine, nous pouvons toujours supposer les deux limites données a et b telles que l'équation $f(x) = 0$ ayant une seule racine entre a et b, l'équation $f'(x) = 0$ ne puisse avoir aucune racine dans cet intervalle, et qu'il en soit de même de l'équation $f''(x) = 0$.

(4) Il est facile de reconnaître comme il suit si ces deux conditions sont remplies. En effet les résultats des substitutions de a et de b dans les fonctions $f^{(m)}(x)$, $f^{(m-1)}(x)$, ... $f''(x)$, $f'(x)$, $f(x)$ sont déjà connus par les opérations qui ont servi à déterminer les limites, et l'on a formé la série des indices propre à l'intervalle. On examinera si le dernier indice Δ étant 1, les deux indices précédents sont 0 et 0. Si cela a lieu, on est assuré que les équations $f'(x) = 0$ et $f''(x) = 0$ n'ont aucune racine entre les limites a et b, et nous prouverons que ce cas est celui où l'on peut appliquer avec certitude la règle d'approximation. Mais si les trois derniers indices ne sont pas 0 0 1, on diminuera l'intervalle jusqu'à ce que cette condition subsiste; ou, si cela est nécessaire, on considérera séparément les facteurs communs que nous avons désignés par $\psi(x)$ et $\varphi(x)$.

Si les deux suites comparées

$$f^{(m)}(a), \; f^{(m-1)}(a) \ldots \ldots f''(a), f'(a), \; f(a),$$
$$f^{(m)}(b), \; f^{(m-1)}(b) \ldots \ldots f''(b), f'(b), \; f(b),$$

sont telles qu'en omettant les derniers résultats $f(a)$ et $f(b)$, les signes soient les mêmes, il est évident que les conditions précédentes sont remplies: car la suite terminée par $f'(a)$ aurait autant de changements de signes que la suite terminée par $f'(b)$, et il en serait de même des deux suites terminées, l'une par $f''(a)$, l'autre par $f''(b)$. Donc si les suites (a) et (b) diffèrent seulement par le dernier signe, il ne restera plus qu'à procéder au calcul de la racine. On verra dans l'article suivant que cet état des deux suites ne constitue pas un cas particulier : il forme au contraire l'état général ; et c'est pour cela qu'on doit considérer avec attention cette disposition des deux suites. Lorsqu'elle ne subsiste pas d'abord, on peut toujours l'établir en rapprochant les limites.

Par exemple si l'équation proposée est

$$x^5 + 3x^4 + 2x^3 - 3x^2 - 2x - 2 = 0,$$

on trouve, en désignant le premier membre de cette équation par $f(x)$, que les nombres o et 10 substitués dans la suite des fonctions

$$f^v(x), f^{iv}(x), f'''(x), f''(x), f'(x), f(x),$$

donnent ces résultats

$$
\begin{array}{ccccccc}
(\, \text{o} \,) \, \ldots & + & + & + & - & - & - \\
& \text{o} & \text{o} & \text{o} & \text{1} & \text{1} & \text{1} \\
(\, 10 \,) \, \ldots & + & + & + & + & + & +.
\end{array}
$$

Il y a une seule racine entre les limites o et 10 : mais ces limites ne sont point assez approchées pour que les équations $f''(x) = 0$ et $f'(x) = 0$ n'aient aucune racine dans ce même intervalle ; car on voit en formant la série des indices, qui est o o o 1 1 1, que l'équation $f'''(x) = 0$ a une racine entre o et 10, et qu'il en est de même de l'équation $f'(x) = 0$. Il faut donc substituer un nombre intermédiaire. Soit 1 ce nombre ; on trouve les résultats suivants :

$$
\begin{array}{ccccccc}
(\, 1 \,) \, \ldots & + & + & + & + & + & - \\
& \text{o} & \text{o} & \text{o} & \text{o} & \text{o} & \text{1} \\
(\, 10 \,) \, \ldots & + & + & + & + & + & +.
\end{array}
$$

Ainsi la racine cherchée est entre 1 et 10 ; et ces limites sont telles que l'équation $f'(x) = 0$ et l'équation $f''(x) = 0$ n'ont aucune racine dans ce même intervalle. C'est ce que montre la série des indices o o o o o 1.

(5) Nous placerons ici la démonstration de deux lemmes qui

sont d'un usage très-fréquent dans le calcul des limites et des valeurs des racines.

$1°$ Si les deux suites

$$(a) \ldots f^{(m)}(a), f^{(m-1)}(a) \ldots f''(a), f'(a), f(a)$$
$$(b) \ldots f^{(m)}(b), f^{(m-1)}(b) \ldots f''(b), f'(b), f(b)$$

sont telles que chaque terme de la première ait le même signe que le terme correspondant de la seconde, la même condition aura lieu lorsqu'on substituera dans les fonctions au lieu de x un nombre intermédiaire quelconque c plus grand que a et moindre que b : chaque terme de la suite

$$(c) \ldots f^{(m)}(c), f^{(m-1)}(c) \ldots f''(c), f'(c), f(c)$$

aura le même signe que le terme correspondant de la suite (a).

En effet le signe de $f'(a)$ est par hypothèse le même que celui de $f'(b)$. Supposons que ce signe commun soit encore celui de toutes les valeurs que l'on trouve en substituant dans $f'(x)$ une valeur intermédiaire quelconque prise entre les limites a et b, en sorte que la fonction $f'(x)$ conserve son signe pour toutes les valeurs possibles de x qui tombent dans l'intervalle de a à b. Il faudra en conclure que la fonction $f(x)$ est toujours croissante ou toujours décroissante dans ce même intervalle, puisque la fluxion du premier ordre $f'(x)$ conserve le même signe $+$ ou $-$. Donc $f(a)$ ayant le même signe que $f(b)$, et $f(x)$ étant toujours croissante ou décroissante, cette même fonction $f(x)$ ne pourra point devenir nulle dans ce même intervalle. Donc en substituant dans $f(x)$ toutes les valeurs possibles comprises entre a et b, la fonction $f(x)$ conservera le même signe, savoir celui qui est commun à $f(a)$ et $f(b)$.

On démontre de la même manière que si la fonction $f''(x)$ conserve son signe dans tout l'intervalle des limites a et b, et si les valeurs extrêmes $f'(a)$ et $f'(b)$ ont le même signe, la fonction $f'(x)$ conservera dans le même intervalle le signe commun de $f'(a)$ et $f''(b)$.

En appliquant cette démonstration aux parties qui sont correspondantes dans les deux séries, et qui sont de plus en plus reculées

vers la gauche, on arrivera jusqu'aux deux signes $\dfrac{+}{+}$ qui précèdent tous les autres. Or il est évident que la fonction $f^{(m)}(x)$ conserve son signe, puisqu'elle ne contient pas la variable x. Donc on
est assuré qu'une fonction $f(x)$ conserve le même signe dans un
intervalle donné, lorsque ses deux valeurs extrêmes $f(a)$ et $f(b)$
ont le même signe, et lorsqu'il en est de même des valeurs correspondantes $f'(a)$ et $f'(b)$, $f''(a)$ et $f''(b)$, $f'''(a)$ et $f'''(b)$, etc., que
l'on trouve en substituant les limites dans les fonctions différentielles de tous les ordres.

Les valeurs extrêmes $f(a)$ et $f(b)$ d'une fonction $f(x)$ étant de
même signe, il pourrait arriver que les valeurs de $f(x)$ qui répondent aux valeurs intermédiaires de x changeassent de signe, en
devenant nulles plusieurs fois dans l'intervalle. Mais cela ne peut
avoir lieu si le signe des deux valeurs extrêmes $f'(a)$ et $f'(b)$ est le
même, et si cette condition subsiste pour toutes les autres fonctions
différentielles.

2° En général si l'on a comparé les deux suites

$$(a)\ldots\ldots f^{(m)}(a),\ f^{(m-1)}(a).\ldots f''(a),\ f'(a), f(a),$$
$$(b)\ldots\ldots f^{(m)}(b),\ f^{(m-1)}(b).\ldots f''(b),\ f'(b), f(b);$$

et si, ayant formé la série des indices, on trouve que le dernier indice Δ qui répond à $f(x)$ est 0, on est assuré qu'en substituant un
nombre intermédiaire c, et formant la série des indices propres à
l'intervalle de a à c, et celle qui est propre à l'intervalle de c à b,
le dernier terme de chacune de ces deux séries d'indices sera 0. En
effet si le dernier indice Δ' de la série propre à l'intervalle de a à
c n'était pas 0, mais égal à j, il s'ensuivrait que la suite des résultats perd un nombre j de changements de signe lorsque la grandeur substituée passe de la valeur a à la valeur c. Il faudrait donc
qu'à partir de la valeur intermédiaire c jusqu'à la valeur extrême
b, la suite des résultats pût acquérir un nombre j de changements
de signes lorsqu'on augmente par degrés insensibles les grandeurs
substituées. Or nous avons reconnu que cela est impossible, car le

nombre des changements de signes ne peut que diminuer lorsqu'on augmente la quantité substituée.

On prouve de la même manière que le dernier terme de la série des indices propre à l'intervalle de c à b ne peut pas être un nombre j différent de o. Car il faudrait que dans l'intervalle précédent la suite des résultats eût acquis un nombre j de changements de signe, ce qui est impossible.

Donc si les deux suites comparées (a) et (b) sont telles que le dernier terme Δ de la série des indices propre à l'intervalle soit o, on trouvera toujours le dernier indice égal à o si l'on divise l'intervalle par la substitution de nombres intermédiaires : chaque intervalle partiel aura zéro pour dernier indice.

Les deux lemmes que l'on vient de démontrer sont, pour ainsi dire, évidents pour le cas où la fonction contient une seule variable, qui est le seul que nous considérons ici ; et le premier lemme est un cas particulier du second. Il suffisait en quelque sorte d'énoncer ces deux propositions, qui sont des conséquences manifestes de la théorie précédente. Mais il a paru préférable de les développer, parce qu'elles s'appliquent aux fonctions formées d'un nombre quelconque de variables. Nous ne considérons point ici cette proposition générale, mais il serait facile de la démontrer par les mêmes principes ; c'est un élément remarquable de l'analyse algébrique.

(6) Il nous reste maintenant à prouver que si les deux limites entre lesquelles on cherche une racine ont été assez rapprochées pour que les conditions énoncées dans l'article 3 soient remplies, on peut procéder sans aucune incertitude à l'approximation. Prenons pour exemple le cas où les derniers signes des deux suites comparées sont

$$f''(x), f'(x), \ f(x)$$

$$(a) \dots \ \ + \quad + \quad -$$
$$ \text{o} \quad \ \text{o} \quad \ \ 1$$
$$(b) \dots \ \ + \quad + \quad +,$$

et supposons que les conditions dont il s'agit ayant lieu, c'est-à-dire que les trois derniers indices étant o o 1, il s'agit de calculer

I. 22

la valeur de la racine, que l'on sait être plus grande que a et moindre que b. Nous présenterons d'abord la solution analytique de la question ; ensuite nous donnerons les constructions qui s'y rapportent et rendent les résultats très-sensibles, comme on peut en juger en passant d'avance à l'article 10.

Soit ϵ la quantité inconnue qu'il faut retrancher de b pour trouver exactement la racine x, en sorte que x soit égale à $b - \epsilon$. On a donc

$$f(b - \epsilon) = o.$$

Si l'on développe cette expression jusqu'au second terme seulement, on a

$$f(b) - \epsilon f'(b - \epsilon \ldots \ldots b) = o.$$

On désigne par $f'(b - \epsilon \ldots b)$ ce que devient la fonction $f'(x)$ lorsqu'on met au lieu de x une certaine quantité $b - \epsilon \ldots b$, que l'on sait être comprise entre les valeurs extrêmes de la variable. Ces valeurs extrêmes sont $b - \epsilon$ et b, ou x et b. On a donc

$$\epsilon = \frac{f(b)}{f'(x \ldots b)}.$$

On en conclut

$$x = b - \frac{f(b)}{f'(x \ldots b)}.$$

On peut encore exprimer ainsi cette valeur de x,

$$x = b - \frac{f(b)}{f'(a \ldots b)} ;$$

car toute valeur comprise entre x et b est *a fortiori* comprise entre a et b.

Il faut observer que la fonction $f'(x)$, qui est par hypothèse positive lorsque $x = a$ et lorsque $x = b$, demeure constamment positive lorsqu'on donne à x une valeur quelconque comprise entre a et b; car ce signe ne pourrait changer que si une de ces valeurs intermédiaires rendait nulle la fonction $f'(x)$, ce qui est contraire à notre hypothèse. Donc la fonction $f'(x)$ conserve le signe $+$ dans tout l'intervalle compris entre a et b. Il en est de même de la fonction $f''(x)$, et on le démontre de la même manière. Donc la fonction $f'(x)$, positive depuis $x = a$ jusqu'à $x = b$, est toujours croissante dans cet intervalle, puisque sa fluxion du premier ordre, savoir $f''(x)$, est toujours positive dans ce même intervalle.

Il suit de là que parmi toutes les valeurs que reçoit la fonction $f'(x)$ lorsqu'on fait varier x depuis $x = a$ jusqu'à $x = b$, la plus petite est $f'(a)$ et la plus grande $f'(b)$. Or la valeur exacte de x est ainsi exprimée,

$$x = b - \frac{f(b)}{f'(a \ldots b)}.$$

Donc en remplaçant $f'(a \ldots b)$ par $f'(b)$, on divisera $f(b)$ par une quantité trop grande. On retranchera donc de b moins qu'on ne devrait retrancher pour trouver la valeur exacte de la racine : donc $b - \frac{f(b)}{f'(b)}$ est une quantité b' moindre que b, et plus grande que la racine cherchée. Ainsi l'on a déduit de la plus grande limite b une valeur b' plus approchée de la racine que ne l'était la limite b, et qui surpasse encore la valeur de cette racine.

(7) On peut aussi employer la moindre limite pour trouver une valeur plus approchée de la racine. Soit $a + \alpha$ la valeur exacte de la racine x, α étant une quantité inconnue. On a l'équation

$$f(a + \alpha) = 0,$$

ou, développant jusqu'au second terme seulement,

$$f(a) + \alpha f'(a \ldots a + \alpha) = 0.$$

La valeur de la variable sous le signe f' est une certaine quantité que l'on sait être comprise entre a et $a + \alpha$, ou entre a et x. On a donc

$$\alpha = - \frac{f(a)}{f'(a \ldots x)};$$

et parce que toute quantité comprise entre a et x est l'une des valeurs comprises entre a et b, on a

$$\alpha = -\frac{f(a)}{f'(a\ldots b)}.$$

Donc

$$x = a - \frac{f(a)}{f'(a\ldots b)}.$$

Il faut remarquer que la valeur de $f(a)$ est négative, et que celle de $f'(a\ldots b)$ est positive: en sorte que le second terme de l'expression de x est une quantité positive ajoutée à la limite a. On a vu précédemment que la plus grande des valeurs que l'on puisse trouver en substituant dans $f'(a)$ une quantité comprise entre a et b est $f'(b)$. Si donc dans la dernière expression de la valeur de x, on écrit $f'(b)$ au lieu de $f'(a\ldots b)$, on rendra trop petite la quantité qui est ajoutée à la limite a. Donc la valeur exacte de x est certainement plus grande que

$$a - \frac{f(a)}{f'(b)}.$$

(8) Nous venons de déduire d'une première valeur approchée a, moindre que la racine, une seconde valeur plus approchée que a ; puisque, sans cesser d'être moindre que la racine x, elle est plus grande que a. Soit a' cette nouvelle valeur approchée, on aura

$$a' = a - \frac{f(a)}{f'(b)}.$$

Il ne reste plus qu'à combiner cette nouvelle limite a' avec la seconde valeur approchée b' que l'on a déduite de la première b, et qui est ainsi exprimée,

$$b' = b - \frac{f(b)}{f'(b)}.$$

Les limites a et b, dont l'une a est plus grande et l'autre b est moindre que x, sont donc remplacées par des limites plus voisines a' et b', dont l'une a' est moindre, et l'autre b' est plus grande que la racine cherchée x. Il faut remarquer que ce calcul des valeurs a' et b' se réduit à celui des quotients $\frac{f(a)}{f'(b)}$, $\frac{f(b)}{f'(b)}$. Or les trois résultats $f(a)$, $f(b)$, $f'(b)$ sont déja connus par le procédé qui a servi à déterminer les premières limites a et b. Il est donc très-facile d'obtenir les nouvelles valeurs a' et b' plus approchées que a et b.

En se bornant à l'application commune de la méthode newtonienne, on n'obtient qu'une seule limite, et par conséquent on ignore combien il faut calculer de chiffres lorsqu'on effectue la division indiquée. Mais le procédé que nous venons de démontrer n'est pas sujet à cette incertitude, puisque l'on connaît deux nouvelles limites a' et b', dont l'une est moindre et l'autre plus grande que la racine. Dans le calcul des valeurs de a' et b', qui sont $a - \frac{f(a)}{f'(b)}$ et $b - \frac{f(b)}{f'(b)}$, on ne doit point employer les valeurs exactes des quotients, qui pourraient être trop composées. Il suffit de prolonger le calcul jusqu'à ce que les valeurs de a' et b' ne diffèrent que d'une très-petite quantité, en conservant cette condition que la valeur de a' doit être prise trop petite et la valeur de b' trop grande. Désignant donc par a' et b' les nouvelles valeurs que l'on aura ainsi déterminées, on emploiera ces secondes limites a' et b' pour en déduire suivant le même procédé de troisièmes limites a'' et b''. Si l'on continue indéfiniment ce genre d'approximation on trouvera des valeurs de plus en plus exactes, et l'on connaîtra toujours les limites de l'erreur.

(9) Nous allons maintenant chercher la mesure de la convergence, c'est-à-dire la loi suivant laquelle l'intervalle des limites diminue continuellement : l'expression de cette loi est un des éléments principaux de notre question.

Soit i la différence de deux limites a et b, entre lesquelles la racine x est comprise, et assez voisines pour que l'équation $f''(x) = o$ et l'équation $f'(x) = o$ n'aient aucune racine dans ce même intervalle. Nous avons vu 1° qu'il est facile de reconnaître si ces conditions sont remplies; 2° que si elles subsistent on déduit des limites données a et b d'autres limites plus voisines a' et b', ainsi exprimées,

$$a' = a - \frac{f(a)}{f'(b)}, \quad b' = b - \frac{f(b)}{f'(b)}.$$

Soit i' la différence $b' - a'$ des nouvelles limites; les différences $b - a$ et $b' - a'$, ou i et i', ont une relation qu'il s'agit de découvrir. On résout immédiatement cette question en substituant $b - i$ au lieu de a dans l'expression de a': on trouve ainsi les équations

$$b' = b - \frac{f(b)}{f'(b)}$$

$$a' = b - i - \frac{f(b - i)}{f'(b)}.$$

Développant $f(b - i)$ jusqu'au troisième terme, on a

$$a' = b - i - \frac{f(b) - if'(b) + \frac{i^2}{2}f''(b - i \ldots b)}{f'(b)}.$$

On désigne par $b - i \ldots b$ une valeur de la variable comprise entre $b - i$ et b, c'est-à-dire entre a et b. Retranchant de b' l'expression de a' ainsi développée, on trouve

$$b' - a' = i - \frac{f(b)}{f'(b)} + \frac{f(b)}{f'(b)} - i + \frac{i^2}{2}\frac{f''(a \ldots b)}{f'(b)},$$

ou

$$i' = i^2 \cdot \frac{f''(a \ldots b)}{2f'(b)}.$$

Ce résultat est très-remarquable : on voit que la différence i des deux premières limites étant connue, on trouverait la différence i' des deux nouvelles limites, en multipliant le carré de i par le coefficient $\frac{f''(a \ldots b)}{2f'(b)}$. Le dénominateur $2f'(b)$ est connu; le numérateur $f''(a \ldots b)$ est la valeur que l'on trouverait en substituant dans la fonction $f''(x)$ une quantité comprise entre a et b. Nous désignerons par C une valeur approchée du coefficient $\frac{f''(a \ldots b)}{2f'(b)}$, mais plus grande que ce coefficient. Il est facile, comme on le verra dans les articles suivants, de former cette limite C, et d'en déduire une valeur approchée $C i^2$ de la différence i'. Nous montrerons aussi l'usage pratique que l'on doit faire de cette valeur approchée $C i^2$, pour en conclure le nombre de chiffres exacts donnés par chaque opération. Nous ne voulons ici que faire remarquer le caractère de l'approximation qui résulte de l'emploi des deux limites.

En effet si la différence $b - a$ des deux premières est devenue une quantité fort petite, par exemple une unité décimale de septième ordre, ou $(\frac{1}{10})^7$, l'expression de i', ou $C i^2$, montre que la différence i' des deux nouvelles limites est de même ordre que $(\frac{1}{10})^{14}$. Le nombre C a une valeur une fois déterminée, qui ne change plus dans le cours de l'approximation, et les différences i, i', i'', etc. deviennent des unités décimales d'un ordre très-élevé. Les secondes limites a' et b' pourraient encore être assez distantes, lorsque les premières a et b ont une différence considérable : mais la convergence de l'approximation devient de plus en plus rapide, et chaque opération fournit un nombre toujours croissant de chiffres exacts. Nous développerons davantage par la suite ces conséquences, et l'on reconnaîtra combien elles facilitent l'approximation.

(10) Après avoir indiqué les principes analytiques qui servent de fondement à cette recherche, nous allons faire connaître les constructions géométriques qui représentent les résultats. Ces constructions sont très-simples, et analogues à celles qui nous ont servi pour la distinction des racines imaginaires, article 23 du premier livre.

Nous prendrons pour exemple le cas cité dans l'article 6, c'est-à-dire le cas où les derniers signes des suites comparées sont

$$f''(x), f'(x), f(x)$$

$$(a) \ldots \ldots \quad + \quad + \quad -$$
$$ \quad 0 \quad \ 0 \quad \ 1$$
$$(b) \ldots \ldots \quad + \quad + \quad +,$$

et les trois derniers indices sont les nombres 0 0 1.

L'arc $m n$ (fig. 7) représente une partie de la ligne courbe dont l'équation est

$$y = f(x).$$

Les abscisses oa, ob désignent les limites données a et b. Les or-données extrêmes am, bn sont les valeurs de $f(a)$ et $f(b)$. L'arc man, qui correspond à l'intervalle ab des deux limites, n'a aucun point d'inflexion, parce que l'indice antepénultième étant o, l'équa-tion $f''(x)=o$ n'a aucune racine entre ces limites. La courbe tourne sa convexité vers la partie inférieure de la planche, parce que la fonction $f''(x)$ conserve le signe $+$ dans tout l'intervalle ab. La fonction $f'(x)$ conservant aussi le signe $+$ dans cet intervalle, il s'ensuit que l'arc man est ascendant. Ainsi l'ordonnée $f(x)$ au-gmente continuellement lorsque l'abscisse augmente; cette ordon-née, d'abord négative au point a, s'approche de plus en plus de zéro, et lorsqu'elle est devenue positive elle s'éloigne de zéro : il y a un seul point d'intersection de la courbe et de l'axe au point α. Supposons que par le point n on mène une tangente à la courbe, et que l'on prolonge cette tangente jusqu'au point b' où elle ren-contre l'axe, il est évident que le point b' étant compris entre α et b, l'abscisse ob' sera une valeur plus grande que la racine, mais plus approchée de cette racine que ne l'était l'abscisse ob. Si main-tenant on mène par le point m une parallèle à la tangente nb', le point a' où cette parallèle coupe l'axe étant compris entre a et α, l'abscisse oa' sera une valeur moindre que la racine, et plus approchée de cette racine que ne l'était l'abscisse oa. Il ne reste plus qu'à exprimer les valeurs de ces nouvelles abscisses ob' et oa'. Or au point n le rapport de l'accroissement dy à l'accroissement dx, ou $\frac{dx f'(x)}{dx}$, est égal au rapport de l'ordonnée nb à la sous-tangente bb'. On a donc

$$\frac{dx f'(b)}{dx} = \frac{nb}{bb'} = \frac{f(b)}{bb'} :$$

donc la ligne bb' est égale à $\frac{f(b)}{f'(b)}$. Ainsi la valeur de l'abscisse ob' est

$$b - \frac{f(b)}{f'(b)},$$

ce qui est l'expression de la valeur approchée désignée par b' dans l'article 6.

Le rapport $\frac{dy}{dx}$ au point n, ou $\frac{dxf'(b)}{dx}$, est égal au rapport de l'ordonnée am (prise avec un signe contraire) à la partie aa' de l'axe interceptée entre l'ordonnée et la parallèle : on a donc

$$\frac{dxf'(b)}{dx} = -\frac{f(a)}{aa'}, \quad \text{ou} \quad aa' = -\frac{f(a)}{f'(b)}.$$

Ainsi l'abscisse oa' est égale à

$$a - \frac{f(a)}{f'(b)},$$

ce qui est l'expression de la valeur approchée désignée par a' dans l'article 8.

Les deux résultats de l'approximation linéaire sont donc clairement représentés par cette construction. Les abscisses oa, ob, qui correspondent aux premières limites, sont remplacées par deux autres oa' et ob' que l'on détermine en menant par le point n une tangente à la courbe, et par le point m une parallèle à la tangente. Désignant ensuite par a' et b' les extrémités des sous-tangentes, ou plus généralement deux points dont l'un est entre a et l'extrémité a', l'autre entre b et l'extrémité b', on marquera sur la courbe les extrémités m' et n' des ordonnées qui passent par les points désignés a' et b', et l'on procédera à l'égard des points m' et n' comme on a procédé pour les points m et n. Il est évident que l'on aurait pu déduire de cette seule construction la connaissance des deux valeurs approchées $b - \frac{f(b)}{f'(b)}$ et $a - \frac{f(a)}{f'(b)}$, que nous avons obtenue par le calcul, articles 6 et 7. La première de ces valeurs est celle que donne la règle newtonienne : en général cette règle consiste toujours à corriger la première valeur approchée, considérée comme une abscisse, en ajoutant à cette abscisse la valeur de la sous-tangente. L'autre valeur approchée $a - \frac{f(a)}{f'(b)}$ complète l'approximation linéaire, ou du premier degré. Nous appelons ainsi celle qui ne dépend que des fluxions du premier ordre.

(11) La construction précédente rend manifestes les conditions qu'exige l'usage de l'approximation linéaire. En effet lorsque le point b (fig. 7) est très-voisin du point d'intersection α, la tangente menée par l'extrémité n de l'ordonnée bn rencontre l'axe en un point b' placé entre b et α, et la nouvelle valeur b' représentée par l'abscisse o b' est beaucoup plus approchée que la précédente b représentée par l'abscisse o b. Mais si la première valeur o B à laquelle le calcul s'applique correspond au point B, il est manifeste que la tangente menée par le point N peut rencontrer l'axe en un point fort éloigné de l'intersection α. Il arrive dans ce cas que la règle newtonienne ne donne point avec certitude la valeur de la racine cherchée : elle peut conduire à des résultats très-différents de celui qui est l'objet de la question. Pour que cette incertitude n'ait point lieu, il est nécessaire que le point n extrémité de l'ordonnée bn soit moins éloigné de l'origine o que le point d'inflexion le plus voisin r.

On voit aussi que l'approximation newtonienne ne peut pas être appliquée indifféremment à la limite a et à la limite b; car la tangente menée par l'extrémité m de l'ordonnée am pourrait rencontrer l'axe en un point plus éloigné de l'intersection α que ne l'était le point b. Les limites o a, o b (fig. 8), entre lesquelles il se trouve un seul point d'intersection α, pourraient être assez éloignées pour qu'il y eût dans cet intervalle ab plusieurs points p, p où la tangente est parallèle à l'axe, et plusieurs points d'inflexion r,r,r qui séparent un arc convexe d'un arc concave. Dans ce cas on ne doit point encore faire usage de l'approximation linéaire : il faut diminuer l'intervalle jusqu'à ce que l'arc qui répond au nouvel intervalle $a'b'$ ne contienne aucun point p de maximum ou minimum, ni aucun point d'inflexion r.

Dans le Traité de la Résolution des équations numériques, on avait déjà montré que la règle donnée par Newton est incomplète, en ce qu'elle ne porte point un caractère qui assure l'exactitude de l'approximation. L'illustre auteur fait observer (Introduction, page x) qu'en négligeant à chaque opération des termes dont on ne connaît pas la valeur, on ne peut point juger du degré d'exactitude de chaque correction; et il ajoute (page 129, 2e édition) qu'il est difficile, et peut-être même impossible, de trouver *a priori* un caractère pour juger si la condition qui rend l'opération convergente est remplie ou non. Cette question importante est complètement résolue par la méthode que nous avons donnée dans le livre précédent pour déterminer les limites des racines : car on connaîtra par cette méthode si l'équation $f(x) = 0$ a une seule racine réelle entre deux limites a et b, et si chacune des équations $f'(x) = 0$ et $f''(x) = 0$ n'a point de racine dans cet intervalle. De plus on peut, dans tous les cas, assigner pour chaque racine deux limites qui satisfont à ces conditions. Donc l'approximation linéaire, dont la règle newtonienne fait partie, peut toujours être appliquée.

La construction rend cette conséquence évidente pour le cas indiqué plus haut, car l'arc $m\,n$ (fig. 7) ne peut avoir ni point d'inflexion, ni tangente parallèle à l'axe, puisque les équations $f''(x) = 0$ et $f'(x) = 0$ n'ont aucune racine réelle entre a et b. Il suffit donc dans ce cas d'appliquer la règle. La première valeur approchée b conduira à l'extrémité de la sous-tangente; ou si, pour faciliter le calcul, on s'arrête en un point $\mathscr{C}'$ voisin du point b', et compris entre b' et b, on passera suivant le même procédé de ce point $\mathscr{C}'$ à un autre point $\mathscr{C}''$ plus rapproché du point d'intersection α. Cette approximation peut être continuée indéfiniment.

(12) La disposition de la figure n'est pas toujours celle que l'on vient d'indiquer. Il faut en général distinguer quatre cas, savoir ceux que représentent les figures 9, 10, 11, 12, et dont nous venons de considérer le premier. Dans ce premier cas (fig. 9), l'approximation se forme, comme nous l'avons dit, au moyen des tangentes successives, dont la première est menée par le point n. Dans le deuxième cas (fig. 10) la première tangente passe par le point m. Dans le troisième (fig. 11) elle passe aussi par l'extrémité m de l'ordonnée $a\,m$. Pour le quatrième cas (fig. 12) la première tangente

23.

part de l'extrémité n de l'ordonnée bn. La seule inspection des figures démontre la convergence des approximations : elle fait connaître aussi que, dans tous les cas, la condition de cette convergence consiste en ce que l'arc mn doit être exempt de sinuosités et de points d'inflexion. Or cela aura toujours lieu si les équations $f'(x) = 0$ et $f''(x) = 0$ n'ont aucune racine réelle entre a et b. On s'en assurera, comme nous l'avons dit, en substituant les limites a et b dans la suite des fonctions

$$f^{(m)}(x),\ f^{(m-1)}(x)\ldots\ldots f'''(x),\ f''(x),\ f'(x),\ f(x),$$

ce qui donnera deux suites de résultats, savoir :

$$(a)\ldots\ldots f^{(m)}(a),\ f^{(m-1)}(a)\ldots\ldots f'''(a),\ f''(a),\ f'(a),\ f(a),$$
$$(b)\ldots\ldots f^{(m)}(b),\ f^{(m-1)}(b)\ldots\ldots f'''(b),\ f''(b),\ f'(b),\ f(b).$$

On comparera les deux suites de signes (a) et (b). Si ces deux suites ne diffèrent que par le dernier signe, qui est positif pour l'une des limites et négatif pour l'autre, il est certain que les équations $f''(x) = 0$, $f'(x) = 0$ n'ont aucune racine dans l'intervalle. Donc l'arc mn n'a aucune tangente parallèle à l'axe, et n'a aucune inflexion. Par conséquent les limites sont assez voisines pour que l'on puisse, sans aucune incertitude, faire usage de la règle d'approximation.

On voit aussi qu'il n'est pas nécessaire que les deux suites de signes (a) et (b) ne diffèrent que par le dernier signe ; il suffit de comparer les nombres de changements de signes de ces deux suites. On procédera à cette comparaison, en allant de gauche à droite, et l'on s'arrétera d'abord à la fonction $f''(x)$ inclusivement. Si l'on trouve que les deux limites ont jusqu'à ce terme le même nombre de changements de signes, on en conclura que l'équation $f''(x) = 0$ n'a aucune racine entre les limites a et b. On comparera aussi les deux suites (a) et (b) en s'arrêtant à la fonction $f'(x)$ inclusivement, et s'il arrive que les deux suites aient encore le même nombre de changements de signes, on en conclura que l'équation $f'(x) = 0$ n'a aucune racine entre les limites a et b. On pourra alors procéder immédiatement à l'application de la règle, et l'on sera assuré de trouver des limites a' et b' plus approchées que les précédentes a et b.

Cette comparaison des deux suites (a) et (b) se réduit, comme on le voit, à former la série des indices propre à l'intervalle des limites a et b, et à examiner si les trois derniers indices sont o o 1 : cette condition est nécessaire et suffisante. Si elle n'était pas remplie l'approximation serait erronée, ou du moins incertaine ; on ne doit y procéder qu'après avoir rapproché les limites. Mais lorsque les trois derniers indices sont devenus o o 1, on est averti que les deux limites a et b sont assez voisines pour que l'on puisse faire usage de l'approximation linéaire. On passera ainsi des limites a et b à deux autres a' et b', qui auront la même propriété que a et b : l'une de ces nouvelles limites est donnée par la règle newtonienne ; elle est représentée dans le premier cas (fig. 9) par

$$ b - \frac{f(b)}{f'(b)}. $$

(13) Les constructions font connaître très-clairement que la règle newtonienne ne doit pas être appliquée indifféremment à l'une ou à l'autre limite ; dans le premier cas (fig. 9) l'arc est ascendant et concave ; il tourne sa convexité vers la partie inférieure de la planche. Dans le second cas (fig. 10) l'arc est descendant et concave. Dans le troisième (fig. 11) l'arc est ascendant et convexe ; il tourne sa convexité vers la partie supérieure de la planche. Dans le quatrième cas (fig. 12) l'arc est descendant et convexe.

Pour le premier cas les trois derniers signes de la suite (a) que l'on forme en substituant a dans les fonctions

$$ f''(x),\ f'(x),\ f(x) $$

sont

$$ +\quad +\quad - $$

et ceux de la suite (b) sont

$$ +\quad +\quad + . $$

Pour le second cas, les trois derniers termes des deux suites sont

$$(a)\ldots\ldots\quad +\quad\quad -\quad\quad +$$
$$(b)\ldots\ldots\quad +\quad\quad -\quad\quad -.$$

Pour le troisième cas, les trois derniers termes des deux suites, sont

$$(a)\ldots\ldots\quad -\quad\quad +\quad\quad -$$
$$(b)\ldots\ldots\quad -\quad\quad +\quad\quad +.$$

Enfin pour le quatrième cas, les derniers termes des suites sont

$$(a)\ldots\ldots\quad -\quad\quad -\quad\quad +$$
$$(b)\ldots\ldots\quad -\quad\quad -\quad\quad -.$$

Dans le premier et le quatrième cas c'est à la plus grande limite b que le procédé d'approximation doit être appliqué, parce que la tangente menée par le point n donne certainement une seconde valeur b' plus approchée que b. Dans le second et le troisième cas, c'est à la moindre limite a qu'il faut appliquer la règle, car la tangente menée par le point m donne certainement une valeur a' plus approchée que a.

Pour distinguer celle des deux abscisses qui représente la limite que l'on doit choisir, il suffit de remarquer que de l'extrémité de cette abscisse on voit la convexité de l'arc $m\,n$, et non point sa concavité. Cette limite peut être appelée *extérieure*, parce que le point qui la termine est hors de l'espace que la courbe renferme. L'autre limite est *intérieure*.

Il n'est pas moins facile de reconnaître les limites par les signes des deux suites (a) et (b). La limite extérieure est toujours celle qui donne le même signe pour $f(x)$ et $f''(x)$.

(14) On a vu que, pour l'application régulière de la règle, il est nécessaire de connaître deux limites a et b entre lesquelles est seule comprise la racine dont on calcule la valeur, et de s'assurer, en substituant les deux nombres a et b dans la suite des fonctions $f^{(m)}(x)\ldots f''(x)$, $f'(x)$, $f(x)$, que l'équation $f(x) = o$ ayant une

seule racine entre a et b, l'équation $f'(x)=0$ n'a aucune racine dans cet intervalle, et qu'il en est de même de l'équation $f''(x)=0$. On détermine ces limites par la méthode que nous avons expliquée dans le premier livre, et si elles n'étaient point d'abord assez rapprochées pour que la série des indices propre à l'intervalle eût pour derniers termes o o 1, il faudrait diminuer l'intervalle jusqu'à ce que cette condition fût remplie. Il est toujours facile d'obtenir ce dernier résultat, et les constructions rendent cette conséquence manifeste. L'arc de courbe mn dont l'intersection avec l'axe détermine la racine cherchée pourrait être assez étendu pour qu'il présentât des sinuosités et des inflexions, quoiqu'il n'eût qu'un seul point d'intersection : c'est ce qui arriverait, par exemple, si cet arc était celui que représente la figure 8. On pourrait supposer les limites a et b assez éloignées pour que l'arc mn eût deux points p et p de maximum ou de minimum, et trois points d'inflexion r, r, r, quoiqu'il eût un seul point d'intersection α. Mais il est manifeste qu'en rapprochant les limites on parviendrait à des valeurs plus voisines a' et b', telles que l'arc mn fût entièrement exempt de sinuosités. Il faut seulement remarquer les cas singuliers où l'on ne pourrait pas séparer ainsi les points d'inflexion, d'intersection, et de maxima ou minima. Cela arrive 1° si deux racines sont égales, 2° si le point d'inflexion r coïncide avec le point d'intersection α. On ne considère point ici le premier cas, parce que les deux racines n'étant point séparées, la série des indices propres à l'intervalle ne serait pas terminée, comme on le suppose, par le nombre 1 : le dernier indice serait 2. Quant au second cas, il est analogue à celui des racines égales, et l'un et l'autre sont faciles à distinguer. Pour le premier, les deux fonctions $f'(x)$ et $f(x)$ ont un facteur commun, et pour le second les deux fonctions $f''(x)$ et $f(x)$ ont un facteur commun. Il suffit donc de comparer ces fonctions afin de reconnaître si elles ont un diviseur commun, et nous avons vu précédemment que cette comparaison fait partie de la règle qui sert à déterminer les limites des racines.

(15) Nous résumerons maintenant l'énoncé général des conséquences que l'on vient de démontrer.

En appliquant à une équation proposée $f(x) = 0$ la méthode que nous avons donnée pour la détermination des limites, on est parvenu à distinguer un intervalle terminé par deux nombres a et b, et dans lequel il se trouve une seule racine : on continuera comme il suit le calcul de cette racine. La série des indices propre à l'intervalle a, par hypothèse, pour dernier terme 1. On examinera si les deux suites de signes données par la substitution des limites a et b ne diffèrent que par le dernier signe, ce qui arrive le plus communément. Lorsque cette condition a lieu, on peut appliquer immédiatement la méthode d'approximation. On peut aussi procéder à cette application si les deux suites de signes étant différentes, les trois derniers termes de la série des indices sont 0 0 1. Si cette dernière condition n'est pas remplie, on est averti que les limites ne sont point encore assez voisines pour que l'on puisse faire usage avec certitude de la règle d'approximation : il faut diminuer l'intervalle des limites par la substitution d'un nombre intermédiaire. Mais avant de procéder à cette subdivision de l'intervalle, on examine si les fonctions $f''(x)$ et $f(x)$ ont un diviseur commun $\varphi(x)$. Si ce cas singulier se présentait, et si de plus l'équation $\varphi(x) = 0$ avait une racine réelle α entre a et b, ce qu'il est très-facile de connaître d'après les principes que nous avons établis, il ne resterait plus qu'à déterminer cette racine α. On appliquerait donc la règle actuelle à l'équation $\varphi(x) = 0$.

Lorsque le facteur commun n'existe pas, on arrive certainement, par la division de l'intervalle, à deux limites a et b telles que les trois derniers indices sont 0 0 1. On distingue alors celle des deux limites qui donne le même signe étant substituée dans $f''(x)$ et $f(x)$, et désignant par c cette limite extérieure, on substitue $c + \gamma$ au lieu de c dans l'équation $f(x) = 0$; on omet dans le résultat les puissances de γ supérieures à la première, et l'on détermine ainsi, par la seule division numérique, une valeur approchée de γ, en prenant le quotient trop faible, abstraction faite du signe. On trouve ainsi une seconde valeur approchée c', et l'on pourrait continuer le même procédé de calcul en opérant sur la nouvelle limite c' de même que l'on a opéré sur la limite c.

(16) On voit par ce qui précède que cette application de la règle donnerait des valeurs de plus en plus approchées, mais qui seraient, comme nous l'avons dit article 2, ou toutes plus grandes que la racine cherchée, ou toutes moindres que cette racine. Il en résulterait qu'en effectuant la division numérique pour connaître une nouvelle partie de la racine, on ignorerait jusqu'à quel terme cette opération doit être portée. Si l'on se bornait à un seul chiffre du quotient on perdrait un des plus grands avantages du procédé; car une seule opération peut donner plusieurs chiffres exacts, et elle en donne d'autant plus que l'on en connaît déja un plus grand nombre. Si au contraire on portait le quotient au-delà du terme où les chiffres cessent d'appartenir à la racine, on rendrait les opérations ultérieures compliquées et confuses. Il est évident que l'application régulière d'un tel procédé exige que l'on connaisse, par une règle certaine, combien chaque opération donne de chiffres qui appartiennent effectivement à la racine. Or nous avons établi plus haut les principes qui résolvent complètement cette question. On en déduit la règle suivante pour le calcul des valeurs approchées des racines, lorsqu'on a trouvé deux limites a et b qui, substituées dans les fonctions $f^{(m)}(x)\ldots f''(x), f'(x), f(x)$, donnent deux suites de résultats dont les signes sont les mêmes, excepté ceux des deux derniers résultats; ou plus généralement lorsqu'on a trouvé deux limites a et b qui, substituées dans ces fonctions, donnent des résultats tels que la série des indices a pour ses trois derniers termes o o 1. Il faut, désignant par $\mathscr{6}$ celle des deux limites qui, substituée dans les fonctions $f''(x)$ et $f(x)$, donne deux résultats de même signe, former l'expression

$$\mathscr{6}' = \mathscr{6} - \frac{f(\mathscr{6})}{f'(\mathscr{6})};$$

et désignant par α l'autre limite qui donne des signes différents

I.   24

pour $f''(\alpha)$ et $f(\alpha)$, on formera l'expression

$$\alpha' = \alpha - \frac{f(\alpha)}{f'(6)}.$$

Les deux quantités α' et $6'$ sont de nouvelles valeurs entre lesquelles la racine x est comprise, et qui sont plus approchées que α et 6.

(17) Ces nouvelles limites $6 - \frac{f(6)}{f'(6)}$ et $\alpha - \frac{f(\alpha)}{f'(6)}$, déduites des premières 6 et α, ne sont pas les seules que l'on puisse employer pour le calcul des racines : l'approximation linéaire comprend en général cinq limites qui dérivent des deux premières α et 6. La construction (fig. 13) suffit pour indiquer ces cinq limites, et leurs propriétés. Il faut par l'extrémité de l'ordonnée qui répond à l'une des limites, mener une tangente à l'arc, et prolonger cette tangente jusqu'à sa rencontre avec l'axe des abscisses. On menera aussi une seconde tangente par l'extrémité de l'ordonnée qui répond à l'autre limite; puis on menera par l'extrémité de chacune de ces deux ordonnées une droite parallèle à la tangente qui passe par l'extrémité de l'autre ordonnée. Enfin on fera passer par les extrémités des deux mêmes ordonnées une sécante, en marquant son point d'intersection avec l'axe des abscisses. Cela posé, le système de ces cinq lignes droites représente toutes les conditions de l'approximation linéaire, ou du premier degré; c'est-à-dire que l'on connaîtra ainsi les nouvelles valeurs approchées que l'on peut déduire des deux limites primitives α et 6 par la seule résolution des équations du premier degré. On peut choisir, selon la nature des cas particuliers, celle des cinq limites qu'il est le plus facile de calculer; mais il n'arrive pas toujours que l'on est fondé à conclure que les deux nouvelles limites sont nécessairement plus approchées que les deux précédentes. Cette propriété n'appartient qu'aux deux quantités exprimées dans l'article précédent par

$$6 - \frac{f(6)}{f'(6)} \quad \text{et} \quad \alpha - \frac{f(\alpha)}{f'(6)},$$

et à celle des cinq limites qui est indiquée par la sécante. Cette dernière a pour expression

$$\varepsilon - f'(\varepsilon) . \frac{\varepsilon - \alpha}{f(\varepsilon) - f(\alpha)}.$$

Le facteur qui multiplie $-f'(\varepsilon)$ est le quotient de la différence $\varepsilon - \alpha$ des deux abscisses par la différence $f(\varepsilon) - f(\alpha)$ des deux ordonnées; et dans l'expression précédente $\varepsilon - \frac{f(\varepsilon)}{f'(\varepsilon)}$ le facteur qui multiplie $-f(\varepsilon)$ est le quotient de la différentielle $d\varepsilon$ de l'abscisse par $d\varepsilon . f'(\varepsilon)$, ou $d . f(\varepsilon)$, qui est la différentielle de l'ordonnée : ainsi les deux expressions diffèrent en ce que le signe de la différentielle est remplacé par celui de la différence finie.

Lorsque la différence des limites est encore assez grande, les cinq nouvelles limites qui en dérivent diffèrent très-sensiblement les unes des autres, et il convient de choisir celles qui donnent les valeurs le plus approchées. Mais à mesure que l'intervalle des premières limites diminue, les nouvelles limites que l'on en peut déduire se rapprochent continuellement, et l'ordre de la convergence devient le même pour toutes. Nous ferons connaître par la suite la mesure de cette convergence.

(18) Le cas le plus simple de l'approximation linéaire est celui que présentent les équations à deux termes de la forme

$$x^m - A = 0.$$

L'exposant m est connu, et A est un nombre positif : ainsi le calcul se réduit à extraire la racine $m^{ième}$ du nombre A. Or l'opération arithmétique qui donne cette racine se déduit immédiatement des principes que nous avons exposés. En effet, si l'on applique à la fonction $f(x)$, ou $x^m - A$, les règles énoncées dans le premier livre, on connaît aussitôt le nombre des chiffres dont la racine est formée, et le premier de ces chiffres; on connaît donc ainsi deux premières limites α et ε entre lesquelles la racine est comprise, et qui diffèrent d'une seule unité décimale d'un certain ordre. Les trois dernières fonctions sont

24.

$$f''(x) \quad , \quad f'(x), \quad f(x)$$
$$m\,(m - \mathrm{r})\,x^{m-\mathrm{2}} \quad m\,x^{m-\mathrm{1}} \quad x^{m} - \mathrm{A}.$$

La suite de signes qui répond à la limite a est

$$(a)\ldots\ldots + \ldots\ldots\ldots + \qquad\qquad + \qquad\qquad - \,,$$

et la suite (b) est

$$(b)\ldots\ldots + \ldots\ldots\ldots + \qquad\qquad + \qquad\qquad + \,;$$

la série des indices a donc pour ses trois derniers termes

$$\mathrm{o} \qquad\qquad \mathrm{o} \qquad\qquad \mathrm{r}\,,$$

et l'arc est celui que représente la figure 13. Si par le point m qui répond à la moindre limite a on mène la tangente $m\,\alpha$, on trouvera une sous-tangente $a\,\alpha$ qui, étant ajoutée à l'abscisse $o\,a$, donnera une nouvelle abscisse $o\,\alpha$ nécessairement plus grande que l'abscisse $o\,x$ du point d'intersection. Ayant mené la tangente $n\,6$ par l'extrémité n de l'ordonnée qui répond à la plus grande limite b, si par le point m on fait passer une droite $m\,a'$ parallèle à cette tangente, l'interceptée $a\,a'$ étant ajoutée à l'abscisse $o\,a$, donnera une nouvelle abscisse $o\,a'$ nécessairement moindre que l'abscisse $o\,x$ du point d'intersection. Par conséquent la racine est comprise entre $o\,a'$ et $o\,\alpha$: il faut donc ajouter à la partie déja connue a la valeur de $a\,\alpha$, qui est $\frac{f(a)}{f'(a)}$, ou $\frac{a^m - \mathrm{A}}{m\,a^{m-\mathrm{1}}}$, et la somme surpassera certainement la racine x. Mais si l'on ajoute à la partie connue a la valeur de l'interceptée $a\,a'$, la somme sera certainement moindre que la racine. Or la ligne $a\,a'$ a pour expression $\frac{f(a)}{f'(b)}$, ou $\frac{a^m - \mathrm{A}}{m\,b^{m-\mathrm{1}}}$: le numérateur $a^m - \mathrm{A}$ est le reste R donné par l'opération arithmétique qui a fait connaître une première partie de la racine. On en conclut la proposition suivante : si l'on divise le reste R par m fois la puissance $m - \mathrm{1}^{\text{ième}}$ de la partie a déja écrite à la racine, le quotient surpassera ce qu'il faut ajouter pour compléter la racine; mais si l'on augmente d'une unité le dernier chiffre écrit à la racine, ce qui donne par hypothèse une valeur b plus grande que cette racine, et si l'on divise le même reste R par m fois la puissance $m-1^{ième}$ de b, le quotient sera plus petit que ce qu'il faut ajouter à a pour compléter la racine. Les deux quotients $\dfrac{R}{m\,a^{m-1}}$, $\dfrac{R}{m\,b^{m-1}}$ diffèrent assez au commencement de l'opération pour que la comparaison de ces quotients ne serve point d'abord à faciliter le calcul de la racine; mais lorsqu'on est parvenu à connaître un plus grand nombre de chiffres exacts, le deux quotients $\dfrac{R}{m\,a^{m-1}}$, $\dfrac{R}{m\,b^{m-1}}$ diffèrent extrêmement peu; et comme on est assuré que les chiffres communs aux deux limites appartiennent à la racine cherchée, il s'ensuit que chaque opération fait connaître un certain nombre de chiffres exacts, et qu'il ne peut y avoir aucune incertitude sur le terme où l'on doit s'arrêter dans la division numérique.

Il est facile de déterminer suivant quelle loi augmente le nombre des chiffres exacts que fournit chaque division numérique, et l'on a fait depuis long-temps des remarques de ce genre au sujet des opérations qui servent à extraire les racines carrées et cubiques. Mais ces conséquences ne sont point bornées à des cas aussi simples: nous prouverons bientôt qu'elles conviennent aux racines de toutes les équations algébriques, quel que soit le nombre des termes. Ces propriétés sont même beaucoup plus générales; elles ne dépendent point de la nature de l'équation déterminée dont on cherche la racine; elles dérivent du caractère de l'approximation linéaire.

(19) On voit par l'article précédent que les règles élémentaires qui servent à extraire les racines numériques ne sont autre chose que des applications très-particulières d'une méthode générale qui embrasse les équations de tous les degrés. C'est sous ce point de vue que Viete, Harriot, Ougthred, Newton et Wallis ont d'abord considéré la question de la résolution des équations. Ils pensaient qu'il devait exister une opération *exégétique* générale, propre à donner successivement toutes les parties d'une racine quelconque d'une équation *affectée*. Ils désignaient par cette dernière expression l'équation algébrique qui contient outre la puissance x^m de l'in-

connue et le dernier terme connu A, différents autres termes
formés des produits de coefficients donnés et des puissances inférieures de l'inconnue. Newton découvrit la partie de cette méthode
générale qui s'applique aux équations littérales à une seule inconnue, et il en a fait un usage très-étendu dans l'analyse des séries.
Long-temps auparavant François Viete avait proposé les mêmes
vues ; mais les théories mathématiques étaient trop imparfaites pour
que l'on pût former à cette époque une méthode aussi étendue. Le cas
très-simple des équations à deux termes avait été facilement résolu
parce que la nature des racines est manifeste, et que l'on n'avait
besoin d'aucune règle pour en déterminer les limites. Mais si l'on
suppose un nombre de termes et de coefficients quelconque, la distinction des racines réelles ou imaginaires, et la recherche de deux
limites pour chaque racine réelle, nécessitent un examen très-
approfondi : c'est cette question que nous avons traitée dans notre
premier livre.

Le calcul de la valeur numérique de chaque racine est fondé,
comme on l'a vu dans les articles 16 et 17, sur la comparaison de
deux limites de plus en plus approchées entre lesquelles cette racine
est nécessairement comprise. Les propositions que nous avons démontrées suffiraient à la rigueur pour l'exactitude du calcul ; mais
il importe beaucoup de donner à cette méthode un nouveau degré
de perfection, afin d'en rendre l'application usuelle et très-facile.
En général on ne doit pas regarder cette recherche comme terminée tant que l'on n'est point parvenu à réduire l'opération aux
seuls calculs qu'il est indispensable d'effectuer. Il ne s'agit pas seulement d'arriver avec certitude à la connaissance de la racine, il
faut donner à la méthode toute la simplicité qu'elle peut admettre
sans cesser d'être générale. Pour atteindre ce but nous avons à résoudre trois questions différentes dont on va faire connaître l'objet.

La première est purement arithmétique : elle consiste à ordonner
l'opération qui sert à diviser un nombre par un autre, en sorte qu'on
ne fasse concourir chaque chiffre du diviseur à la détermination
du quotient que lorsqu'il est devenu nécessaire d'appeler ce chiffre

du diviseur pour qu'il n'y ait point d'incertitude sur celui que l'on va écrire au quotient.

La seconde question a pour objet d'effectuer les substitutions successives nécessaires au calcul de la racine dans un tel ordre qu'aucune partie de l'opération ne soit répétée, et que l'on poursuive le calcul en ajoutant seulement aux opérations précédentes le résultat correspondant à la nouvelle partie de la racine.

La troisième question consiste à assigner la mesure exacte de la convergence de l'approximation, afin que l'on connaisse sans aucune incertitude combien chaque division numérique donne de chiffres qui doivent être conservés comme faisant partie de la racine.

(20) Si l'on examine la première question, on reconnaît d'abord que la règle commune pour la division des nombres donnerait lieu ici à des calculs superflus. En effet, pour déterminer les limites a et b, on doit calculer les valeurs de quotients tels que $\frac{f(a)}{f'(a)}$; et le dénominateur $f'(a)$ provenant de la substitution de la partie déjà connue a dans la fonction $f'(x)$, peut contenir plusieurs chiffres décimaux, et contient en effet un grand nombre de chiffres si l'opération est déjà très-avancée. Or les derniers de ces chiffres du diviseur placés à la droite ne contribuent point à former les premiers chiffres du quotient $\frac{f(a)}{f'(a)}$, et ce sont ces premiers chiffres qu'il s'agit de connaître. Il faut donc n'employer que les chiffres du diviseur qu'on ne peut pas se dispenser d'introduire dans le calcul.

L'auteur du traité intitulé *Artis analycæ praxis,* Oughtred, a laissé une règle de ce genre pour la multiplication des nombres ; et l'on connaît aussi un procédé analogue pour simplifier le calcul de la division numérique lorsqu'on veut seulement connaître un certain nombre de chiffres du quotient. Mais nous devons satisfaire ici à une autre considération : elle consiste à n'appeler que successivement les chiffres du diviseur, afin de pouvoir continuer l'opération à volonté; et surtout il faut reconnaître avec certitude que le chiffre écrit au quotient est exact. Voici la règle que l'on doit suivre dans tous les cas pour effectuer cette *division ordonnée*.

On marquera dans le diviseur quelques-uns des premiers chiffres seulement, par exemple les deux premiers, ou les trois premiers, ou les quatre premiers; nous appelons *diviseur désigné* celui qui est ainsi formé des chiffres que l'on a marqués. Cela étant, on divisera le dividende proposé par *le diviseur désigné*, en effectuant cette opération selon une règle qui ne diffère de la règle commune qu'en un seul point. Voici en quoi cette différence consiste : toutes les fois qu'on abaisse un chiffre du dividende à la suite du reste donné par une opération précédente, et que l'on forme ainsi un dividende partiel, il faut corriger ce dernier dividende en en retranchant une certaine quantité; on obtient ainsi un *dividende partiel corrigé*. Alors on cherche combien de fois ce dernier dividende contient le diviseur désigné, et l'on écrit au quotient le chiffre qui exprime ce nombre de fois. On multiplie donc le diviseur désigné par le chiffre écrit au quotient, et l'on retranche le produit du dividende partiel corrigé. On abaisse à la suite du reste un nouveau chiffre du dividende, et l'on continue l'opération suivant la même règle.

Pour trouver la correction qui doit être faite à un *dividende partiel*, c'est-à-dire la quantité qu'on en doit retrancher, il faut comparer comme il suit tous les m chiffres déja écrits au quotient avec un pareil nombre m de chiffres pris à la suite du diviseur désigné. On suppose que les m chiffres du quotient sont écrits dans *l'ordre inverse*, et placés respectivement au-dessous des m chiffres pris à la suite du diviseur désigné. On multiplie chacun de ces chiffres par celui qui est placé au-dessous de lui, et ajoutant les m produits, on connaît ce qui doit être retranché du dividende partiel, et l'on effectue la correction.

Toutes les fois qu'en suivant cette règle on doit abaisser un chiffre du dividende à la suite d'un reste donné par l'opération précédente, on examine si ce reste surpasse, ou du moins égale la somme des chiffres déja écrits au quotient, et que l'on ajoute ensemble comme s'ils exprimaient des unités. Lorsque cette condition a lieu, on est assuré que le chiffre qui a été écrit précédemment au quotient est exact.

(21) Si l'on n'a marqué pour former le diviseur désigné qu'un chiffre, ou deux, ou en général un trop petit nombre de chiffres, il arrivera que la condition ci-dessus énoncée n'aura pas lieu; c'est-à-dire que le reste d'une opération précédente sera moindre que la somme des chiffres déja écrits au quotient : alors le dernier de ces chiffres est encore incertain, et l'on est averti qu'on n'a pas marqué un assez grand nombre de chiffres pour former le diviseur désigné. Dans ce cas, on continuera d'abord d'appliquer la règle précédente, en abaissant un chiffre du dividende et en effectuant la correction prescrite. Si elle ne pouvait être faite on en conclurait que le chiffre écrit au quotient est trop fort : il faudrait donc le diminuer d'une unité. Mais si la correction peut être faite, on abaisse à la suite du résultat de cette dernière soustraction un nouveau chiffre du dividende, ce qui donnera un nouveau dividende partiel. En même temps on marquera un chiffre de plus à la suite du diviseur déja désigné, ce qui donnera un nouveau diviseur désigné. On procédera, selon la règle énoncée, à la correction du nouveau dividende partiel, c'est-à-dire que l'on comparera les m chiffres déja écrits au quotient à un pareil nombre m de chiffres pris à la suite du nouveau diviseur désigné. Ayant formé par cette correction le nouveau dividende partiel corrigé, on continuera l'application de la présente règle en faisant usage du nouveau diviseur désigné. On pourrait aussi revenir au premier diviseur désigné : en général on peut, dans le cours de l'opération, augmenter ou diminuer à volonté le nombre des chiffres que l'on désigne au diviseur, il suffit d'augmenter en même temps ou de diminuer le nombre des corrections; ces détails se présentent d'eux-mêmes.

On reconnaîtra par la pratique combien l'opération que nous venons de décrire est facile lorsqu'elle est faite avec ordre. On peut former à la seule inspection des nombres le résultat de chaque cor-

I. 25

rection. En effet si, après avoir écrit sur une feuille séparée, et dans l'ordre inverse, les m chiffres du quotient, on les présente aux m chiffres pris à la droite du diviseur désigné, en sorte qu'ils se correspondent chacun à chacun, il est facile de compter la somme des produits des chiffres correspondants, sans qu'il soit nécessaire d'écrire ces produits partiels. Car il suffit d'ajouter ensemble les seuls chiffres des unités de ces produits en comptant de la droite à la gauche : on ajoute ensuite en revenant vers la droite les seuls chiffres de ces produits qui expriment les dixaines.

Cette remarque conduit à une conclusion singulière, savoir que l'on peut effectuer à vue la multiplication de deux facteurs proposés, quel que soit le nombre des chiffres qui forment chaque facteur. Par exemple si les facteurs proposés sont 234567 et 8909876, et si on les écrit sur deux feuilles séparées, on pourra, à la seule inspection de ces deux nombres, dicter successivement les chiffres de leur produit 2089962883692 sans écrire aucun des produits partiels, comme l'exigerait la règle commune.

Le procédé de la division ordonnée, tel qu'il est décrit article 20, fait connaître avec certitude les chiffres exacts du quotient, et l'on n'a employé de nouveaux chiffres du diviseur que lorsqu'il est nécessaire de les introduire pour trouver de nouvelles parties du quotient. Cette règle a l'avantage de prévenir tous les calculs superflus, et surtout de pouvoir être prolongée autant qu'il est nécessaire jusqu'à ce que l'on ait trouvé le nombre de chiffres exacts que l'on veut obtenir. On doit en faire usage toutes les fois que le diviseur contenant un grand nombre de chiffres, il s'agit de déterminer seulement quelques-uns des premiers chiffres du quotient.

Nous pourrions indiquer des applications très-utiles de la règle de la division ordonnée, mais notre objet principal est ici de perfectionner le calcul des racines des équations numériques. Je ne rapporterai pas la démonstration de cette règle : il est facile de la suppléer. Elle consiste à remarquer avec soin l'ordre des divers produits. Chaque correction a pour objet de retrancher du dividende la somme des produits dont l'ordre est le même que celui du chiffre du dividende qui vient d'être abaissé.

PREMIER EXEMPLE.

Premier dividende partiel, 1234; diviseur désigné, 234.

$$\overline{1234}\,5'6'7'8'9'8'7'3647 \qquad \overline{234}\,5'6'7'8'9'8'7'65$$

1170   52631589.....

       645′ (64 > 5 : le chiffre 5 est bon)   7

       25 = 5.5

2ᵉ divid. part. cor......   620

                  468

         1526′ (152 > 5+2 : le chiffre 2 est bon)

           40 = 5.6+2.5

3ᵉ divid. part. cor...... 1486

                  1404

          827′ (82 > 5+2+6 : le chiffre 6 est bon)

            77 = 5.7+2.6+6.5

4ᵉ divid. part. cor....... 750

                  702

          488′ (48 > 5+2+6+3 : le chiffre 3 est bon)

          105 = 5.8+2.7+6.6+3.5

5ᵉ divid. part. cor........ 383

                  234

         1499′ (149 > 5+2+6+3+1 : le chiffre 1 est bon)

          126 = 5.9+2.8+6.7+3.6+1.5

6ᵉ divid. part. cor......... 1373

                  1170

         2038′ (203 > 5+2+6+3+1+5 : le ch, 5 est bon)

          158 = 5.8+2.9+6.8+3.7+1.6+5.5

7ᵉ divid. part. cor........... 1880

                  1872

           87′ (8 < 5+2+6+3+1+5+8 : le chiffre 8

                est incertain)

         206 (la correction ne peut s'effectuer : le chif-

                fre 8 est trop fort)

        1638   (on a écrit 7 au lieu de 8 au quotient)

       2427′ (242 > 5+2+6+3+1+5+7 : le chiffre

               7 est bon)

      201 = 5.7+2.8+6.9+3.8+1.7+5.6+7.5

8ᵉ divid. part. cor.............. 2226

                  2106

      120 (120 > 5+2+6+3+1+5+7+9 : le

           chiffre 9 est bon).

LIVRE DEUXIEME.

DEUXIÈME EXEMPLE.

Premier dividende partiel, 24; diviseur désigné, 9.

$$\overline{24}\,6'\,8'\,3'\,5'7'9'\,24 \qquad \left|\overline{9}\,7'\,5'\,3'\,8'\,6'\,4'579\right.$$
$$\phantom{\overline{24}\,6'\,8'\,3'\,5'7'9'}18 \qquad 253064\ldots.$$

$\overline{66}'\quad (6 > 2 : \text{le chiffre 2 est bon})$
$14 = 2.7$

2ᵉ divid. part. cor.... $\overline{52}$
45

$\overline{78}'\quad (7 = 2 + 5 : \text{le chiffre 5 est bon})$
$45 = 2.5 + 5.7$

3ᵉ divid. part. cor...... $\overline{33}$
27

$\overline{63}'\quad (6 < 2 + 5 + 3 : \text{le chiffre 3 est incertain})$
$52 = 2.3 + 5.5 + 3.7$

Nouveau divid. partiel.... $\overline{11}\,5'$ (la correction pouvant être faite, le chiffre 3 est bon : mais on abaisse immédiatement le chiffre suivant 5 du dividende, et l'on prend 97 pour *nouveau diviseur désigné*).
$46 = 2.8 + 5.3 + 3.5$

Nouv. divid. part. cor. .... $\overline{69}$
0

$\overline{697}'$
$61 = 2.6 + 5.8 + 3.3 + 0.5$

2ᵉ nouv. divid. part. cor.... $\overline{636}$
582

$\overline{549}'\quad (54 > 2 + 5 + 3 + 0 + 6 : \text{le chiffre 6 est bon})$
$92 = 2.4 + 5.6 + 3.8 + 0.3 + 6.5$

3ᵉ nouv. divid. part cor..... $\overline{457}$
388

$\overline{59}\quad (59 > 2 + 5 + 3 + 0 + 6 + 4 : \text{le chiffre 4 est bon}).$

(22) La règle que l'on vient de proposer pour la division des nombres résout aussi l'équation du second degré, et elle peut s'appliquer en général au développement de la racine d'une équation quelconque. Nous ne ferons qu'indiquer ce procédé de calcul.

Si l'on propose l'équation du second degré

$$x^2 + 765432\,x = 123456,$$

on l'écrira sous cette forme :

$$x = \frac{123456}{765432 + x}.$$

On divisera donc 123456 par 765432 suivant la règle de l'art. 20, et l'on pourra prendre 765 pour diviseur désigné. Le premier chiffre 1 du quotient exprimera des dixièmes, et l'on trouvera ensuite 6, en sorte que la valeur de ce quotient x est 0,16..... Or il faut, pour former le dénominateur, ajouter au nombre 765432 le quotient x, ou 0,16..... On écrira donc les chiffres 16 à la suite du diviseur 765432, et l'on continuera la division. Chacun des nouveaux chiffres trouvés au quotient sera écrit à la place qu'il doit occuper, et il sera employé dans le cours de l'opération suivant que la règle l'exige. La racine de l'équation du second degré est, comme on le voit, le quotient d'une division dont le diviseur est variable. Or la règle de l'article 20 n'employant que successivement les chiffres du diviseur, il n'est pas nécessaire de les connaître tous au commencement de l'opération : il suffit de les découvrir les uns après les autres, et d'écrire chaque fois à la suite du diviseur celui que l'on vient de trouver au quotient. On ne pourrait point faire le même usage de la règle commune, parce qu'elle suppose que tous les chiffres du diviseur sont connus au commencement de l'opération.

Nous rapportons ici le détail du calcul, comme un troisième exemple de la division ordonnée.

$$
\begin{array}{l|l}
\overline{1234}\,5'\,6',\text{o}'\,\text{o}'\,\text{o}'\,\text{o}'\,\text{o}'\,\dots & \overline{765}\,4'\,3'\,2',1'\,6'\,1'\,2'\,\dots \\
765 & 0,16128927\dots \\
\hline
469\,5' & \\
4 & \\
\hline
4691 & \\
4590 & \\
\hline
1016' & \\
27 & \\
\hline
989 & \\
765 & \\
\hline
2240' & \\
24 & \\
\hline
2216 & \\
1530 & \\
\hline
6860' & \\
24 & \\
\hline
6836 & \\
6120 & \\
\hline
7160' & \\
52 & \\
\hline
7108 & \\
6885 & \\
\hline
2230' & \\
102 & \\
\hline
2128 & \\
1530 & \\
\hline
5980' & \\
67 & \\
\hline
5913 & \\
5355 & \\
\hline
558 & \\
\end{array}
$$

(23) Dans l'exemple qui précède le diviseur variable se forme d'un nombre constant auquel on ajoute le quotient. Cette partie variable du diviseur pourrait être le carré du quotient, ou ce carré divisé par un certain nombre, ou en général une petite quantité équivalente à une certaine fonction du quotient. Il suffit de connaître d'abord les premiers chiffres exacts du quotient, et l'on forme suc-

cessivement la partie variable qui doit être écrite à la suite du diviseur. Il en résulte que les nouveaux chiffres du diviseur sont connus lorsqu'il devient nécessaire de les introduire dans le calcul pour effectuer les corrections indiquées par la règle. On parvient ainsi à l'expression des racines des équations d'un degré quelconque, ou même de celles que l'on a appelées transcendantes. Nous ne nous arrêterons point à cette méthode exégétique, quelque générale qu'elle soit, parce que les règles dont nous nous servons pour le calcul des racines sont d'une application plus prompte et plus facile. Cet emploi de la division ordonnée suppose que l'équation est convenablement préparée. A la vérité cette transformation, et celles qui peuvent devenir nécessaires dans la suite de l'opération, se réduisent toujours à diminuer la valeur de la racine d'une quantité qui en est très-approchée, et l'on y parvient facilement au moyen des règles données dans cet ouvrage. Or connaissant deux premières limites très-approchées, il est plus simple de continuer les premières opérations en suivant une méthode uniforme pour découvrir successivement toutes les parties de la racine. Nous nous sommes proposé seulement, dans les articles qui précèdent, d'indiquer des applications singulières de la nouvelle règle que nous avons donnée pour la division numérique.

C'est dans cette vue que nous ajoutons l'exemple suivant. L'équation proposée est celle-ci ,

$$x^3 + 345\,x = 12 :$$

on l'écrira sous cette forme ,

$$x = \frac{12}{345 + x^2}.$$

On divisera donc 12 par 345 selon la règle de la division ordonnée, et l'on écrira successivement à la suite du diviseur les chiffres qui doivent le compléter. Il faut remarquer que ces chiffres ne sont point connus au commencement de l'opération, mais on les trouve successivement en élevant au carré la valeur du quotient, et l'on procède comme il suit.

Lorsqu'on connaît quelques-uns des premiers chiffres du quotient, on détermine les premiers chiffres du carré du quotient, en ne retenant dans cette valeur du carré que les chiffres qui sont connus avec certitude : ce sont ces chiffres exacts qui doivent être écrits successivement à la suite du diviseur. On obtient ainsi la racine de l'équation $x^3 + 345x = 12$, savoir $x = 0,034782486\ldots$

Ces calculs sont présentés dans les tableaux suivants.

$$
\begin{array}{l|l}
12,0'0'0'0'0'0'0'0'0' & 345,0'0'1'2'0'9'8'\ldots \\
\;\;1035 & \overline{0,034782486\ldots} \\
\cline{1-1}
\;\;1650' & \\
\;\;\;\;\;0 & \\
\cline{1-1}
\;\;1650 & \\
\;\;1380 & \\
\cline{1-1}
\;\;2700' & \\
\;\;\;\;\;0 & \\
\cline{1-1}
\;\;2700 & \\
\;\;2415 & \\
\cline{1-1}
\;\;2850' & \\
\;\;\;\;\;3 & \\
\cline{1-1}
\;\;2847 & \\
\;\;2760 & \\
\cline{1-1}
\;\;\;870' & \\
\;\;\;\;10 & \\
\cline{1-1}
\;\;\;860 & \\
\;\;\;690 & \\
\cline{1-1}
\;\;1700' & \\
\;\;\;\;15 & \\
\cline{1-1}
\;\;1685 & \\
\;\;1380 & \\
\cline{1-1}
\;\;3050' & \\
\;\;\;\;49 & \\
\cline{1-1}
\;\;3001 & \\
\;\;2760 & \\
\cline{1-1}
\;\;2410' & \\
\;\;\;\;78 & \\
\cline{1-1}
\;\;2332 & \\
\;\;2070 & \\
\cline{1-1}
\;\;\;262 & \\
\end{array}
$$

$$34$$
$$34$$
$$\overline{136}$$
$$102$$
$$\overline{0,001156} = (0,034)^2$$
$$68$$
$$1$$
$$\overline{0,001225} = (0,035)^2$$

$$1156$$
$$238$$
$$238$$
$$49$$
$$\overline{0,00120409} = (0,0347)^2$$
$$694$$
$$1$$
$$\overline{0,00121104} = (0,0348)^2$$

$$120409$$
$$2776$$
$$2776$$
$$64$$
$$\overline{0,0012096484} = (0,03478)^2$$
$$6956$$
$$1$$
$$\overline{0,0012103441} = (0,03479)^2$$

$$12096484$$
$$6956$$
$$6956$$
$$4$$
$$\overline{0,001209787524} = (0,034782)^2$$
$$69564$$
$$1$$
$$\overline{0,001209857089} = (0,034783)^2$$

$$1209787524$$
$$139128$$
$$139128$$
$$16$$
$$\overline{0,00120981534976} = (0,0347824)^2$$
$$695648$$
$$1$$
$$\overline{0,00120982230625} = (0,0347825)^2$$

I.   26

(24) Nous avons énoncé dans l'article 19 les questions qu'il était nécessaire de résoudre pour réduire le calcul des racines aux procédés les plus simples, en sorte que l'on ne puisse arriver par aucune voie plus briève à la connaissance effective des valeurs de ces racines. La première de ces questions est purement arithmétique : elle est résolue par la règle de la division ordonnée. La seconde, dont la solution est très-facile, consiste à régler le calcul des substitutions successives de manière qu'il n'y ait aucune opération superflue. La troisième question a pour objet de déterminer avec certitude le nombre des chiffres exacts que donne chaque nouvelle opération. Nous allons montrer quelle doit être la marche du calcul pour satisfaire à ces dernières conditions.

Premièrement supposons que l'on ait substitué dans le premier membre $f(x)$ de la proposée une valeur b, déja approchée, de la racine x, et que l'on ait déterminé par ces substitutions les valeurs numériques des fonctions $f(b), f'(b), f''(b), \ldots f^{(n-1)}(b)$. On a trouvé en divisant $f(b)$ par $f'(b)$ une nouvelle partie ϵ de la racine, et pour continuer l'approximation il faut substituer $b + \epsilon$ dans les fonctions $f(x), f'(x), f''(x), \ldots f^{(n-1)}(x)$. Il est manifeste que le calcul serait mal ordonné si l'on substituait la quantité entière $b + \epsilon$, car on répéterait sans nécessité une grande partie des opérations précédentes : il faut donc se réduire aux seuls calculs dont on ne peut se dispenser pour ajouter aux résultats déja trouvés les parties qui proviennent de l'addition du terme ϵ. On peut négliger cette réduction lorsqu'on n'a en vue qu'une approximation très-bornée, mais si l'on veut déterminer un très-grand nombre de chiffres de la racine on reconnaît combien il est préférable de donner une autre forme au calcul. Or il est aisé de conclure des éléments du calcul algébrique que pour substituer la valeur $b + \epsilon$ dans les fonctions $f(x)$, $f'(x), f''(x), f'''(x)$, on doit observer la règle suivante.

Ayant écrit sur une première ligne les valeurs déja connues $f(b)$, $f'(b), f''(b), \ldots f^{(n-1)}(b), f^{(n)}(b)$, on place la fraction ϵ au-dessous de chacune des fonctions qui suivent la première $f(b)$, et on multiplie par ce facteur commun ϵ, ce qui donne les termes d'une seconde ligne.

On écrit le facteur ϵ au-dessous de chacun des termes de cette seconde ligne qui suivent le premier à gauche; on multiplie par le facteur commun ϵ, et l'on divise chaque produit par 2, ce qui donnera les termes d'une troisième ligne.

On écrit ϵ au-dessous de tous les termes qui suivent le premier terme à gauche de cette troisième ligne; on multiplie par le facteur ϵ, et l'on divise les produits par 3.

On continue ainsi à multiplier par ϵ tous les termes de chaque ligne, excepté le premier à gauche, et l'on divise tous les produits par l'indice du rang de cette même ligne.

Après ces opérations on ajoute ensemble les seuls premiers termes des différentes lignes : on connaît ainsi $f(b+\epsilon)$. On ajoute ensemble tous les seconds termes des différentes lignes, et la somme est $f'(b+\epsilon)$. On continue ainsi de prendre la somme de tous les troisièmes termes, ou de tous les quatrièmes termes des différentes lignes, ce qui donne $f''(b+\epsilon)$, $f'''(b+\epsilon)$; ainsi de suite jusqu'à ce que l'on connaisse les valeurs numériques de toutes les fonctions $f(b+\epsilon)$, $f'(b+\epsilon)$, $f''(b+\epsilon)$, etc.

Lorsqu'on a formé ces valeurs numériques, on trouve une nouvelle partie γ de la racine en divisant $f(b+\epsilon)$ par $f'(b+\epsilon)$. Il reste donc à faire connaître combien cette division doit donner de chiffres exacts, c'est-à-dire de chiffres décimaux qui appartiennent certainement à la racine, parce qu'ils sont communs à deux des limites dont on a expliqué les propriétés dans les articles 16 et 17.

(25) Après avoir calculé une des limites, par exemple celle qui résulte de l'approximation newtonienne, on pourrait calculer la seconde limite que nous avons proposé de joindre à cette première, et qui est en effet nécessaire pour définir l'approximation. Ce second calcul étant effectué, on ne conserverait comme exacts que les chiffres communs aux deux limites, et l'on trouverait ainsi la fraction γ qui doit être ajoutée à la suite de ϵ. Mais en opérant de cette manière on répéterait une grande partie du calcul numérique précédent : nous parvenons à réduire cette opération à sa forme la plus simple en ne considérant que la différence de la seconde limite à

26.

la première. En effet il a été démontré article 9 que l'on peut déterminer immédiatement la seconde limite lorsque la première est connue.

Nous désignons par a et b deux premières valeurs approchées, dont l'une a est moindre que la racine, et l'autre b est plus grande que la racine. Ces valeurs sont telles, par hypothèse; que l'équation proposée $f(x) = 0$ ayant une seule racine comprise entre les limites a et b, les trois équations subordonnées $f'(x) = 0$, $f''(x) = 0$ et $f'''(x) = 0$ n'ont aucune racine comprise entre ces mêmes limites. On reconnaît que les deux nombres a et b remplissent cette condition lorsque en comparant les deux suites de signes (a) et (b), on trouve que les indices correspondants aux fonctions $f'(x)$, $f''(x)$ et $f'''(x)$ sont égaux à zéro; c'est-à-dire lorsque la série des indices est ainsi terminée, 0 0 0 1. Si les indices correspondants à chacune des fonctions $f'(x)$, $f''(x)$, $f'''(x)$ n'étaient pas égaux à zéro, on resserrait l'intervalle des deux nombres en substituant des nombres intermédiaires, et l'on parviendrait bientôt à trouver deux limites a et b, par lesquelles la condition dont il s'agit serait satisfaite. Nous ne considérons pas ici, conformément à ce qui a été dit art. 14, les cas particuliers où l'une des fonctions $f'(x)$, $f''(x)$, $f'''(x)$ aurait un facteur commun avec la fonction proposée.

Cela posé, on distinguera entre les deux limites a et b, celle de ces deux limites qui, étant substituée dans les fonctions $f(x)$ et $f''(x)$, donne deux résultats de même signe. Nous désignerons, comme dans l'article 16, par ε la limite dont il s'agit, que nous avons nommée limite extérieure, et qui répond au point de la courbe par lequel la tangente doit être menée. α représentera l'autre limite, c'est-à-dire la limite intérieure. Or on déduit de ces premières valeurs ε et α, comme on l'a vu dans l'article cité, de nouvelles valeurs plus approchées ε' et α', entre lesquelles la racine est également comprise et qui sont ainsi exprimées

$$\varepsilon' = \varepsilon - \frac{f(\varepsilon)}{f'(\varepsilon)}, \quad \alpha' = \alpha - \frac{f(\alpha)}{f'(\varepsilon)}.$$

De plus, si l'on nomme i la différence $\varepsilon - \alpha$ des deux premières

limites, et i' la différence $\mathfrak{6}' - \alpha'$ des nouvelles limites plus rapprochées, la différence i' sera beaucoup plus petite que i, et l'on aura
(article 9) entre ces deux quantités la relation

$$i' = i^2 \cdot \frac{f''(\alpha \ldots \mathfrak{6})}{2f'(\mathfrak{6})}.$$

$f''(\alpha \ldots \mathfrak{6})$ représente la valeur que prend $f''(x)$ lorsqu'on donne
à x une certaine valeur qui est comprise entre les nombres connus
α et $\mathfrak{6}$.

Si la différence i devenait infiniment petite, la différence i' deviendrait infiniment petite du second ordre; et le rapport de cette
quantité i' au carré de i est une quantité finie que l'on peut déterminer. En effet les limites α et $\mathfrak{6}$ devenant alors toutes deux
égales à l'abscisse du point d'intersection, c'est-à-dire à la racine
x, l'expression du rapport dont il s'agit est

$$\frac{f''(x)}{2f'(x)}.$$

Plus les limites α et $\mathfrak{6}$ sont rapprochées, et plus le rapport de la différence i' des deux nouvelles limites α' et $\mathfrak{6}'$ au carré de la différence i
des deux premières limites α et $\mathfrak{6}$ approche d'être égal à $\frac{f''(x)}{2f'(x)}$, en
sorte que ce rapport peut différer aussi peu qu'on le voudra de
cette quantité.

La valeur de la quantité $\frac{f''(x)}{2f'(x)}$, c'est-à-dire de la dernière raison
de la différence des deux limites au carré de la différence des
limites précédentes, ne peut être déterminée exactement, puis-
qu'elle dépend de la racine inconnue x; mais l'expression $\frac{f''(\alpha \ldots \mathfrak{6})}{2f'(\mathfrak{6})}$
donne un moyen facile de connaître entre quelles limites est
comprise cette dernière raison. En effet comme l'on a supposé
que l'équation $f'''(x) = 0$ n'avait point de racine entre les limites
α et $\mathfrak{6}$, la fonction $f''(x)$ sera constamment croissante ou décroissante dans l'intervalle de ces mêmes limites. Il en est de même de
la fonction $f'(x)$, puisque l'équation $f''(x) = 0$ n'a point de racine entre α et $\mathfrak{6}$. Si l'on désigne donc par $f''(B)$ la plus grande

des deux quantités $f''(\alpha)$ et $f''(\epsilon)$, abstraction faite du signe, et par $f'(a)$ la plus petite des quantités $f'(\alpha)$ et $f'(\epsilon)$, abstraction faite du signe, le quotient

$$\frac{f''(B)}{2f'(a)}$$

sera nécessairement plus grand que $\frac{f''(x)}{2f'(x)}$; et en général ce quotient sera toujours plus grand que $\frac{f''(\alpha\ldots\epsilon)}{2f'(\epsilon)}$, quelle que soit la quantité désignée par $\alpha\ldots\epsilon$, qui doit toujours être comprise entre α et ϵ.

Il résulte de ce qui précède que si, après avoir formé au moyen des valeurs approchées α et ϵ, dont la différence est i, une valeur plus approchée ϵ' exprimée par

$$\epsilon - \frac{f(\epsilon)}{f'(\epsilon)},$$

on ajoute à cette dernière valeur le terme

$$-i^2 \cdot \frac{f''(B)}{2f'(a)},$$

on aura ajouté une quantité plus grande, abstraction faite du signe, que la différence des nouvelles limites α' et ϵ'. Par conséquent on a la certitude que la racine cherchée est comprise entre les quantités

$$\epsilon - \frac{f(\epsilon)}{f'(\epsilon)},$$

et

$$\epsilon - \frac{f(\epsilon)}{f'(\epsilon)} - i^2 \cdot \frac{f''(B)}{2f'(a)}.$$

i désigne la différence $\epsilon - \alpha$. On a représenté par B celle des quantités α et ϵ qui, étant substituée à la place de x, donne la plus grande valeur, abstraction faite du signe, à la fonction $f''(x)$; et par a celle des mêmes quantités α et ϵ qui donne à la fonction $f'(x)$ la plus petite valeur, abstraction faite du signe.

(26) Pour déduire de la première valeur approchée ϵ', qui répond à l'abscisse $o\epsilon'$ (fig. 14), une seconde valeur approchée telle que la

racine fût nécessairement comprise entre ces deux valeurs, on pourrait, au lieu de la seconde limite α' qui répond à l'abscisse $o\alpha'$, considérer la limite os donnée par le point d'intersection de la sécante mn avec l'axe. L'abscisse ox du point d'intersection de la courbe est certainement comprise entre les abscisses os et $o\epsilon'$; et ces nouvelles limites étant moins distantes que les limites $o\alpha'$ et $o\epsilon'$, l'emploi que l'on en ferait aurait l'avantage de faire approcher plus promptement de la valeur de la racine.

On connaîtra la différence $\epsilon's$ entre la première valeur approchée et l'abscisse du point d'intersection de la sécante en partageant l'intervalle $\alpha'\epsilon'$, que l'on a désigné ci-dessus par i', en deux parties proportionnelles aux ordonnées $n\epsilon$ et $m\alpha$. Ces ordonnées sont exprimées respectivement par $f(\epsilon)$ et $-f(\alpha)$: la première partie $\epsilon's$ est donc égale à

$$i^2 . \frac{f''(\alpha \ldots \epsilon)}{2f'(\epsilon)} . \frac{f(\epsilon)}{f(\epsilon) - f(\alpha)}.$$

Cette différence étant moindre, abstraction faite du signe, que

$$i^2 . \frac{f''(B)}{2f'(a)} . \frac{f(\epsilon)}{f(\epsilon) - f(\alpha)};$$

on en conclut que la racine est certainement comprise entre ces deux quantités,

$$\epsilon - \frac{f(\epsilon)}{f'(\epsilon)},$$

et

$$\epsilon - \frac{f(\epsilon)}{f'(\epsilon)} - i^2 . \frac{f''(B)}{2f'(a)} . \frac{f(\epsilon)}{f(\epsilon) - f(\alpha)}.$$

Mais quoique ces nouvelles limites offrent l'avantage d'une approximation plus rapide, l'usage des précédentes est plus facile, et l'on trouvera qu'il est préférable de s'en servir dans le calcul des racines. Il reste à montrer comment, au moyen de la connaissance de la seconde limite $\epsilon - \frac{f(\epsilon)}{f'(\epsilon)} - i^2 . \frac{f''(B)}{2f'(a)}$, on peut régler le calcul de manière à ne déterminer jamais que des chiffres exacts, c'est-à-dire des chiffres qui appartiennent à la véritable valeur de la racine.

(27) Si la différence i des deux premières valeurs approchées α et ε est une unité décimale d'un ordre assez élevé, la différence i' des nouvelles valeurs approchées α' et ε' est en général une unité décimale d'un ordre beaucoup plus élevé. Par exemple si la valeur du coefficient $\dfrac{f''(\mathrm{B})}{2f'(\mathrm{a})}$ ne surpasse point l'unité, la différence i' est plus petite que le carré de la différence précédente i. On en conclut que si le dernier chiffre décimal de la valeur approchée ε est de l'ordre n, et que l'on forme une valeur plus approchée ε' en ajoutant à ε le quotient $-\dfrac{f(\varepsilon)}{f'(\varepsilon)}$, on est assuré de l'exactitude de tous les chiffres décimaux du résultat qui précèdent le chiffre décimal de l'ordre $2n$. En effet la valeur $\varepsilon - \dfrac{f(\varepsilon)}{f'(\varepsilon)}$, qui est plus grande que la racine, deviendrait plus petite si l'on en retranchait i^2, ou une unité décimale de l'ordre $2n$. Ainsi en calculant le quotient $-\dfrac{f(\varepsilon)}{f'(\varepsilon)}$, on peut conserver tous les chiffres décimaux jusqu'à celui qui est de l'ordre $2n$: mais on ne doit point regarder les chiffres suivants comme appartenant à la racine ; il est donc inutile de les déterminer, et l'on ne doit pousser la division que jusqu'au chiffre qui exprime un certain nombre d'unités égales à $\left(\frac{1}{10}\right)^{2n}$. On voit que chaque opération donne alors à la racine cherchée un nombre de chiffres décimaux exacts égal au double du nombre des chiffres décimaux qui étaient déja connus.

Lorsque la valeur du coefficient $\dfrac{f''(\mathrm{B})}{2f'(\mathrm{a})}$ est plus grande ou moins grande que l'unité, le nombre de nouveaux chiffres décimaux exacts que l'on obtient en divisant $f(\varepsilon)$ par $f'(\varepsilon)$, est moins grand ou plus grand que le nombre des chiffres décimaux qui étaient déja connus. Pour déterminer avec certitude jusqu'à quel chiffre du quotient cette division doit être continuée, on fera usage de la règle suivante.

On examinera quel est le rang du premier chiffre du quotient

$\frac{f''(B)}{2f'(a)}$, et l'on remarquera quelle est l'unité décimale immédiatement supérieure à la valeur de ce quotient. Si, par exemple, le quotient $\frac{f''(B)}{2f'(a)}$ avait pour premiers chiffres 0,003, on prendrait 0,01 pour cette unité décimale; et si le même quotient avait pour premier chiffre 3 au rang des mille, on prendrait 10000 pour cette unité décimale. Cela posé, soit $(\frac{1}{10})^k$ cette unité décimale plus grande que la valeur du quotient dont il s'agit, l'exposant k pouvant être positif ou négatif; et soit aussi $(\frac{1}{10})^n$ l'unité décimale qui est égale à la différence i des deux premières limites désignées par α et 6. Le coefficient $\frac{f''(B)}{2f'(a)}$ étant moindre que $(\frac{1}{10})^k$, le terme $i^2 \cdot \frac{f''(B)}{2f'(a)}$ sera moindre que $(\frac{1}{10})^{2n+k}$. Alors en effectuant la division de $f(6)$ par $f'(6)$, il faudra s'arrêter au chiffre de l'ordre décimal $2n+k$. En effet lorsqu'on ajoute le quotient $-\frac{f(6)}{f'(6)}$ à la partie 6 de la valeur de la racine qui est déjà connue, on obtient un résultat qui diffère de la véritable valeur de la racine d'une quantité moindre que la différence des deux quantités $6 - \frac{f(6)}{f'(6)}$ et $\alpha - \frac{f(\alpha)}{f'(6)}$. Or cette différence, exprimée par $-i^2 \cdot \frac{f''(\alpha \dots 6)}{f'(\alpha \dots 6)}$, est elle-même moindre, abstraction faite du signe, que $(\frac{1}{10})^{2n} \cdot (\frac{1}{10})^k$: donc en continuant la division indiquée par $-\frac{f(6)}{f'(6)}$ jusqu'au chiffre décimal de l'ordre $2n+k$, on est assuré que l'erreur du résultat que l'on obtiendra est moindre qu'une unité décimale de cet ordre. Il ne restera plus qu'à avoir égard à la partie du quotient que l'on aura négligée.

(28) Il faut maintenant considérer que la limite désignée par 6, et que l'on emploie pour former une valeur plus approchée $6'$, en ajoutant à 6 le quotient $-\frac{f(6)}{f'(6)}$, est toujours la limite appelée extérieure, c'est-à-dire celle qui, étant substituée dans les fonctions $f(x)$ et $f''(x)$, donne deux résultats de même signe. Dans les cas représentés par les figures 9 et 12 cette limite 6 répond au point b; et dans les cas représentés par les figures 10 et 11 la même limite 6

répond au point a. Or l'inspection seule des figures indique que, dans tous les cas, on s'éloignerait de la valeur de la racine en prenant la valeur de la sous-tangente un peu trop faible, abstraction faite du signe, et que l'on s'en approchera au contraire en prenant cette même valeur un peu trop forte. Il en serait autrement si la tangente était menée par le point m dans les figures 9 et 12, ou par le point n dans les figures 10 et 11 : on devrait alors au contraire prendre un nombre inférieur plutôt que supérieur à la véritable valeur de la sous-tangente. Mais en employant la limite extérieure $\mathfrak{6}$, qu'il est toujours facile de distinguer d'après la condition énoncée ci-dessus, il est évident que l'on doit, pour former la nouvelle valeur approchée $\mathfrak{6}'$, ajouter à $\mathfrak{6}$ une quantité qui soit plutôt au-dessus de la valeur du quotient $-\dfrac{f(\mathfrak{6})}{f'(\mathfrak{6})}$ qui représente la sous-tangente, qu'au-dessous de la véritable valeur de ce quotient.

Il résulte de cette remarque qu'après avoir continué la division indiquée par $-\dfrac{f(\mathfrak{6})}{f'(\mathfrak{6})}$ jusqu'au chiffre de l'ordre décimal $2n+k$, y compris ce même chiffre, on doit, au lieu de négliger tous les chiffres suivants, augmenter d'une unité le chiffre de l'ordre $2n+k$ auquel on s'est arrêté. On ajoutera donc le résultat obtenu de cette manière à la limite $\mathfrak{6}$, en ayant égard au signe de ce résultat, et l'on connaîtra la nouvelle limite plus approchée $\mathfrak{6}'$ qui est l'objet de la recherche.

Nous observerons d'ailleurs qu'en formant ainsi cette nouvelle limite plus approchée $\mathfrak{6}'$, c'est-à-dire en arrêtant la division indiquée par $-\dfrac{f(\mathfrak{6})}{f'(\mathfrak{6})}$ au chiffre décimal de l'ordre $2n+k$ et augmentant ce chiffre d'une unité, on ajoute à la véritable valeur de la quantité $\mathfrak{6}-\dfrac{f(\mathfrak{6})}{f'(\mathfrak{6})}$ une quantité qui ne peut surpasser $\left(\tfrac{1}{10}\right)^{2n+k}$, et qui par conséquent ne peut surpasser la différence $-i^2.\dfrac{f''(\alpha\ldots\mathfrak{6})}{2f'(\alpha\ldots\mathfrak{6})}$ des deux nouvelles limites. Donc la nouvelle limite $\mathfrak{6}'$ diffère à plus forte raison de la racine d'une quantité moindre qu'une unité décimale de l'ordre $2n+k$. Mais cette limite $\mathfrak{6}'$ peut se trouver plus grande ou plus petite que la racine : c'est ce qu'on reconnaîtra en la substituant dans la fonction $f(x)$. Si la limite $6'$ est plus grande que la racine, on retranchera une unité du dernier chiffre décimal, ce qui donnera la seconde limite α'. Si au contraire la limite $6'$ est moindre que la racine, on formera la seconde limite en ajoutant une unité au dernier chiffre décimal. On parvient donc de cette manière à obtenir deux nombres entre lesquels la racine est nécessairement comprise, et qui ne diffèrent plus l'un de l'autre que d'une unité décimale de l'ordre $2n + k$.

Si l'on veut pousser plus loin l'approximation, on opérera sur les deux nouvelles limites que l'on vient d'obtenir comme on l'avait fait sur les deux limites précédentes. On distinguera celle de ces deux limites qui, étant substituée dans les fonctions $f(x)$ et $f''(x)$, donne deux résultats de même signe : soit 6_i la limite dont il s'agit, et n_i l'ordre décimal du dernier chiffre de cette limite. On calculera le quotient $-\dfrac{f(6_i)}{f'(6_i)}$, qui doit être ajouté à 6_i pour former une nouvelle limite plus approchée, jusqu'au chiffre décimal de l'ordre $2n_i + k$, et y compris ce chiffre : on augmentera ensuite ce même chiffre d'une unité. Ainsi le nombre des chiffres décimaux exacts que l'on obtient à chaque nouvelle opération augmente de plus en plus. Si n désigne le nombre des chiffres décimaux primitivement connus, c'est-à-dire si les limites données α et 6 ne diffèrent l'une de l'autre que par une unité décimale égale à $(\frac{1}{10})^n$, le nombre de chiffres décimaux exacts qui sera connu par une première opération sera $2n + k$; ce même nombre sera $4n + 3k$ après une seconde opération, $8n + 7k$ après une troisième, et ainsi de suite.

Le procédé d'approximation de la racine ne commence à avoir un cours régulier et rapide que lorsque le nombre $2n + k$ est plus grand que n, ou lorsque l'on a $n > -k$, ce qui pourrait ne pas arriver si k ou n étaient négatifs. Il est donc nécessaire, après avoir déterminé le nombre k, qui est l'exposant de l'unité décimale de l'ordre immédiatement supérieur à celui du premier chiffre du

quotient $\dfrac{f''(\mathrm{B})}{2f'(a)}$, de s'assurer si la condition $n > -k$ est satisfaite.
Si elle ne l'était pas on devrait rapprocher les limites données a
et b, par la substitution de nombres intermédiaires, jusqu'à ce que
la différence de ces deux limites fût égale au plus à $(\frac{1}{10})^n$, le nombre
n étant égal à $1 - k$.

(29) Les considérations qui viennent d'être exposées conduisent
à la règle suivante.

Étant données deux limites a et b entre lesquelles est comprise une seule racine de l'équation proposée $f(x) = 0$, tandis que
les équations subordonnées $f'(x) = 0$, $f''(x) = 0$, $f'''(x) = 0$ n'ont
point de racines entre ces mêmes limites, il s'agit d'obtenir deux
nouvelles limites aussi rapprochées qu'il est possible, et entre lesquelles la racine de l'équation proposée soit également comprise.

On choisira la plus grande en nombre des deux quantités $f''(a)$
et $f''(b)$, et on commencera à la diviser par la plus petite en nombre
des deux quantités $2f'(a)$ et $2f'(b)$: il suffit de connaître le rang
du premier chiffre du quotient, et de remarquer quelle est l'unité
de l'ordre décimal immédiatement plus grande que ce quotient. Soit
$(\frac{1}{10})^k$ cette unité : on connaîtra ainsi le nombre k qui peut être positif ou négatif.

Soit $(\frac{1}{10})^n$ l'unité décimale qui est au moins égale à la différence
des deux limites données a et b. On examinera si le nombre n est
au moins égal à $1 - k$. Si cette condition n'était pas remplie, il
faudrait rapprocher les limites a et b par la substitution de nombres intermédiaires.

Ayant donc reconnu que la condition $n = 1 - k$, ou $n > 1 - k$,
est satisfaite, on distinguera entre les limites a et b celle de ces
limites qui, étant substituée dans les fonctions $f(x)$ et $f''(x)$, donne
deux résultats de même signe : soit $\mathfrak{b}$ cette limite. On divisera, suivant la règle de la division ordonnée, $f(\mathfrak{b})$ par $f'(\mathfrak{b})$, en continuant
l'opération jusqu'à ce que le dernier chiffre trouvé au quotient soit
de l'ordre décimal $2n + k$. On augmentera ce dernier chiffre d'une
unité, et l'on ajoutera le quotient ainsi obtenu à la limite $\mathfrak{b}$, ou on

le retranchera de cette limite, suivant que les quantités $f(\epsilon)$ et $f'(\epsilon)$ seront de signes différents ou de même signe. La nouvelle limite ϵ' formée de cette manière pourra être plus grande ou moindre que la véritable valeur de la racine, ce qu'il sera facile de reconnaître en substituant cette valeur ϵ' dans $f(x)$; mais elle différera toujours de la racine d'une quantité moindre que $(\frac{1}{10})^{2n+k}$. Par conséquent en diminuant ou en augmentant d'une unité le dernier chiffre de ϵ', on formera une seconde limite moindre que la racine si la limite ϵ' qu'on vient d'obtenir est plus grande, et plus grande que la racine si la limite ϵ' était plus petite.

On opérera ensuite sur ces nouvelles limites comme on l'avait fait sur les premières limites données a et b, et ainsi de suite. Chaque nouvelle opération fera connaître un nombre de chiffres appartenant à la valeur de la racine de plus en plus grand. Les nombres des chiffres décimaux exacts qui suivent la virgule après la première, la seconde, la troisième, etc. opération sont respectivement $2n+k$, $4n+3k$, $8n+7k$, etc. La marche du calcul est assurée et régulière; elle ne donne lieu à aucune opération superflue, et l'on n'est jamais exposé à déterminer aucun chiffre qui n'appartienne point à la véritable valeur de la racine.

Nous avons d'ailleurs regardé l'exposant k comme un nombre constant. Il peut arriver quelquefois qu'en calculant de nouveau sa valeur au moyen des limites de plus en plus rapprochées que donne la suite de l'opération, on trouve pour ce nombre k une valeur plus grande que la première, ce qui rendrait l'approximation plus rapide.

(30) Nous appliquerons les règles précédentes à l'équation

$$x^3 - 2x - 5 = 0.$$

La suite des fonctions est

$$f(x) = x^3 - 2x - 5$$
$$f'(x) = 3x^2 - 2$$
$$f''(x) = 6x$$
$$f'''(x) = 6;$$

et en substituant d'abord les nombres de la progression décuple, on trouve

$$f''''(x) \ , \ f'''(x) \ , \ f''(x) \ , \ f'(x) \ , \ f(x)$$

	$f''''(x)$	$f''(x)$	$f'(x)$	$f(x)$
$(-1)\ldots$	$+$	$-$	$+$	$-$
			1	4
$(<0)\ldots$	$+$	$-$	$-$	$-$
			2	5
$(0)\ldots$	$+$	0	$-$	$-$
$(>0)\ldots$	$+$	$+$	$-$	$-$
$(1)\ldots$	$+$	$+$	$+$	$-$
$(10)\ldots$	$+$	$+$	$+$	$+$

L'équation a deux racines indiquées entre -1 et 0, et une autre racine indiquée entre 1 et 10 : on reconnaît immédiatement que les deux premières racines sont imaginaires, parce que la somme des quotients $\frac{4}{1} + \frac{5}{2}$ surpasse la différence 1 des deux limites. Par conséquent cette équation a une seule racine réelle comprise entre 1 et 10.

Pour avoir deux limites qui ne diffèrent entre elles que par une unité de l'ordre du dernier chiffre, on substituera des nombres intermédiaires et l'on trouvera

$(2)\ldots$	$+$	$+$	$+$	$-$
		12	10	1
	0	0	0	1
$(3)\ldots$	$+$	$+$	$+$	$+$
		18	25	16

Ainsi la racine est comprise entre 2 et 3, et la suite des indices étant $0\ 0\ 0\ 1$, on pourrait procéder à l'approximation. Mais en divisant la plus grande des valeurs de $f''(x)$, qui est 18, par la plus petite des valeurs de $2f'(x)$, qui est 2.10, on obtient pour quotient $\frac{18}{20} = 0,9$: l'unité décimale de l'ordre immédiatement supérieur au premier chiffre de ce quotient étant 1, on a donc $k = 0$. La différence des deux limites entre lesquelles la racine est comprise étant aussi égale à 1, on a également $n = 0$. Par conséquent la condition $n =$ ou $> 1 - k$ n'étant pas satisfaite, on est averti que les limites 2 et 3 ne sont pas assez rapprochées pour que l'on doive commencer immédiatement l'approximation.

En substituant donc des nombres intermédiaires de l'ordre décimal immédiatement inférieur, il viendra

$$f'''(x), \quad f''(x), \quad f'(x), \quad f(x)$$

$$(2,0) \dots \quad + \quad \underset{12}{+} \quad \underset{10}{+} \quad \underset{1}{-}$$

$$(2,1) \dots \quad + \quad \underset{12,6}{+} \quad \underset{11,23}{+} \quad \underset{0,061}{+}.$$

Ainsi la racine est comprise entre les limites 2,0 et 2,1. La différence de ces limites est $\frac{1}{10}$: donc $n = 1$. La plus grande des valeurs de $f''(x)$ divisée par la plus petite des valeurs de $2f'(x)$ est $\frac{12,6}{20} = 0,6\ldots$: l'unité décimale immédiatement supérieure au premier chiffre du quotient étant toujours 1, nous avons comme ci-dessus $k = 0$. La condition $n = 1 - k$ est satisfaite : on peut procéder à l'approximation, sans chercher à resserrer davantage les limites par la substitution de nouveaux nombres intermédiaires.

La plus grande limite 2,1 est ici la limite extérieure, qui a été désignée par $\mathcal{C}$, puisque cette valeur donne le même signe $+$ aux deux fonctions $f(x)$ et $f''(x)$. Par conséquent la première valeur approchée se formera en retranchant de $\mathcal{C} = 2,1$ le quotient $\frac{f(\mathcal{C})}{f'(\mathcal{C})} = \frac{0,061}{11,23}$: la division doit être continuée jusqu'au chiffre décimal de l'ordre $2n + k$, c'est-à-dire ici jusqu'aux centièmes; et avant d'opérer la soustraction, on doit augmenter le dernier chiffre d'une unité.

Comme l'on trouve $\frac{0,061}{11,23} = 0,00\ldots$, le nombre à retrancher de 2,1 est 0,01 : il vient donc pour *première valeur approchée* 2,09. Cette valeur est exacte à moins de $\frac{1}{100}$ près : mais on ignore jusqu'ici si elle est moindre ou plus grande que la racine.

Pour le reconnaître, et continuer l'approximation, on substituera 2,09 dans la suite des fonctions, conformément à la règle de calcul expliquée dans l'article 24. Le tableau suivant présente cette opération.

$$f(2) \quad , \quad f'(2) \quad , \quad f''(2) \quad , \quad f'''(2)$$

-1	10	12	6
	0,09	0,09	0,09
	0,90	1,08	0,54
		9	9
		972	486
		0,0486	0,0243
			9
			2187
			0,000729

d'où l'on déduit

$$f(2,09) = \quad , \quad f'(2,09) = 10 \quad , \quad f''(2,09) = 12 \quad , \quad f'''(2,09) = 6.$$

0,90		10		12
486		1,08		0,54
729		243		12,54
0,949329		11,1043		
-1				
$=-0,050671$				

Le résultat de la substitution de 2,09 dans $f(x)$ étant négatif, cette quantité est plus petite que la valeur de la racine, qui par conséquent est comprise entre les limites 2,09 et 2,10. La différence de ces limites étant $\frac{1}{100}$, ou $\left(\frac{1}{10}\right)^2$, le nombre n est maintenant égal à 2 : ainsi l'approximation suivante peut être portée jusqu'au chiffre décimal du quatrième ordre. On continuera donc la division $\frac{0,061}{11,23}$ jusqu'au quatrième chiffre après la virgule inclusivement, ce qui donnera 0,0054, et en augmentant le dernier chiffre d'une unité, 0,0055. Ce résultat étant retranché de 2,10, donne 2,0945 pour la *deuxième valeur approchée*. Cette valeur est exacte à moins de $\frac{1}{10000}$ près.

On ignore si le nombre 2,0945 est plus petit ou plus grand que la racine : la substitution de ce nombre dans la fonction $f(x)$ et dans les fonctions dérivées s'effectue de la manière suivante.

$f(2,09)$	$f'(2,09)$	$f''(2,09)$	$f'''(2,09)$
—0,050671	11,1043	12,54	6
	0,0045	0,0045	0,0045
	555215	6270	30
	444172	5016	24
	0,04996935	0,056430	0,0270
		45	45
		282150	1350
		225720	1080
		2539350	12150
		0,0001269675	0,00006075
			45
			30375
			24300
			273375
			0,00000091125

d'où l'on déduit

$$f(2,0945) = \begin{array}{l} 0,04996935 \\ 0,0001269675 \\ 0,00000091125 \end{array}$$

$$\begin{array}{l} 0,050096408625 \\ -\ 0,050671 \end{array}$$

$$= -\ 0,000574591375$$

$$f'(2,0945) = \begin{array}{l} 11,1043 \\ 0,056430 \\ 0,00006075 \end{array}$$

$$11,16079075$$

$$f''(20945) = \begin{array}{l} 12,54 \\ 0,0270 \end{array}$$

$$12,5670$$

$$f'''(2,0945) = 6.$$

I.

28

Le résultat de cette substitution donnant une valeur négative à
$f(x)$, on conclut que le nombre 2,0945 est plus petit que la racine,
qui est par conséquent comprise entre les limites 2,0945 et 2,0946.
Le dernier de ces deux nombres est la limite appelée extérieure,
et par conséquent il est nécessaire, pour continuer l'opération, de
substituer le nombre dont il s'agit dans les fonctions proposées :
mais on peut se dispenser de répéter le calcul qui vient d'être
effectué en employant la formule

$$f(\epsilon + i) = f(\epsilon) + if'(\epsilon) + \frac{i^2}{2}f''(\epsilon) + \frac{i^3}{2.3}f'''(\epsilon) + \text{etc.}$$

On déduira donc immédiatement des résultats précédents

$$f(2,0946) = \quad 0,001116079075$$
$$62835$$
$$1$$

$$\overline{\quad 0,00111614911 \quad}$$
$$- \quad 0,000574591375$$

$$= \quad 0,000541550536$$

$$f'(2,0946) = \quad 11,16079075$$
$$125670$$
$$3$$

$$= \quad 11,16204748$$

$$f''(2,0946) = \quad 12,5670$$
$$6$$

$$= \quad 12,5676$$

$$f'''(2,0946) = \quad 6.$$

Comme nous avons maintenant $n = 4$, nous devons, en calculant
le quotient $\dfrac{f(\epsilon)}{f'(\epsilon)} = \dfrac{0,000541550536}{11,16204748}$, continuer la division jusqu'au
huitième chiffre après la virgule inclusivement. La valeur de ce quo-
tient étant 0,00004851, on retranchera donc le nombre 0,00004852
de la limite 2,0946, ce qui donnera pour *troisième valeur approchée* 2,09455148.

Le tableau suivant présente le calcul de la substitution de cette valeur dans les fonctions proposées.

$f(2,0945)$	$f'(2,0945)$	$f''(2,0945)$	$f'''(2,0945)$
—0,000574591375	11,16079075	12,5670	6
	0,00005148	0,00005148	0,00005148
	8928632600	1005360	48
	4464316300	502680	24
	1116079075	125670	6
	5580395375	628350	30
	0,0005745575078100	0,000646949160	0,00030888
		5148	5148
		5175593280	247104
		2587796640	123552
		646949160	30888
		3234745800	154440
		3330494275680	159011424
		0,0000000001665247137840	0,0000000079505712
			5148
			636045696
			318022848
			79505712
			397528560
			409295405376
			0,000000000000136431801792

d'où l'on déduit

$$f(2,09455148)= \quad 0,0005745575078100$$
$$1665247137840$$
$$136431801792$$

$$0,00057457416041781020179\overset{}{2}$$
$$- \quad 0,000574591375$$

$$=- \quad 0,00006000172145821897982\overset{}{0}8$$

$$f'(2,09455148)= \quad 11,16079075$$
$$646949160$$
$$79505712$$

$$= \quad 11,161437707110\overset{}{5}712$$

$$f''(2,09455148)= \quad 12,5670$$
$$30888$$

$$= \quad 12,5673088\overset{}{8}$$

$$f'''(2,09455148)= \quad 6.$$

28.

Comme le résultat de la substitution donne une valeur négative à $f(x)$, on est averti que le nombre substitué est plus petit que la racine : ainsi la racine est comprise entre les nombres 2,09455148 et 2,09455149.

Les résultats de la substitution du dernier de ces deux nombres, qu'il est nécessaire de connaître pour porter plus loin l'approximation, se déduisent presque sans calcul de ceux qui viennent d'être obtenus, par le procédé que l'on a déja employé. On aura

$$f(2,09455149) = \begin{array}{l} 0,0000001116143770711105712 \\ 628365444 \\ 1 \end{array}$$

$$\begin{array}{l} 0,00000011161437769947115\dot{7} \\ -0,0000000172145821897982\dot{0}8 \end{array}$$

$$= 0,0000000094399795509672949$$

$$f'(2,09455149) = \begin{array}{l} 11,1614377071105712 \\ 125673o888 \\ 3 \end{array}$$

$$= 11,16143783278366o3$$

$$f''(2,09455149) = \begin{array}{l} 12,5673o888 \\ 6 \end{array}$$

$$ 12,5673o894$$

$$f'''(2,09455149) = 6.$$

Le nombre n étant maintenant égal à 8, la division indiquée par $\frac{f(6)}{f'(6)}$ doit être continuée jusqu'au seizième chiffre après la virgule inclusivement. Le quotient de cette division, que l'on obtient facilement au moyen de la règle de la division ordonnée, étant 0,000000084576734, on retranchera ce nombre, après avoir augmenté le dernier chiffre d'une unité, de la valeur précédente, ce qui donnera pour *quatrième valeur approchée* 2,0945514815423265, nombre qui ne diffère pas en plus ou en moins de la racine d'une unité décimale du seizième ordre.

Dans l'exemple qui a été choisi, chaque opération double le nombre des chiffres exacts qui suivent la virgule : par conséquent une opération de plus fera connaître la valeur de la racine jusqu'à la trente-deuxième décimale. En continuant à opérer de la même manière la substitution de la valeur précédente est facile, et donne les résultats suivants :

$f(x) =-$ 0,0000000000000001021074960443679845432495185865375
$f'(x) =$ 11,16143772649346472644563309780675
$f''(x) =$ 12,5673088892539590.

La valeur trouvée pour $f(x)$ étant négative, on est averti que le nombre substitué est plus petit que la racine : ce nombre forme donc la limite inférieure, et la limite supérieure est par conséquent 2,0945514815423266. Les résultats de la substitution de ce dernier nombre se déduisent immédiatement des précédents, et sont

$f(x) =$ 0,00000000000000000950688122056666900486125701850096
$f'(x) =$ 11,16143772649346598317652202320268
$f''(x) =$ 12,5673088892539596.

On divisera donc $f(x)$ par $f'(x)$, en continuant la division jusqu'au trente-deuxième chiffre après la virgule inclusivement, ce qui donnera pour quotient 0,00000000000000000851761345942069. Ajoutant une unité au dernier chiffre de ce nombre, que l'on retranchera ensuite de la valeur précédente, il viendra pour *cinquième valeur approchée* 2,09455148154232659148238654057930. Le dernier chiffre de cette valeur est exact, c'est-à-dire que l'on s'éloignerait de la véritable valeur de la racine si l'on augmentait ou si l'on diminuait ce chiffre d'une unité : mais si l'on voulait pousser plus loin la division, les chiffres que l'on obtiendrait à la suite du trente-deuxième n'appartiendraient plus à la racine.

(31) Nous avons fait connaître dans les articles 6 et suivants les propriétés de l'approximation du premier ordre, c'est-à-dire de celle qui résulte de l'omission des termes contenant des puissances de l'inconnue supérieures à la première. Plusieurs analystes ont considéré l'approximation du second ordre, qui est beaucoup plus con-

vergente, et ont proposé d'en faire usage pour le calcul des racines. Ce procédé peut en effet être appliqué avec avantage dans un grand nombre de cas, mais il laissait à résoudre les difficultés principales que présentait aussi l'approximation newtonienne. Elles consistent à distinguer avec certitude les racines imaginaires, à régler exactement le calcul en assignant une seconde limite, et à mesurer la convergence de l'approximation. Je vais exposer dans les articles suivants les principes qui servent à résoudre ces questions.

Pour éviter l'incertitude qui provient de l'omission des termes subordonnés, nous avons introduit dans le calcul l'expression de deux limites entre lesquelles la racine est toujours comprise. Nous ferons usage de ce même principe, sans reproduire les détails de calcul que nous avons donnés en traitant de l'approximation linéaire; car après avoir montré l'exactitude rigoureuse des conséquences de ce genre, il importe beaucoup de conserver toute la simplicité de l'analyse différentielle.

Nous examinerons d'abord sous ce point de vue la question suivante, qui se rapporte à l'approximation du premier degré.

L'arc $m\,x\,n$ (fig. 15) appartient à une ligne dont l'ordonnée est $f(x)$: le point o est l'origine des abscisses : l'abscisse o x du point d'intersection est la valeur d'une racine de l'équation $f(x) = 0$. Concevons qu'à partir du point d'intersection x on porte sur l'axe des abscisses, et vers la gauche, une quantité très-petite $x\,a$, que nous désignerons par ω. Au point a on élève l'ordonnée $a\,m$; par le point m on mène deux lignes $m\mu$, $m\nu$. La première $m\mu$ est tangente à l'arc au point m, la seconde $m\nu$ est parallèle à la droite $t\,x\,t'$ qui touche l'arc au point x. On forme ainsi sur l'axe un intervalle $\mu\nu$, qui serait beaucoup plus petit si le premier intervalle $x\,a$ avait reçu lui-même une valeur beaucoup moindre. Il s'agit de connaître la relation qui existe entre ce premier intervalle $x\,a$, que l'on peut regarder comme arbitraire, et l'intervalle $\mu\nu$ qui en dérive selon la construction précédente. On considère ici la dernière relation qui subsiste entre les intervalles $a\,x$ et $\mu\nu$, c'est-à-dire qu'on suppose que l'intervalle initial $a\,x$, désigné par ω,

diminue continuellement et a zéro pour limite; que par exemple
il devient successivement ω, $\frac{1}{2}\omega$, $\frac{1}{4}\omega$, etc. : il s'agit de déterminer
les valeurs correspondantes de $\mu\nu$, et d'en conclure ce que devient
la relation de $\mu\nu$ à ax lorsque $\mu\nu$ atteint sa limite zéro.

La question étant ainsi distinctement posée est très-facile à résoudre. x désignant la valeur de l'abscisse ox, et ω l'intervalle xa,
on voit que l'ordonnée am est égale à $f(x-\omega)$. La sous-tangente
$a\mu$ est ainsi exprimée, $-\dfrac{f(x-\omega)}{f'(x-\omega)}$; la valeur de la ligne $a\nu$ est
$-\dfrac{f(x-\omega)}{f'(x)}$: par conséquent la longueur de l'intervalle $\mu\nu$ est

$$-\frac{f(x-\omega)}{f'x}+\frac{f(x-\omega)}{f'(x-\omega)}, \quad \text{ou} \quad f(x-\omega).\left(\frac{1}{f'(x-\omega)}-\frac{1}{f'x}\right).$$

Il ne reste plus qu'à supposer ω une quantité infiniment petite.
$f(x-\omega)$ est la valeur de $f(x)$ diminuée de sa différentielle $dxf'(x)$,
et fx est nulle par hypothèse, puisque x est l'abscisse d'un point
d'intersection : donc le premier facteur $f(x-\omega)$ de l'expression de
$\mu\nu$ est $-dxf'x$. Le second facteur est la différentielle de $\frac{1}{f'x}$, où
l'on supposera dx négative. Ce second facteur est donc $dx\dfrac{f''x}{(f'x)^2}$.
Donc la valeur de $\mu\nu$ est

$$-\omega^2\frac{f''x}{f'x}.$$

Il est évident qu'on trouvera ce même résultat en développant l'expression précédente selon la puissance de ω, et omettant les termes
subordonnés.

On connaît par cette valeur de la ligne infiniment petite $\mu\nu$ que
cet intervalle devient incomparablement plus petit que l'intervalle ω :
il est égal au carré de ω multiplié par le quotient $-\dfrac{f''x}{f'x}$, quantité finie qui exprime le rapport des deux fluxions $f''x$ et $-f'x$
au point d'intersection x, et qui dépend de la forme de la courbe
en ce point.

(32) Considérons ω comme une première erreur, parce que cet

intervalle est la différence de la valeur approchée $o\,a$ à la valeur exacte $o\,x$. En menant la tangente $m\,\mu$ on détermine un point μ plus approché du point x; et si l'on ajoute à l'abscisse $o\,a$ la sous-tangente $a\,\mu$ pour former une nouvelle valeur $o\,\mu$ de l'abscisse, on voit que l'erreur restante $\mu\,x$ est devenue plus petite que la précédente $a\,x$.

Soit ω' cette nouvelle erreur : on conclut de l'expression $-\dfrac{f(x-\omega)}{f'(x-\omega)}$ de la sous-tangente,

$$\omega' = \omega + \frac{f(x-\omega)}{f'(x-\omega)}.$$

Si l'on développe selon les puissances de ω, en omettant les termes subordonnés ; ou, ce qui est la même chose, si l'on emploie les expressions différentielles, on a

$$\omega' = \omega + \frac{fx - \omega \cdot f'x + \frac{1}{2}\omega^2 \cdot f''x + \text{etc.}}{f'x - \omega \cdot f''x + \text{etc.}}$$

On omet le terme fx, qui est nul par hypothèse, et l'on trouve

$$\omega' = \omega + \frac{-\omega \cdot f'x + \frac{1}{2}\omega^2 \cdot f''x + \text{etc.}}{f'x - \omega \cdot f''x + \text{etc.}};$$

ou, ω étant une quantité infiniment petite,

$$\omega' = -\frac{\omega^2}{2} \cdot \frac{f''x}{f'x}.$$

Ainsi l'erreur ω, supposée d'abord très-petite, diminue très-rapidement, puisqu'elle devient égale au carré de l'erreur précédente multiplié par une quantité déterminée et constante, savoir $-\dfrac{1}{2}\dfrac{f''x}{f'x}$, valeur finie qui se rapporte au point x de l'arc $m\,x\,n$.

L'équation $\omega' = -\dfrac{\omega^2}{2} \cdot \dfrac{f''x}{f'x}$ exprime, comme nous l'avons dit, la relation finale d'une erreur à celle qui la suit. Cette condition subsiste rigoureusement au point d'intersection x; c'est-à-dire qu'elle fait connaître la convergence *finale* de l'approximation linéaire. Ces résultats sont ceux que nous avons déjà démontrés : on se propose maintenant d'étendre ces considérations au contact parabolique des courbes.

(33) Soit o a (fig. 16) une première valeur approchée de l'abscisse o x d'un point d'intersection. L'arc m x n appartient à une courbe dont l'ordonnée est exprimée par $f(x)$. Nous désignons par a la valeur approchée o a, et par x la valeur exacte o x. Soit $x = a + \varepsilon$, en sorte que ε est l'erreur de la première approximation, et que l'on a $f(a + \varepsilon) = 0$. Nous développons cette expression en omettant les termes où il entre des puissances de ε supérieures à la seconde : on a ainsi pour déterminer ε l'équation

$$f a + \varepsilon f' a + \tfrac{1}{2} \varepsilon^2 f'' a = 0.$$

$f a, f' a, f'' a$ sont des coefficients connus. Si l'on résout cette équation

$$\varepsilon^2 + 2\varepsilon \frac{f' a}{f'' a} + 2 \frac{f a}{f'' a} = 0,$$

on trouve

$$\varepsilon = -\frac{f' a}{f'' a} \pm \left[\left(\frac{f' a}{f'' a} \right)^2 - 2\frac{f a}{f'' a} \right]^{\frac{1}{2}}.$$

Soit ω l'erreur de la première valeur approchée a, et ω' l'erreur de la valeur plus approchée que l'on trouve en ajoutant à la quantité a la racine ε que l'on vient de déterminer : on a $x = a + \omega$ et $x = a + \varepsilon + \omega'$. Donc $\omega' = \omega - \varepsilon$. La question consiste à trouver la dernière relation de ω et ω' : on y parviendra comme il suit. On déterminera ε au moyen de l'équation précédente, en remplaçant a par sa valeur $x - \omega$; ensuite on supposera que ω est infiniment petite. On a donc

$$\omega' = \frac{\omega f''(x - \omega) + f'(x - \omega) \mp \{ [f'(x - \omega)]^2 - 2f(x - \omega) \cdot f''(x - \omega) \}^{\frac{1}{2}}}{f''(x - \omega)}.$$

ω étant infiniment petite, on conservera le premier terme subsistant du résultat. Or on reconnaît que dans le numérateur, il ne reste, en attribuant le signe — au radical, que des termes multipliés par ω^3; toutes les puissances de ω inférieures à la troisième

I   29 disparaîtront. Quant au dénominateur $f''(x-\omega)$, il se réduit à $f''(x)$ lorsque ω est infiniment petite. Il reste donc à former le numérateur : voici le détail de ce calcul.

Si dans la première partie $\omega f''(x-\omega) + f'(x-\omega)$ on développe selon les puissances de ω, en ne conservant que la troisième puissance et n'écrivant point la variable x sous le signe de fonction, on trouve

$$f' - \frac{\omega^2}{2} f''' + \frac{\omega^3}{3} f^{\mathrm{iv}}.$$

Dans le produit $f(x-\omega) . f''(x-\omega)$ qui entre sous le radical, le facteur $f(x-\omega)$ se réduit à $-\omega f' + \frac{\omega^2}{2} f'' - \frac{\omega^3}{2.3} f'''$, parce que fx est nulle par hypothèse. Donc pour s'arrêter à ω^3 dans l'expression du produit, on écrira au lieu du second facteur $f''(x-\omega)$ la quantité $f'' - \omega f''' + \frac{\omega^2}{2} f^{\mathrm{iv}}$. Le produit cherché $f(x-\omega) . f''(x-\omega)$ est donc

$$-\omega f' f'' + \omega^2 \left(\frac{1}{2} f''^2 + f' f''' \right) - \omega^3 \left(\frac{2}{3} f'' f''' + \frac{1}{2} f' f^{\mathrm{iv}} \right).$$

Le carré de $f'(x-\omega)$, ou de $f' - \omega f'' + \frac{\omega^2}{2} f''' - \frac{\omega^3}{2.3} f^{\mathrm{iv}}$, est

$$f'^2 - 2\omega f' f'' + \omega^2 (f''^2 + f' f''') - \omega^3 \left(f'' f''' + \frac{1}{3} f' f^{\mathrm{iv}} \right).$$

Par conséquent la quantité affectée de l'exposant $\frac{1}{2}$ est

$$f'^2 - \omega^2 f' f''' + \omega^3 \left(\frac{1}{3} f'' f''' + \frac{2}{3} f' f^{\mathrm{iv}} \right).$$

Si on élève à la puissance $\frac{1}{2}$ on trouve, en attribuant le signe — au radical,

$$-f' \left[1 - \omega^2 . \frac{1}{2} \frac{f'''}{f'} + \omega^3 \left(\frac{1}{2.3} \frac{f'' f'''}{f'^2} + \frac{1}{3} \frac{f^{\mathrm{iv}}}{f'} \right) \right],$$

ou

$$-f' + \omega^2 . \frac{1}{2} f''' - \omega^3 \left(\frac{1}{2.3} \frac{f'' f'''}{f'} + \frac{1}{3} f^{\mathrm{iv}} \right);$$

et ajoutant la première partie de l'expression de ω', on a

$$\omega' = \frac{1}{f''}\left(-\frac{\omega^3}{2.3}\frac{f''f'''}{f'}\right), \text{ ou } \omega' = -\frac{\omega^3}{2.3}\frac{f'''}{f'},$$

résultat très-simple qui donne la mesure de la convergence finale pour l'approximation du second ordre. L'erreur ω décroît très-rapidement : sa valeur est le produit du cube de l'erreur précédente par un coefficient constant. Le nombre des chiffres décimaux exact est, généralement parlant, triplé par chaque nouvelle opération. Le coefficient constant est égal à $-\dfrac{1}{2.3}\dfrac{f'''x}{f'x}$: sa valeur dépend de la forme de la courbe au point d'intersection.

(34) Ces conséquences s'étendent aux approximations de tous les degrés. Pour découvrir le résultat général j'ai employé une autre forme de calcul que je vais rapporter.

La première valeur approchée étant désignée par a, et ε exprimant l'erreur de cette détermination, on a $x = a + \varepsilon$, et $f(a+\varepsilon)=0$. On développe cette expression, et l'on omet les puissances de ε supérieures à la première, à la seconde, à la troisième, etc., selon que l'on veut se borner à l'approximation du premier degré, ou du second, ou du troisième, etc. Considérons ce dernier cas : l'équation qui sert à déterminer ε est donc

$$fa + \varepsilon f'a + \frac{\varepsilon^2}{2}f''a + \frac{\varepsilon^3}{2.3}f'''a = 0. \quad (e)$$

Or cette équation est seulement approchée : il est évident que la valeur de ε qu'elle fournit n'est pas complète. Par conséquent si on l'ajoute à la quantité a, on ne trouvera point exactement la racine x; elle en différera d'une nouvelle erreur beaucoup plus petite que la première : il s'agit de découvrir la relation finale qui subsiste entre une erreur et celle qui la suit. L'équation $f(a+\varepsilon)=0$ ne subsisterait que si la valeur de ε était déterminée par l'équation complète, et non par une équation approchée. Soit ω la valeur exacte de ε, en sorte que l'on a $x = a + \omega$, et $f(a+\omega)=0$; soit ω' l'erreur qui remplace la précédente ω, et qui provient de ce que

29.

l'on ne calcule qu'une valeur approchée de ε : on a donc $x = a + \varepsilon + \omega'$, la valeur ε étant la racine de l'équation approchée (e). Donc $\omega' + \varepsilon - \omega = 0$ et $a = x - \omega$. Actuellement nous mettrons dans l'équation (e) pour a sa valeur $x - \omega$, et pour ε sa valeur $\omega - \omega'$: on aura ainsi une équation entre ω et ω'. Il faudra déduire de cette équation la valeur de ω' exprimée en ω, et supposer ω infiniment petite. On connaîtra ainsi la relation finale cherchée entre les deux erreurs consécutives ω et ω'. L'équation (e) devient

$$f(x - \omega) + (\omega - \omega') f'(x - \omega) + \frac{1}{2}(\omega - \omega')^2 f''(x - \omega)$$
$$+ \frac{1}{2.3}(\omega - \omega')^3 f'''(x - \omega) = 0 : \qquad (E)$$

il faut, comme nous l'avons dit, tirer de cette équation la valeur de ω', et supposer ensuite ω infiniment petite. Pour que cette recherche soit générale, on doit considérer une équation d'un degré quelconque dont ω' est l'inconnue.

On remarquera d'abord que l'équation (E) donne plusieurs valeurs de ω', et cela doit être puisque le calcul se rapporte jusqu'ici à toutes les valeurs de x, et non pas seulement à celle qui est la plus voisine de la valeur approchée a. La racine ω' qui est l'objet spécial de la recherche est celle qui deviendrait nulle si ω était nulle, et c'est ce caractère qui nous indique celles des racines que l'on doit choisir parmi celles que donne l'équation (E).

On développera par rapport aux puissances de ω' le premier membre de cette équation, et chaque coefficient d'une puissance de ω' sera ordonné selon les puissances croissantes de ω. On aura ainsi une équation de cette forme :

$$0 = A\,\omega'^3 + B\,\omega'^2 + C\omega' + D. \qquad (F)$$

$A, B, C, D, \ldots\ldots$ sont des coefficients ordonnés selon les puissances croissantes de ω, et cette équation pourrait être d'un degré quelconque en ω'. Cela posé, considérant ω comme une grandeur connue, et l'équation (F) comme littérale, nous ferons usage de la méthode qui donne la racine ω' correspondante à une valeur infiniment petite de ω; et parmi ces valeurs de ω' nous devons choisir celle qui devient la plus petite lorsque ω est infiniment petite. Ainsi nous prendrons pour la valeur cherchée de ω' celle des racines ω' developpées selon les puissances croissantes de ω qui contient à son premier terme la plus haute puissance de ω.

Le terme D, qui dans l'équation (F) ne contient point ω', est évidemment

$$D = f(x-\omega) + \omega f'(x-\omega) - \frac{1}{2}\omega^2 f''(x-\omega) + \frac{1}{2.3}\omega^3 f'''(x-\omega);$$

ou développant et omettant x sous le signe de fonction

$$D = f - \omega f' + \frac{\omega^2}{2}f'' - \frac{\omega^3}{2.3}f''' + \frac{\omega^4}{2.3.4}f^{iv} - \text{etc.}$$
$$+ \omega f' - \omega^2 f'' + \frac{\omega^3}{2}f''' - \frac{\omega^4}{2.3}f^{iv} + \text{etc.}$$
$$+ \frac{\omega^2}{2}f'' - \frac{\omega^3}{2}f''' + \frac{\omega^4}{2.2}f^{iv} - \text{etc.}$$
$$+ \frac{\omega^3}{2.3}f''' - \frac{\omega^4}{2.3}f^{iv} + \text{etc.}$$

La valeur de fx est nulle par hypothèse, et après les réductions on trouve

$$D = -\frac{1}{2.3.4}\omega^4 f^{iv} + \text{etc.}$$

Quant aux coefficients C, B, A qui entrent dans l'équation (F), ils ne se réduisent point comme le précédent. La valeur de C, coefficient de ω' dans l'équation (F), est

$$C = -f'(x-\omega) - \frac{1}{2}.2\omega f''(x-\omega) - \frac{1}{2.3}.3\omega^2 f'''(x-\omega) - \text{etc.}$$

Les autres coefficients B, A sont formés comme celui-ci de différentes puissances de ω, et contiennent chacun un terme sans ω.

Il faut maintenant appliquer à l'équation (F) la règle générale qui sert à déterminer les racines de l'inconnue ω', ordonnées selon les puissances croissantes d'une lettre choisie, qui est ici ω. Or les coefficients A, B, C contenant tous un terme où ω se trouve à la puissance zéro, on a, selon la règle, les quotients ci-indiqués

$$\overset{\overset{\textstyle 3:1}{0:1 \quad 0:2 \quad 3:3}}{0 = A\,\omega'^3 + B\,\omega'^2 + C\,\omega' + D.}$$

On connaît par la comparaison de ces quotients que celle des racines ω' développées selon les puissances croissantes de ω qui contient à son premier terme le plus haut exposant de ω est donnée par l'équation partielle

$$C\,\omega' + D = 0\,;$$

et il faut, conformément à la règle citée, réduire C et D à leurs premiers termes selon l'ordre des puissances croissantes de ω. On a donc pour déterminer la racine cherchée ω' l'équation partielle très-simple

$$-\,\omega'f' - \frac{\omega^4}{2.3.4}\,f^{IV} = 0\,,$$

qui donne

$$\omega' = -\,\frac{\omega^4}{2.3.4}\,\frac{f^{IV}}{f'}\,.$$

Ce résultat est analogue à ceux que nous avons obtenus dans les articles 32 et 33 par un procédé très-différent, fondé sur la résolution effective des équations du premier et du second degré. On voit que la méthode de résolution des équations littérales supplée ici aux formules particulières qui exprimeraient en radicaux les racines des équations.

Si l'on applique l'analyse précédente à l'approximation du quatrième ordre, c'est-à-dire à celle qui résulterait de l'omission des puissances supérieures à la quatrième, on forme l'équation

$$0 = f(x - \omega) + (\omega - \omega')\,.f'(x - \omega) + \frac{1}{2}(\omega - \omega')^2\,.f''(x - \omega)$$
$$+ \frac{1}{2.3}(\omega - \omega')^3\,.f'''(x - \omega) + \frac{1}{2.3.4}(\omega - \omega')^4\,.f^{IV}(x - \omega).$$

On résout ensuite cette équation par la méthode générale qui fait connaître les valeurs de ω'' correspondantes à ω infiniment petite ; et l'on trouve pour déterminer celle de ces racines dont le premier terme contient la plus haute puissance de ω l'équation partielle

$$-\omega' f' - \frac{\omega^5}{2.3.4.5} f' = 0.$$

Ainsi la convergence finale de l'approximation du quatrième ordre est telle que chaque erreur ω' est égale à l'erreur précédente ω élevée à la cinquième puissance et multipliée par le facteur constant

$$-\frac{1}{2.3.4.5} \frac{f' x}{f' x}.$$

La loi suivant laquelle ces résultats se succèdent devient manifeste, et l'on connaît ainsi les propriétés générales des approximations d'un degré quelconque. Au reste ces considérations n'ont point pour objet le calcul numérique des racines : les règles spéciales que nous avons données dans les articles précédents ne laissent rien à désirer pour la facilité des opérations. Mais il importait de montrer toute l'étendue de cette théorie des approximations.

(35) La difficulté de distinguer le cas des deux racines imaginaires du cas des deux racines réelles est le point le plus important de l'analyse des équations ; elle exige une méthode propre fondée sur le calcul des limites entre lesquelles les racines sont comprises. Les recherches de Rolle, celles de De Gua, n'ont pu conduire à la résolution numérique des équations, parce qu'elles manquaient d'un caractère spécial pour distinguer les racines imaginaires. Le calcul de l'équation aux carrés des différences a résolu pour la première fois cette singulière difficulté ; mais, comme on l'a remarqué depuis long-temps, la solution est purement théorique, et les tentatives que l'on a faites pour la perfectionner ont été presque entièrement infructueuses. Il était donc nécessaire de traiter la question d'une manière différente : nous avons démontré qu'elle admet une autre solution, non moins exacte, et d'une application incomparablement plus facile. Mais il est important de considérer sous divers rapports la question fondamentale dont il s'agit, parce qu'elle se

reproduit dans les recherches relatives aux surfaces courbes, et dans la théorie générale des équations. Nous indiquerons dans les articles suivants les principes généraux qui servent à la résoudre de différentes manières.

Soient $F(x)$ et $f(x)$ deux fonctions algébriques dont les coefficients sont des nombres donnés. Concevons que l'on soit parvenu, en appliquant les méthodes précédemment exposées, à trouver deux limites a et b entre lesquelles l'équation $F(x) = o$ a une seule racine, que nous désignerons par α : il s'agit de connaître le signe du résultat que l'on obtiendrait en substituant cette racine α dans l'autre fonction $f(x)$.

Si la valeur exacte de α était connue, la question n'aurait aucune difficulté : car on attribuerait cette valeur exacte à la variable x dans la fonction $f(x)$, et l'on connaîtrait le signe du résultat. Il n'en est pas de même lorsque la racine α n'est connue que par approximation : car si au lieu de α on substitue une limite a très-rapprochée de α, on n'est point assuré que le signe de $f(a)$ soit le même que le signe de $f(\alpha)$, et l'incertitude subsiste toujours, quelque peu de différence qu'il y ait entre la racine α et la limite a. Or la question qui a pour objet de distinguer le cas des deux racines imaginaires de celui des deux racines réelles, se réduit à connaître le signe que l'on obtiendrait en substituant dans une certaine fonction $f(x)$ une racine α qui rendrait nulle une autre fonction $F(x)$. En effet prenons pour exemple l'équation

$$x^5 - 3x^4 - 24x^3 + 95x^2 - 46x - 101 = 0,$$

que nous avons traitée dans les articles 12 et 36 du premier livre. En subtituant les nombres 2 et 3 dans les fonctions

$$f^{\text{v}}(x), f^{\text{iv}}(x), f'''(x), f''(x), f'(x), f(x),$$

on a trouvé ces deux suites

		$+$	$+$	$-$	$-$	$+$	$-$
(2)		120	168	48	82	30	21
		0	0	1	0	1	2
(3)		$+$	$+$	$+$	$-$	$-$	$-$
		120	288	180	26	43	32

La série des indices, formée selon la règle de l'article 31 du premier livre, est terminée par les nombres o 1 2. Il s'ensuit 1° que l'équation $f'(x) = 0$ a une racine comprise entre 2 et 3, et que cette équation a une seule racine dans ce même intervalle; 2° que l'on doit chercher entre les limites 2 et 3 deux racines de l'équation $f(x) = 0$, et que l'on ignore jusque-là si ces deux racines sont réelles ou si elles manquent dans l'intervalle. Pour connaître la nature de ces racines, il faudrait substituer dans $f(x)$ la valeur exacte de la racine α de l'équation $f'(x) = 0$, et marquer le signe de $f(\alpha)$. Si ce dernier signe est positif, les deux racines cherchées sont réelles : l'une serait comprise entre 2 et α, et l'autre entre α et 3. Cela résulte évidemment des principes que nous avons démontrés dans le premier livre. Si au contraire le signe de $f(\alpha)$ est négatif, on est assuré que les racines sont imaginaires, parce que la suite des signes perd à la fois deux variations de signes lorsque le nombre substitué passe d'une valeur infiniment peu inférieure à α à une valeur infiniment peu supérieure à α. Mais pour la certitude de cette dernière conclusion, il ne suffit pas de substituer au lieu de x dans $f(x)$ une valeur très-approchée de α : car on conçoit que le signe de $f(x)$ pourrait être positif lorsqu'on attribue à x une certaine valeur, et devenir négatif lorsqu'on altère d'une très-petite quantité le nombre substitué. Toute la difficulté consiste à pouvoir conclure le signe de $f(x)$, quoiqu'on n'attribue à x qu'une valeur approchée a moindre que α, ou une valeur approchée b plus grande que α. Nous avons résolu cette question en considérant non-seulement la grandeur des résultats $f(a)$ et $f(b)$, mais aussi les valeurs $f'(a)$ et $f'(b)$ de la fluxion du premier ordre. Et en effet si la valeur a est très-rapprochée de α, et si le résultat $f(a)$ a une valeur positive très-grande, on est pour ainsi dire assuré que le signe de $f(a)$ est positif; et toutefois il reste à examiner si la fluxion $f'(a)$ étant négative est exprimée par un nombre très-grand : car dans ce cas la fonction $f(a)$ décroissant très-rapidement, il serait possible qu'elle devînt négative lorsqu'on change extrêmement peu la valeur de x; et qu'ensuite elle devînt positive, parce que la fluxion

I.   30

$f'(x)$ deviendrait elle-même positive et très-grande. La solution que nous avons donnée dans les articles 24 et suivants du premier livre, consiste à introduire dans le calcul les valeurs de $f(a), f'(a)$, celles de $f(b), f'(b)$, et de l'intervalle $b - a$. Par la comparaison de ces quantités, on parvient à connaître sans aucun doute le signe de $f(\alpha)$. On peut aussi considérer la question sous un autre point de vue qu'il est utile d'indiquer.

(36) Si l'on propose en général de connaître le signe du résultat que l'on trouverait en substituant dans $f(x)$ la racine α de l'équation

$$F(x) = 0,$$

$f(x)$ et $F(x)$ étant deux fonctions algébriques données, et si l'on excepte le cas singulier où $F(x)$ est $\frac{d}{dx} f(x)$, il suffira d'appliquer les principes que nous avons démontrés dans le premier livre concernant les limites des racines.

On déterminera deux limites a et b entre lesquelles l'équation $F(x) = 0$ a une racine réelle, savoir la valeur α que l'on considère ; et ces limites a et b pourront toujours être assez rapprochées pour que les deux suites de signes des résultats

$$F^{(m)}(a), \ F^{(m-1)}(a) \ldots \ldots F'''(a), \ F''(a), \ F'(a), \ F(a)$$
$$F^{(m)}(b), \ F^{(m-1)}(b) \ldots \ldots F'''(b), \ F''(b), \ F'(b), \ F(b) \qquad (1)$$

fassent connaître que l'équation $F(x) = 0$ a en effet une racine réelle entre a et b. Supposons que cette condition ait lieu : on substituera les mêmes limites a et b dans les fonctions qui dérivent de l'autre fonction $f(x)$, savoir :

$$f^{(n)}(x), \ f^{(n-1)}(x) \ldots \ldots f'''(x), \ f''(x), \ f'(x), \ f(x),$$

et l'on examinera s'il résulte de la comparaison des deux suites de signes

$$f^{(n)}(a), \ f^{(n-1)}(a) \ldots \ldots f'''(a), \ f''(a), \ f'(a), \ f(a)$$
$$f^{(n)}(b), \ f^{(n-1)}(b) \ldots \ldots f'''(b), \ f''(b), \ f'(b), \ f(b) \qquad (2)$$

que l'équation $f(x) = 0$ ne peut avoir aucune racine entre a et b, en sorte que la série des indices propre aux suites (2) ait zéro pour dernier terme. Si cette dernière condition a lieu en même temps que la précédente, on connaît avec certitude le signe de $f(\alpha)$: ce signe sera celui qui est commun aux deux quantités $f(a)$ et $f(b)$. En effet il résulte de la seconde condition que toutes les quantités comprises entre a et b donneraient des résultats de même signe si on les substituait dans $f(x)$; et il résulte de la première condition que la valeur exacte de α est comprise entre a et b. Donc le signe de $f(\alpha)$ est connu : il est celui de $f(a)$ et $f(b)$. Il suffit donc, pour déterminer ce signe, de rapprocher les limites a et b en sorte que la racine α ne cessant point d'être comprise entre a et b, ce que l'on connaît par les signes des suites (1), la comparaison des suites (2) donne 0 pour le dernier terme de la série des indices. Or si l'on fait d'abord abstraction du cas où ces deux fonctions auraient cette relation singulière $F(x) = \dfrac{d}{dx} f(x)$, il est certain que l'on obtiendra facilement des limites a et b qui satisferont à l'une et à l'autre condition : car la fonction $F(x)$ étant exprimée par l'ordonnée d'une certaine courbe, et la fonction algébrique $f(x)$ étant aussi l'ordonnée d'une seconde courbe, les deux limites a et b entre lesquelles se trouve un point d'intersection de la première ligne avec l'axe des abscisses peuvent, généralement parlant, répondre à deux ordonnées de la seconde courbe entre lesquelles l'arc de cette seconde courbe n'aura aucun point d'intersection, et sera exempt de toute sinuosité. Donc la comparaison des suites (2) donnera 0 pour le dernier terme de la série des indices. Donc les deux conditions énoncées subsisteront ensemble et le signe de $f(\alpha)$ sera connu.

(37) Cette remarque n'est point bornée aux fonctions qui ne contiennent qu'une seule variable. On peut en général résoudre la question suivante, qui se présente dans les applications principales de l'analyse algébrique. Une fonction algébrique $f(x, y, z, \ldots)$ de plusieurs variables étant proposée, et les valeurs de $x, y, z, \ldots$ étant seulement connues par approximation, il s'agit de connaître avec

30.

certitude le signe que l'on obtiendrait en substituant dans la fonction $f(x, y, z, \ldots)$ les valeurs exactes de $x, y, z, \ldots$ On suppose
que l'on connaisse pour chacune de ces valeurs deux limites entre
lesquelles elle est comprise. Il faut juger, d'après un caractère certain, si ces limites sont assez rapprochées pour que les divers résultats qu'on obtient en substituant dans la fonction $f(x, y, z, \ldots)$
des valeurs quelconques de $x, y, z, \ldots$ comprises entre ces limites,
sont tous de même signe.

Nous avons assigné ce caractère pour le cas d'une seule variable
art. 36 : cette proposition est générale, comme on le verra dans
la suite de ces recherches. Il est toujours facile de rapprocher les
deux limites qui comprennent chacune des valeurs $x, y, z, \ldots$ en
sorte que l'on soit assuré que le signe du résultat de la substitution
ne change point si l'on attribue aux variables des valeurs quelconques comprises entre ces limites.

(38) Cette proposition convient, généralement parlant, aux divers
points des lignes ou des surfaces courbes, et aux valeurs quelconques des variables $x, y, z, \ldots$; mais il y a des valeurs singulières
auxquelles on ne peut point l'appliquer immédiatement. Ces cas exigent un procédé particulier dont nous allons indiquer l'origine.
On propose de déterminer le signe du résultat que l'on obtiendrait
en substituant au lieu de x dans la fonction algébrique $f(x)$ la
valeur α qui rend nulle la fonction différentielle $f'(x)$. Cette valeur
α n'est point connue exactement; mais on sait qu'elle est comprise
entre deux limites très-voisines et données a et b. Cette dernière
question est précisément celle que nous avons considérée d'abord,
et qui a pour objet de distinguer le cas des deux racines réelles du
cas des deux racines imaginaires. On le voit distinctement dans
l'exemple cité art. 35. Si la seconde fonction $f'(x)$ n'avait point
avec la première $f(x)$ le rapport singulier dont il s'agit, en sorte
qu'au lieu de $f(x)$ on eût une certaine fonction $F(x)$ indépendante
de $f(x)$, on examinerait si les deux limites a et b, entre lesquelles
α est comprise, sont assez voisines pour que la comparaison des
deux suites de signes

$$f^{(n)}(a),\ f^{(n-1)}(a)\ldots\ldots f'''(a),\ f''(a),\ f'(a),\ f(a),$$
$$f^{(n)}(b),\ f^{(n-1)}(b)\ldots\ldots f'''(b),\ f''(b),\ f'(b),\ f(b)$$

donnât o pour le dernier terme de la série des indices ; et si cette condition n'avait pas lieu d'abord, on rapprocherait les deux limites a et b jusqu'à ce que la condition eût lieu, ce qui, dans le cas général, est très-facile. Alors le signe cherché de $f(\alpha)$ serait celui qui est commun à $f(a)$ et $f(b)$. Mais dans le cas particulier que nous considérons, on ne pourrait point obtenir la dernière condition, quelque rapprochées que fussent les limites a et b : le dernier terme de la série des indices ne serait jamais o. Si les deux racines cherchées dans l'intervalle de a et b étaient réelles, on parviendrait en rapprochant les limites à séparer les deux racines ; mais si elles étaient imaginaires, l'incertitude subsisterait toujours, parce que le dernier terme de la série des indices donnée par les suites précédentes ne serait jamais o, mais toujours égal à 2. Cela provient de ce que la valeur de x qui rend nulle l'ordonnée $f(x)$ de la seconde courbe correspond dans la première courbe à un point singulier où la tangente est parallèle à l'axe des abscisses. Or le dernier terme de la série des indices donné par ces suites ne peut être o que dans le cas où l'arc de la courbe qui répond à l'intervalle des limites n'a aucun point de maximum ou minimum. On voit donc que la proposition énoncée dans l'art. 36 ne peut point s'appliquer ici de la même manière que si les deux fonctions proposées n'avaient aucun rapport spécial.

Après que l'on a reconnu distinctement l'origine de la difficulté propre au cas dont nous nous occupons, il se présente divers moyens de la résoudre : l'un des plus simples, et d'une application très-facile, est celui que nous allons indiquer. Au lieu de considérer les deux fonctions $f(x)$ et $f'(x)$, on les remplacera par celles-ci $f(x) + f'(x)$ et $f'(x)$. Une valeur α de x qui rend nulle $f'(x)$ est comprise entre a et b : il s'agit de déterminer avec certitude le signe de $f(\alpha)$. Soit $\varphi(x) = f(x) + f'(x)$: on voit que le signe cherché de $f(\alpha)$ est précisément celui de $\varphi(\alpha)$, puisque $f'(\alpha)$ devient nulle.

par hypothèse. Il suffit donc d'opérer de la même manière que si les fonctions proposées étaient $\varphi(x)$ et $f'(x)$. Or dans ce cas le point singulier où la tangente est parallèle à l'axe des x est déplacé ; il ne se rencontre plus nécessairement dans l'intervalle des limites a et b qui comprennent la racine α de l'équation $f'(x) = 0$. Il faut donc examiner si ces limites a et b sont telles que pour l'équation $\varphi(x) = 0$ les suites

$$\varphi^{(n)}(a) \ldots \varphi'''(a), \ \varphi''(a), \ \varphi'(a), \ \varphi(a)$$
$$\varphi^{(n)}(b) \ldots \varphi'''(b), \ \varphi''(b), \ \varphi'(b), \ \varphi(b)$$

ont une série d'indices dont le dernier terme soit zéro ; et si cette condition n'a pas lieu d'abord, on parviendra facilement, en rapprochant ces limites, à deux limites plus voisines a' et b' qui donneraient o pour le dernier terme de la série des indices, en même temps que les limites a' et b' comprendront toujours la racine α de l'équation $f'(x) = 0$. Ces conditions ayant lieu, on marquera le signe commun de $\varphi(a')$ et $\varphi(b')$: ce signe sera celui de $\varphi(\alpha)$, et par conséquent le même que le signe de $f(\alpha)$ qu'il fallait déterminer. Si le signe trouvé est négatif, les deux racines sont réelles ; s'il est positif, les deux racines sont imaginaires.

Il faut remarquer surtout que la substitution des limites a et b dans la fonction $\varphi(x)$ et dans celles qui en dérivent, est très-facile parce que cette fonction est égale à $f(x) + f'(x)$. Or les opérations précédentes qui ont servi à trouver les premières limites approchées ont fait connaître les résultats des substitutions dans $f(x)$ et dans toutes les fonctions différentielles qui en dérivent ; par conséquent on distinguera le cas des racines imaginaires à la seule inspection des résultats numériques que l'on a déja formés, et l'on obtient ainsi une solution exacte et très-simple de la question proposée.

(39) Dans l'exemple cité plus haut les suites correspondantes aux limites 2 et 3 sont

$$f^{v}(x), \; f^{iv}(x), \; f'''(x), \; f''(x), f'(x), \; f(x),$$

(2).....	+	+	—	—	+	—
	120	168	48	82	30	21
	0	0	1	0	1	2
(3).....	+	+	+	—	—	—.
	120	288	180	26	43	32

On formera au moyen de la suite (2) une suite correspondante (2)′, en ajoutant à chaque terme de la suite (2) celui qui le précède à gauche dans la même suite et marquant le signe du résultat; on opérera de la même manière sur la suite (3) pour former la suite correspondante (3)′. On trouvera ainsi

(2)′	+	+	+	—	—	—+
	0	0	0	1	0	1
(3)′	+	+	+	+	—	—.

Comme le dernier terme de cette nouvelle série d'indices n'est pas zéro, on en conclut que les limites 2 et 3 ne sont pas assez rapprochées pour que la question puisse être immédiatement résolue. On substituera donc un nombre intermédiaire 2,2 dans la série des fonctions, et l'on obtiendra le tableau suivant :

$$f^{v}(x), \; f^{iv}(x), \; f'''(x), \; f''(x), \; f'(x), \; f(x)$$

(2).....	+	+	—	—	+	—
	120	168	48	82	30	21
(2,2).....	+	+	—	—	+	—
	120	192	12	88,08	12,872	16,69248
	0	0	1	0	1	2
(3).....	+	+	+	—	—	—.
	120	288	180	26	43	32

Les limites des deux racines indiquées sont maintenant 2,2 et 3. Si l'on forme les suites (2,2)′ et (3)′ de la manière qui a expliquée ci-dessus, c'est-à-dire en ajoutant chaque terme des suites (2,2) et (3) au terme qui le précède immédiatement à gauche dans la même suite, on trouvera

$$(2,2)' \ldots \ldots \quad + \quad + \quad + \quad - \quad - \quad -$$
$$\quad\quad\quad\quad\quad 0 \quad\; 0 \quad\; 0 \quad\; 1 \quad\; 0 \quad\; 0$$
$$(3)' \ldots \ldots \quad + \quad + \quad + \quad + \quad - \quad -$$

Le dernier terme de la série des indices données par les suites $(2,2)$ et (3) étant 2, on doit chercher entre les nombres $2,2$ et 3, deux racines de l'équation $f(x)=0$; et l'on ne connaît point encore si ces deux racines sont réelles, ou si elles manquent dans l'intervalle de ces limites. Quant à l'équation $f'(x)=0$, elle a certainement une racine réelle entre $2,2$ et 3; et les trois derniers termes de la série des indices étant $0\ 1\ 2$, on connaîtra si les deux racines de l'équation $f(x)=0$ sont réelles ou imaginaires, en substituant dans $f(x)$ la racine α de l'équation $f'(x)=0$: car si le signe de $f(\alpha)$ est positif on est assuré que les racines sont réelles, et elles sont imaginaires si le signe de $f(\alpha)$ est négatif. Or en considérant les suites $(2,2)'$ et $(3)'$, qui ne correspondent point à la fonction $f(x)$, mais à la fonction $f(x)+f'(x)$, on voit qu'il ne peut y avoir entre $2,2$ et 3 aucun nombre qui rende nulle l'expression $f(x)+f'(x)$. Cela se conclut de ce que la série des indices donnés par les suites $(2,2)'$ et $(3)'$ a pour dernier terme 0. Donc tout nombre compris entre $2,2$ et 3 donne un résultat de même signe lorsqu'on substitue ce nombre dans l'expression $f(x)+f'(x)$. Or la racine α de l'équation $f'(x)=0$ est comprise entre $2,2$ et 3. Donc le résultat $f(\alpha)+f'(\alpha)$ a le signe $-$, et $f'(\alpha)$ étant nulle par hypothèse, il s'ensuit que $f(\alpha)$ est un nombre négatif. Donc les deux racines cherchées sont imaginaires.

(40) Le procédé que l'on vient d'expliquer résout facilement et dans tous les cas possibles la question qui a pour objet de distinguer les racines imaginaires : voici la règle qui en résulte.

Après avoir formé les deux suites de signes (a) et (b) qui répondent aux limites entre lesquelles on doit chercher les deux racines d'une équation, il faut écrire la série des indices que donne la comparaison de ces deux suites. Les trois derniers termes de cette série sont par hypothèse $0\ 1\ 2$, en sorte que l'équation $f'(x)=0$ a une seule racine entre a et b, et l'on ignore si les deux racines de l'équation $f(x) = 0$ sont réelles ou imaginaires. Pour faire cette distinction on remplace chacune des suites de signes (a) et (b) par deux autres (A) et (B), en ajoutant à chaque terme d'une suite le terme qui le précède à gauche dans la même suite. Si l'on compare les deux suites (A) et (B) en formant une nouvelle série des indices, et si l'on trouve o pour le dernier terme de cette nouvelle série, la question est résolue. Mais si ce dernier indice n'est pas zéro il faut rapprocher les deux limites (a) et (b), et en continuant d'opérer selon la même règle il arrivera nécessairement, ou que les deux racines cherchées se sépareront, ce qui prouve qu'elles sont réelles, ou que le dernier indice de la nouvelle série donnée par les suites (A) et (B) sera zéro. Dans ce cas, le dernier signe de la suite (A) est le même que le dernier signe de la suite (B); et si ce signe commun est celui de $f''(a)$ dans les suites primitives (a) et (b), les deux racines cherchées sont imaginaires. Mais si le signe commun aux deux derniers termes des suites (A) et (B) est contraire au signe de $f''(a)$ et $f''(b)$ dans les suites primitives (a) et (b), les deux racines cherchées sont réelles. On connaîtra par l'application combien l'usage de cette règle est facile : elle résout promptement la question principale que présente la recherche des limites. On pourrait donner des formes très-variées à cette solution, car il est évident que l'on serait conduit aux mêmes conséquences en ajoutant à la fonction primitive $f(x)$ des fonctions différentes de $f'(x)$, qui auraient aussi la propriété de devenir nulles lorsqu'on donne à x la valeur que nous avons désignée par α : mais en employant la fonction $f'(x)$ le calcul est réduit à une forme extrêmement simple, puisqu'il suffit d'ajouter à chaque terme d'une suite le terme précédent de la même suite.

(41) Si l'on avait seulement en vue de donner une solution exacte et facile du problème de la distinction des racines imaginaires, on se bornerait à celle que nous avons démontrée dans les articles 22 et suivants du premier livre; mais l'importance de cette recherche, et ses rapports avec la théorie des équations qui contien-

I.   31

nent plusieurs inconnues, exigent que l'on multiplie les moyens de solution. C'est dans cette vue que je me suis proposé d'appliquer à cette même question le procédé de l'approximation du second degré, et ensuite celui des fractions continues.

Nous considérerons le cas où les signes des deux suites (a) et (b) sont

$$f^{(m)}x\ldots\ldots f'''x, \quad f''x, \quad f'x, \quad fx$$

$$(a)\ldots\; +\ldots\ldots +\qquad +\qquad -\qquad +$$

$$\qquad\qquad\qquad\qquad\qquad 0\qquad 0\qquad 1\qquad 2$$

$$(b)\ldots\; +\ldots\ldots +\qquad +\qquad +\qquad + :$$

il sera facile d'appliquer à tous les autres cas les conséquences que fournit l'examen de celui-ci.

Les trois derniers termes de la série des indices étant 0 1 2, on voit que l'on doit chercher entre les limites a et b deux racines de l'équation $fx = 0$, et qu'il s'agit de reconnaître si ces deux racines subsistent en effet, ou si elles sont imaginaires. La fig. 17 représente dans l'intervalle des limites a et b l'arc dont l'équation est $y = fx$. On écrira $a + x - a$ au lieu de x dans fx, en désignant par a la première valeur approchée équivalente à l'abscisse $0 a$, et l'on développera comme il suit la fonction $f(a + x - a)$:

$$fx = f(a + x - a) = fa + (x - a)f'a + (x - a)^2 \tfrac{1}{2} f''(a\ldots x).$$

Le terme qui complète la série contient $f''(a\ldots x)$, c'est-à-dire une fonction f'' d'une certaine quantité comprise entre a et x, que l'on forme en ajoutant à a une valeur inconnue comprise entre 0 et $x - a$: on applique ici le théorème rapporté dans l'Introduction, art. 9. On considérera maintenant que les valeurs de la fonction $f''x$ sont toutes positives dans l'intervalle des limites a et b, et qu'elles vont toujours en augmentant lorsqu'on passe de la première abscisse a à la dernière b. Cela résulte évidemment des signes que présentent les deux suites (a) et (b) au-dessous des fonctions $f''x$ et $f'''x$. Donc la moindre valeur que puisse recevoir l'expression $f''(a\ldots x)$ est $f''a$, et la plus grande est $f''b$. On en déduit

$$fx > fa + (x - a)f'a + (x - a)^2 \tfrac{1}{2} f''a,$$

condition qui subsiste dans tout l'intervalle des limites. Donc si, après avoir déterminé fa, $f'a$ et $f''a$, on décrivait une ligne qui, ayant x pour abscisse, aurait pour ordonnée

$$fa + (x-a)f'a + (x-a)^2 \tfrac{1}{2} f''a,$$

l'arc $m\pi v$ appartenant à cette ligne serait placé au-dessous de l'arc mpn dont l'ordonnée est fx; et cela aurait lieu dans tout l'intervalle ab. Au point m les deux ordonnées sont égales, et leur valeur commune est fa. Les fonctions dérivées du premier ordre sont pour l'une des courbes $f'x$, et pour l'autre $f'a+(x-a)f''a$. Ainsi ces fonctions deviennent égales lorsque $x=a$, en sorte que les arcs mpn et $m\pi v$ ont un contact du premier ordre au point m. A partir de ce point les lignes se séparent et la seconde $m\pi v$ passe au-dessous de la première mpn. Donc si l'arc $m\pi v$ de la parabole ne rencontre point l'axe ab, on est assuré a fortiori que l'arc mpn ne rencontre pas cet axe : dans ce cas les deux racines cherchées sont imaginaires. On posera donc l'équation du second degré

$$fa + \delta f'a + \frac{\delta^2}{2} f''a = 0,$$

et l'on cherchera les valeurs de δ. Si les racines de cette équation du second degré sont imaginaires, c'est-à-dire si l'on a cette condition

$$\left(\frac{f'a}{f''a}\right)^2 < 2\frac{fa}{f''a},$$

les deux racines de l'équation $fx = 0$ sont certainement imaginaires. On peut aussi faire disparaître le dénominateur, et l'on a la condition

$$(f'a)^2 < 2fa \cdot f''a :$$

lorsqu'elle a lieu on est assuré que deux racines de la proposée $fx = 0$ manquent dans l'intervalle des limites a et b.

Supposons maintenant que dans l'équation

$$fx = f(a + x - a) = fa + (x-a)f'a + (x-a)^2 \tfrac{1}{2} f''(a \ldots x)$$

31.

on remplace $f''(a\ldots x)$ par la plus grande de ses valeurs, qui est $f''b$: on aura

$$fx < fa + (x-a)f'a + (x-a)^2 \tfrac{1}{2} f''b.$$

Si donc on décrivait l'arc $m\pi'\nu'$ dont l'ordonnée est

$$fa + (x-a)f'a + (x-a)^2 \tfrac{1}{2} f''b,$$

cet arc serait supérieur à l'arc mpn dans tout l'intervalle ab. La valeur de la fluxion du premier ordre est pour l'une des courbes $f'x$, et pour l'autre $f'a + (x-a)f''b$. Elle est pour les deux courbes égale à $f'a$ au point m : ainsi l'arc $m\pi'\nu'$ de la parabole a au point m un contact du premier ordre avec la courbe mpn, et à partir de ce point l'arc $m\pi'\nu'$ est placé au-dessus de la courbe dans tout l'intervalle ab. Donc si l'arc parabolique $m\pi'\nu'$ coupe l'axe ab, on est assuré *a fortiori* que l'arc mpn coupe aussi l'axe, c'est-à-dire que les deux racines cherchées sont réelles. On posera donc l'équation du second degré

$$fa + \delta f'a + \frac{\delta^2}{2} f''b = 0,$$

et l'on cherchera les valeurs de δ : si ces valeurs sont réelles, c'est-à-dire si l'on a la condition

$$\left(\frac{f'a}{f''b}\right)^2 > 2\frac{fa}{f''b}, \quad \text{ou} \quad (f'a)^2 > 2fa.f''b,$$

on en doit conclure que la proposée $fx = 0$ a deux racines réelles dans l'intervalle des limites a et b.

On parvient à des conséquences semblables si l'on considère l'autre extrémité n de l'arc mpn. En effet en mettant $b-(b-x)$ au lieu de x dans la fonction fx, on a

$$fx = fb - (b-x)f'b + (b-x)^2 \tfrac{1}{2} f''(x\ldots b),$$

l'expression $(x\ldots b)$ désignant une quantité inconnue comprise entre x et b. Or la plus grande des valeurs que l'on trouve en substituant au lieu de x dans la fonction $f''x$ une quantité comprise entre a et b est, par hypothèse, $f''b$; la moindre est $f''a$: on a donc ces deux conditions,

$$fx < fb - (b-x)f'b + (b-x)^2 \cdot \tfrac{1}{2}f''b$$
$$fx > fb - (b-x)f'b + (b-x)^2 \cdot \tfrac{1}{2}f''a.$$

Si maintenant, en considérant x comme abscisse variable, on décrit les arcs qui ont pour ordonnées

$$fb - (b-x)f'b + (b-x)^2 \cdot \tfrac{1}{2}f''b$$
$$fb - (b-x)f'b + (b-x)^2 \cdot \tfrac{1}{2}f''a,$$

on aura deux arcs paraboliques dont le premier est toujours supérieur à l'arc mpn dans l'intervalle des limites a et b, et le second est toujours inférieur à cet arc mpn. On en conclut que si l'arc supérieur coupe l'axe ab, l'arc mpn coupera le même axe, et que par conséquent les deux racines cherchées seront réelles; mais si l'arc inférieur ne rencontre pas l'axe des x on est assuré que l'arc mpn ne rencontre pas ce même axe, et que par conséquent les deux racines cherchées sont imaginaires. On posera donc l'équation du second degré

$$fb - \delta f'b + \frac{\delta^2}{2}f''b = 0,$$

et l'on prendra les valeurs de δ : si ces valeurs sont réelles, c'est-à-dire si l'on a la condition

$$\left(\frac{f'b}{f''b}\right)^2 > 2\frac{fb}{f''b}, \text{ ou } (f'b)^2 > 2fb \cdot f''b,$$

les deux racines de l'équation $fx = 0$ sont réelles. Posant aussi l'équation

$$fb - \delta f'b + \frac{\delta^2}{2}f''a = 0,$$

on en conclut que les deux racines de l'équation $fx = 0$ sont imaginaires si l'on a cette condition

$$(f'b)^2 < 2fb \cdot f''a.$$

(42) Si l'on réunit les résultats précédents, on parvient à cette conclusion : 1° on est assuré que les deux racines cherchées sont réelles, lorsqu'on a l'une ou l'autre des conditions ainsi exprimées

$$(f'a)^2 > 2fa.f''b \qquad\qquad (1)$$
$$(f'b)^2 > 2fb.f''b ; \qquad\qquad (2)$$

2° on est assuré que les deux racines cherchées sont imaginaires lorsqu'on a l'une des deux conditions

$$(f'a)^2 < 2fa.f''a \qquad\qquad (3)$$
$$(f'b)^2 < 2fb.f''a. \qquad\qquad (4)$$

Il peut arriver qu'aucune des quatre conditions (1), (2), (3), (4) ne subsiste, c'est-à-dire que les quatre conditions contraires auraient lieu toutes à-la-fois. Dans ce cas les limites a et b ne sont pas assez voisines pour que l'on puisse reconnaître par une seule opération si les racines sont réelles ou imaginaires : il faut rapprocher ces limites en substituant dans fx une valeur numérique comprise entre a et b. Si le résultat de cette substitution sépare les deux racines que l'on cherche, on reconnaît qu'elles sont réelles, et la question est résolue; mais si la substitution ne sépare point les deux racines, l'incertitude subsiste encore, et l'on doit procéder à une seconde opération semblable à la précédente afin de distinguer si les racines sont réelles ou imaginaires. On examinera donc si en employant les deux nouvelles limites a' et b' qui remplacent a et b, l'une des quatre conditions (1), (2), (3), (4) est satisfaite, et alors la nature des racines serait connue. Or il est évidemment impossible qu'en continuant de rapprocher les limites, on ne parvienne pas promptement à satisfaire à l'une ou à plusieurs des quatre conditions dont il s'agit. Donc on distinguera certainement les racines par ce procédé, qui se réduit à la comparaison de valeurs numériques connues.

(43) Nous avons supposé que les deux suites de signes qui conviennent aux limites a et b sont

$$f^{(m)}x\ldots\ldots f'''x,\quad f''x,\quad f'x,\quad fx$$

$$(a)\ldots\ +\ldots\ldots+\quad\ +\quad\ -\quad\ +$$
$$(b)\ldots\ +\ldots\ldots+\quad\ +\quad\ +\quad\ +:$$

ainsi la valeur de $f''x$ croît avec x depuis $x=a$ jusqu'à $x=b$, parce que dans cet intervalle le signe de $f'''x$ est $+$. Nous examinerons le cas opposé où les deux suites de signes (a) et (b) sont

$$(a)\ldots\ldots+\ldots\ldots-\quad\ +\quad\ -\quad\ +$$
$$(b)\ldots\ldots+\ldots\ldots-\quad\ +\quad\ +\quad\ +.$$

Les trois derniers termes de la série des indices sont encore o 1 2, et il s'agit de reconnaître si l'équation $fx=$ o a en effet deux racines réelles entre a et b. On écrira

$$fx=f(a+x-a)=fa+(x-a)f'a+(x-a)^2.f''(a\ldots x).$$

Or le signe de $f'''x$ étant $-$ dans tout l'intervalle ab, la valeur de $f''x$ diminue lorsque x augmente depuis $x=a$ jusqu'à $x=b$: par conséquent si l'on remplace $f''(a\ldots x)$ par $f''a$ on augmente la valeur de fx, et on la diminue si l'on écrit $f''b$ au lieu de $f''(a\ldots x)$. On a donc

$$fx>fa+(x-a)f'a+(x-a)^2.\tfrac{1}{2}f''b$$
$$fx<fa+(x-a)f'a+(x-a)^2.\tfrac{1}{2}f''a.$$

Donc si l'on décrit une courbe dont x est l'abscisse, et qui a pour ordonnée $fa+(x-a)f'a+(x-a)^2.\tfrac{1}{2}f''b$, l'arc de cette courbe est au-dessous de l'arc mpn dans tout l'intervalle ab. Donc les deux racines cherchées sont imaginaires, si cet arc inférieur ne coupe pas l'axe des abscisses, c'est-à-dire, si l'on a cette condition :

$$(f'a)^2<2fa.f''b.$$

La courbe dont x est l'abscisse, et qui aurait pour ordonnée $fa+(x-a)f'a+(x-a)^2.\tfrac{1}{2}f''a$ est au contraire placée au-dessus de l'arc mpn dans tout l'intervalle ab : donc l'arc mpn coupe certainement l'axe des abscisses si l'arc supérieur coupe cet axe. Par conséquent les deux racines cherchées sont réelles si l'on a cette condition

$$(f'a)^2 > 2fa \cdot f''b.$$

On considérera maintenant la seconde limite b, et l'on trouvera les résultats suivants

$$fx > fb - (b-x)f'b + (b-x)^2 \cdot \tfrac{1}{2}f''b$$
$$fx < fb - (b-x)f'b + (b-x)^2 \cdot \tfrac{1}{2}f''a:$$

donc l'arc mpn de la courbe dont l'ordonnée est fx est au-dessus de l'arc parabolique qui a pour ordonnée $fb - (b-x)f'b + (b-x)^2 \cdot \tfrac{1}{2}f''b$, et au-dessous de l'arc parabolique qui a pour ordonnée $fb - (b-x)f'b + (b-x)^2 \cdot \tfrac{1}{2}f''a$. On en conclut que les deux racines cherchées sont réelles si l'on a cette condition ;

$$(f'b)^2 > 2fb \cdot f''a ;$$

et que les deux racines sont imaginaires si l'on a cette condition,

$$(f'b)^2 < 2fb \cdot f''b.$$

On comparera ces résultats, qui conviennent au cas où le signe de $f'''x$ est —, à ceux que l'on trouve lorsque le signe de $f'''x$ est +, et l'on conclura plus généralement 1° que les racines cherchées sont réelles si le carré de la fonction $f'x$ d'une des limites surpasse le double produit de la fonction fx de la même limite par la fonction $f''x$ de celle des deux limites qui donne la plus grande valeur pour $f''x$; 2° que les racines cherchées sont imaginaires si le carré de la fonction $f'x$ d'une des deux limites est moindre que le double produit de la fonction fx de la même limite par la fonction $f''x$ de celle de ces deux limites qui donne la moindre valeur pour $f''x$.

(44) Il ne reste plus qu'à considérer les cas où l'arc mpn (fig. 18) est situé au-dessous de l'axe des abscisses, et tourne sa convexité vers cet axe. Les deux suites de signes sont

$$f^{(m)}x \quad f'''_{-}x, \quad f''x \quad f'x \quad fx$$

$(a)\ \dots\ +\ \dots\ +\ \quad -\ \quad +\ \quad -$

$(b)\ \dots\ +\ \dots\ +\ \quad -\ \quad -\ \quad -,$

ou

$(a)\ \dots\ +\ \dots\ -\ \quad -\ \quad +\ \quad -$

$(b)\ \dots\ +\ \dots\ -\ \quad -\ \quad -\ \quad -.$

On a dans le premier cas pour la limite a

$$fx > fa + (x-a)f'a + (x-a)^2 \cdot \tfrac{1}{2}f''a$$
$$fx < fa + (x-a)f'a + (x-a)^2 \cdot \tfrac{1}{2}f''b :$$

Donc l'arc $m\pi'\nu'$ est supérieur à l'arc mpn dans tout l'intervalle ab, et l'arc $m\pi\nu$ est au contraire situé au-dessous de l'arc mpn dans le même intervalle.

Pour la limite b, on a

$$fx > fb - (b-x)f'b + (b-x)^2 \cdot \tfrac{1}{2}f''a$$
$$fx < fb - (b-x)f'b + (b-x)^2 \cdot \tfrac{1}{2}f''b :$$

ainsi le premier arc parabolique est au-dessous de l'arc npm dans tout l'intervalle ab, et le second arc est toujours situé au-dessus de cet arc npm.

En posant les équations du second degré qui donneraient, s'ils existent, les points d'intersection des deux arcs paraboliques avec l'axe des abscisses, on conclut que les deux racines sont réelles si l'on a l'une de ces conditions

$$(f'a)^2 > 2fa \cdot f''a$$
$$(f'b)^2 > 2fb \cdot f''a ;$$

et que les deux racines sont imaginaires si l'on a une de ces deux conditions

$$(f'a)^2 < 2fa \cdot f''a$$
$$(f'b)^2 < 2fb \cdot f''b.$$

(45) Dans le second cas où les suites de signes (a) et (b) sont

$(a)\ \dots\ +\ \dots\ -\ \quad -\ \quad +\ \quad -$

$(b)\ \dots\ +\ \dots\ -\ \quad -\ \quad -\ \quad -,$

on trouve pour la limite a

$$fx > fa + (x - a)f'a + (x - a)^2 \cdot \tfrac{1}{2}f''b$$
$$fx < fa + (x - a)f'a + (b - x)^2 \cdot \tfrac{1}{2}f''a;$$

et pour la limite b

$$fx > fb - (b - x)f'b + (b - x)^2 \cdot \tfrac{1}{2}f''b$$
$$fx < fb - (b - x)f'b + (b - x)^2 \cdot \tfrac{1}{2}f''a.$$

Donc les racines sont réelles si l'arc $m\,\pi\,\nu$ coupe l'axe, ou si l'arc inférieur partant du point n coupe l'axe, c'est-à-dire si l'on a l'une de ces deux conditions

$$(f'a)^2 > 2fa \cdot f''b$$
$$(f'b)^2 > 2fb \cdot f''b;$$

et les deux racines sont imaginaires si l'on a l'une des deux conditions

$$(f'a)^2 < 2fa \cdot f''a$$
$$(f'b)^2 < 2fb \cdot f''a$$

(46) il est facile maintenant de comprendre tous les cas possibles dans une règle commune, dont l'expression est simple et dispense de toute construction. Il suffit de considérer que si $f''x$ est négative, sa plus grande valeur est celle qui contient sous le signe — le plus petit nombre d'unités, et que la valeur minimum de $f''x$ négative est celle qui sous le signe — contient le plus grand nombre d'unités. Voici l'énoncé de la règle qui sert à reconnaître la nature des deux racines que l'on doit chercher dans l'intervalle des deux limites a et b.

On a formé les deux suites de signes qui conviennent aux limites, et l'on suppose que ces limites soient assez approchées pour que les quatre derniers indices soient 0 0 1 2, condition à laquelle il est toujours très-facile de satisfaire. On s'est assuré que les deux racines dont il s'agit ne sont point égales, et ce cas singulier est facile à distinguer. Les valeurs des résultats

$$f''a, \quad f'a, \quad fa$$
$$f''b, \quad f'b, \quad fb$$

étant connues par l'opération même qui a donné les limites a et b, on concluera les deux propositions suivantes.

1° Les deux racines cherchées sont réelles si le carré d'un des deux termes moyens $f'a$ ou $f'b$ surpasse le double produit du terme placé à la droite de ce même terme moyen, et sur la même ligne, par celui des deux termes extrêmes $f''a$ et $f''b$ qui contient le plus d'unités sous le signe + ou sous le signe —. On a donc ici deux conditions différentes : si une seule, et à plus forte raison si toutes les deux subsistent, les racines sont réelles.

2° Les deux racines sont imaginaires si le carré d'un des deux termes moyens $f'a$ ou $f'b$ est moindre que le double produit du terme placé à la droite de ce même terme moyen, et sur la même ligne, par celui des deux termes extrêmes $f''a$ ou $f''b$, qui contient le moindre nombre d'unités sous le signe + ou sous le signe —. Il en résulte aussi deux conditions différentes : si une seule, et à plus forte raison si toutes les deux subsistent, les racines cherchées sont imaginaires.

Si aucune des quatre conditions que l'on vient d'énoncer n'a lieu, c'est-à-dire si les quatre conditions contraires subsistent à la fois, on est averti que les limites a et b ne sont point assez rapprochées pour que l'on puisse, par une seule opération, déterminer la nature des racines : on divisera donc l'intervalle $a\,b$ des deux premières limites, et si, par la substitution d'un nombre intermédiaire, les racines ne sont point séparées, on appliquera de nouveau la règle qui vient d'être énoncée. En continuant cette application, il est impossible que l'on ne parvienne pas promptement à séparer les racines si elles sont réelles, ou à reconnaître qu'elles sont imaginaires.

On trouvera par l'usage de cette règle que l'application en est facile, et il est évident que, par ce contact des arcs de parabole, on parvient à distinguer la nature des deux racines dans les équations où la première approximation fondée sur le contact de la

32.

ligne droite n'aurait point encore fait connaître si les racines sont imaginaires. Mais notre but principal n'est pas de perfectionner cette première approximation qui ne laisse rien à désirer pour la facilité du calcul : nous avons eu seulement pour objet dans cette dernière recherche de donner plus d'étendue à l'approximation de second ordre, et d'en démontrer une propriété remarquable.

FIN DU LIVRE DEUXIÈME ET DE LA PREMIÈRE PARTIE.

TABLE DES MATIÈRES

CONTENUES DANS LA PREMIÈRE PARTIE.

LIVRE PREMIER,

MÉTHODE

POUR DÉTERMINER DEUX LIMITES DE CHAQUE RACINE RÉELLE ET POUR DISTINGUER LES RACINES IMAGINAIRES,

LIVRE DEUXIÈME.

MÉTHODE

POUR CALCULER LES VALEURS DES RACINES DONT LES LIMITES SONT CONNUES,

ET REMARQUES DIVERSES SUR LA CONVERGENCE DES APPROXIMATIONS ET SUR LA DISTINCTION DES RACINES.

33.

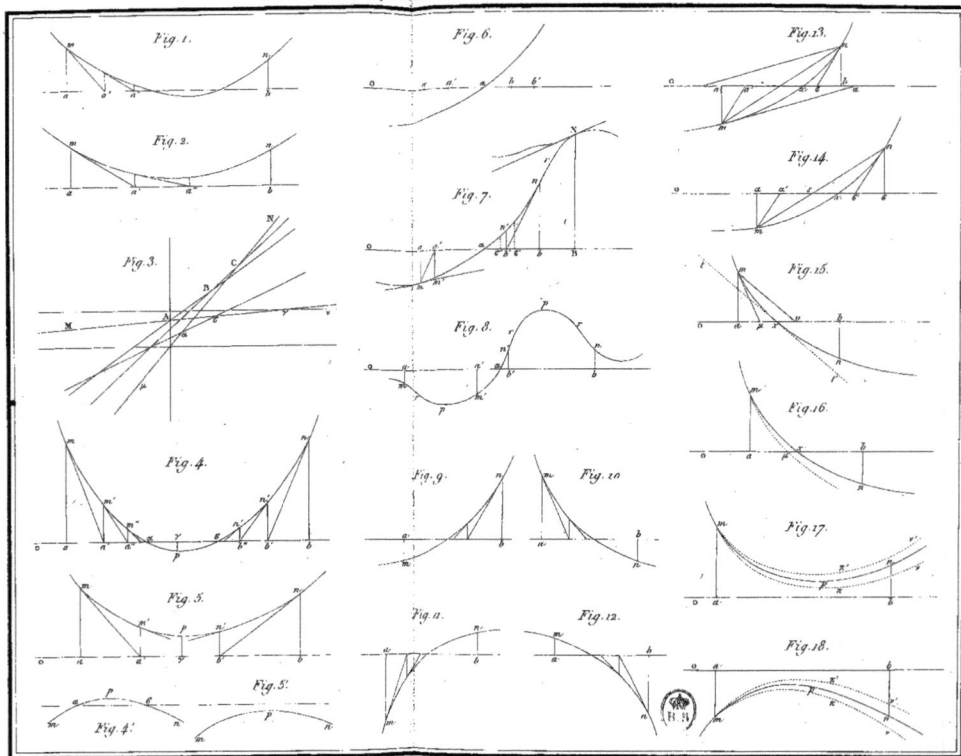

Fig. 1.

Fig. 2.

Fig. 3.

Fig. 4.

Fig. 5.

Fig. 4.'

Fig. 6.

Fig. 7.

Fig. 8.

Fig. 9.

Fig. 10.

Fig. 11.

Fig. 12.

Fig. 13.

Fig. 14.

Fig. 15.

Fig. 16.

Fig. 17.

Fig. 18.

Gravé par Adam.

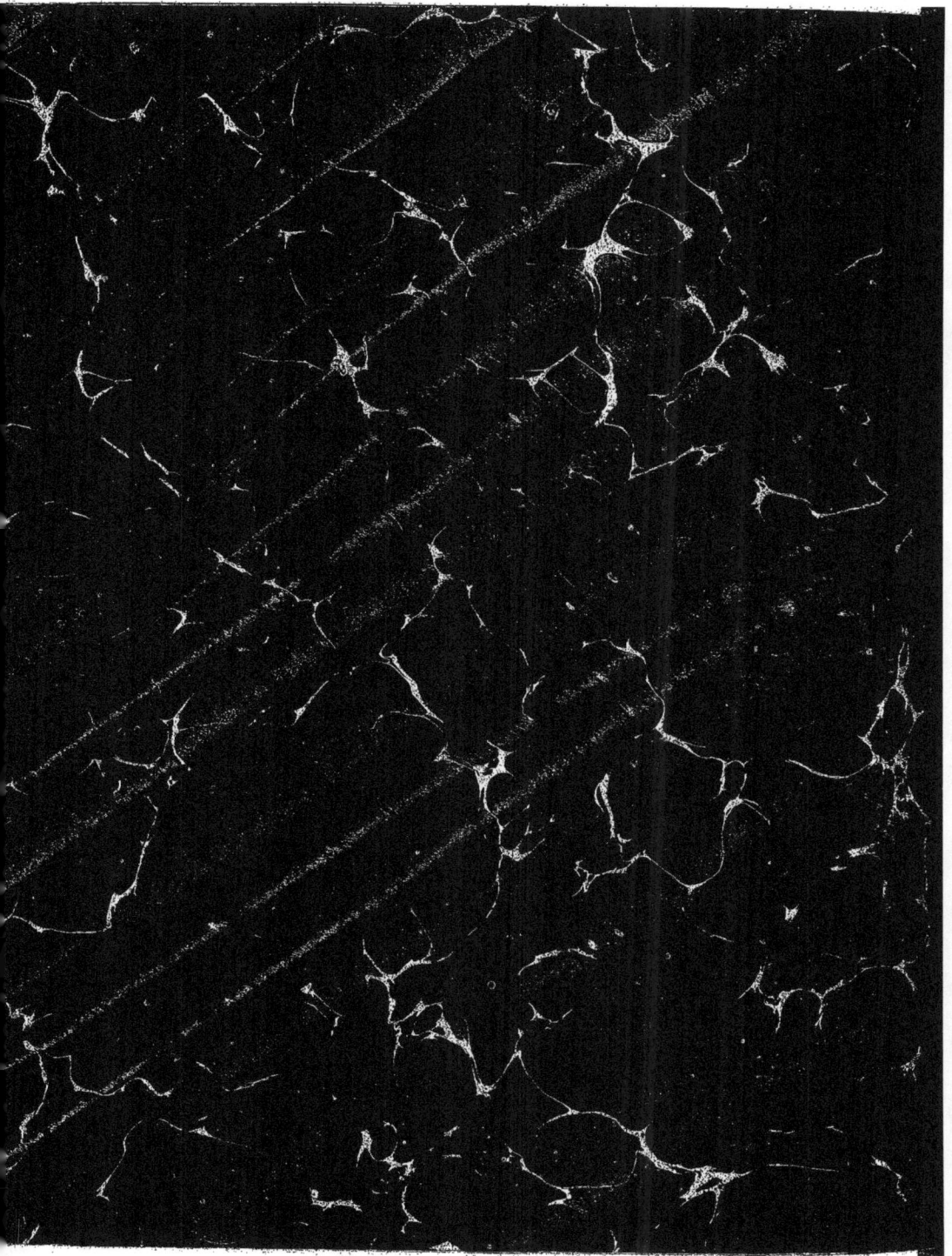

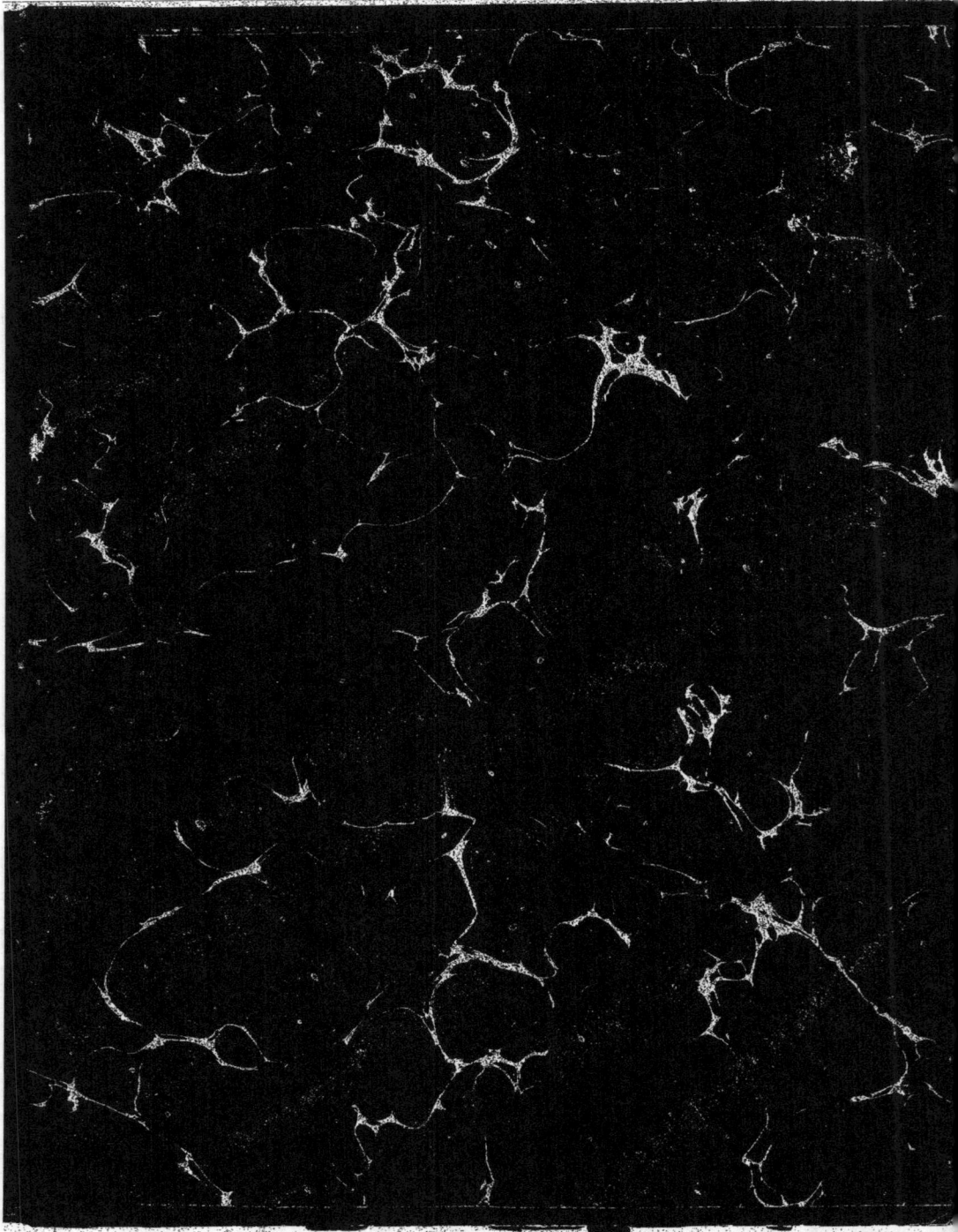

FOURIER.

ANALYSE

DES

ÉQUATIONS

DÉTERMINÉES.

I.

www.ingramcontent.com/pod-product-compliance
Lightning Source LLC
Chambersburg PA
CBHW070235200326
41518CB00010B/1575